LS Mathematik

Herausgegeben von
August Schmid, Tübingen
Wilhelm Schweizer, Tübingen

Stochastik

Leistungskurs
Lösungsheft

bearbeitet von
Jürgen Blankenagel, Wuppertal
Herbert Rauck, Stuttgart

Ernst Klett Verlag
Stuttgart Düsseldorf Leipzig

Hinweise zur Benutzung des Buches:

In der Kopfzeile ist das jeweilige Kapitel des Lehrbuches aufgeführt. Die Seitenzahlen in der Kopfzeile als auch am linken Rand beziehen sich ebenfalls auf das Lehrbuch.

1. Auflage   1   15 14 13 12 11 | 2010 2009 2008 2007 2006

Alle Drucke dieser Auflage können im Unterricht nebeneinander benutzt werden, sie sind untereinander unverändert. Die letzte Zahl bezeichnet das Jahr dieses Druckes.

© Ernst Klett Verlag GmbH, Stuttgart 1989. Alle Rechte vorbehalten.

Internetadresse: http://www.klett-verlag.de
Umschlaggestaltung: Hitz & Mahn, Stuttgart
Druck: Druckhaus Götz GmbH, Ludwigsburg
ISBN 3-12-739373-3

INHALT

I Wahrscheinlichkeiten

1 Zufällige Erscheinungen 5
2 Ereignisse 9
3 Der Begriff der Wahrscheinlichkeit 13
4 Bestimmen einer Wahrscheinlichkeit 17
5 Das Urnenmodell 23
6 Simulation von Zufallsexperimenten 25
7 Vermischte Aufgaben 33

II Berechnung von Wahrscheinlichkeiten

8 Die Produktregel 38
9 Geordnete Stichproben 39
10 Ungeordnete Stichproben 42
11 Zusammenfassung. Berechnen von Wahrscheinlichkeiten 44
12 Erste Testprobleme 46
13 Vermischte Aufgaben 48

III Additionssatz und Multiplikationssatz

14 Verknüpfen von Ereignissen 52
15 Der Additionssatz 53
16 Bedingte Wahrscheinlichkeiten 56
17 Der allgemeine Multiplikationssatz 60
18 Unabhängigkeit von Ereignissen 62
19 Der spezielle Multiplikationssatz 63
20 Verbindung von Additionssatz und Multiplikationssatz 67
21 Totale Wahrscheinlichkeiten. Der Satz von Bayes 69
22 Vermischte Aufgaben 72

IV Zufallsvariablen und ihre Wahrscheinlichkeitsverteilungen

23 Die Wahrscheinlichkeitsverteilung einer Zufallsvariablen 76
24 Der Erwartungswert einer Zufallsvariablen 78
25 Die Varianz einer Zufallsvariablen 80
26 Unabhängigkeit von Zufallsvariablen 82
27 Die Zufallsvariable $a \cdot X + b$ 83
28 Die Zufallsvariable $X + Y$ 84
29 Berechnung des Erwartungswertes und der Varianz durch Zerlegung einer Zufallsvariablen 88
30 Vermischte Aufgaben 90

V Spezielle Wahrscheinlichkeitsverteilungen

31 Binomialverteilungen   95
32 Das Gesetz der großen Zahlen   106
33 Erste Testprobleme bei Binomialverteilungen   108
34 Hypergeometrische Verteilungen   111
35 Geometrische Verteilungen   116
36 Poisson-Verteilungen   119
37 Die Näherungsformel von De Moivre-Laplace   124
38 Der zentrale Grenzwertsatz   126
39 Normalverteilungen   128
40 Vermischte Aufgaben   136

VI Beurteilende Statistik

41 Das Grundproblem der Beurteilenden Statistik   143
42 Einfache Nullhypothese. Zweiseitiger Signifikanztest   144
43 Zusammengesetzte Nullhypothese. Einseitiger Signifikanztest   147
44 Wahl der Nullhypothese   150
45 Signifikanztest bei großem Stichprobenumfang   153
46 Gütefunktion eines Tests   156
47 Das Stichprobenmittel als Prüfvariable   160
48 Signifikanztest für den Erwartungswert bei bekannter Standardabweichung   161
49 Signifikanztest für den Erwartungswert bei unbekannter Standardabweichung   166
50 Einbeziehung der Konsequenzen bei einer Fehlentscheidung   168
51 Vermischte Aufgaben   170

VII Schätzen von Parametern

52 Vertrauensintervall für eine unbekannte Wahrscheinlichkeit   174
53 Vertrauensintervall für einen unbekannten Erwartungswert   175
54 Vermischte Aufgaben   177

Schriftliches Abitur   180

Mündliches Abitur   188

I WAHRSCHEINLICHKEITEN

1 ZUFÄLLIGE ERSCHEINUNGEN

1.1 Zufallsexperimente

S.6   1   Beim "Mensch-ärgere-Dich-nicht" ist die jeweils geworfene Augenzahl zufällig. Es ist Zufall, bei welchem Wurf man die 6 wirft, um mit dem Spiel anfangen zu können.
Beim Skat erhält man 10 von 32 verschiedene Karten; welche 10 Karten (das sogenannte Blatt) man erhält, ist allerdings zufällig.
Beim Schach entscheidet das Los, also der Zufall, wer anfangen darf.

       2   Zwei Lagen sind möglich (Fig.1.2).

S.7   3   a) $S = \{\ 1;2;3;4;5;6;7\ \}$; (): $S = \{\ \text{weiß; rot}\ \}$
            b) $S = \{\ 3;4;5;\ldots;12;13\ \}$
            c) $S = \{\ 2;\ldots;8;10;12;14;15;18;20;21;24;28;30;35;42\ \}$

       4   Man zählt die Anzahl der heruntergeworfenen Dosen.
$S = \{\ 0;1;2;3\ \}$

       5    $S_1 = \{\ \text{Scheibe getroffen; daneben}\ \}$
$S_2 = \{\ 1;2;3;4;5;6;10;\text{daneben}\ \}$
$S_3 = \{\ \text{Mitte; Sektor; daneben}\ \}$

       6   a) Familienstand: ☐ ledig; ☐ verh.; ☐ gesch.; ☐ verwitwet
            b) Führerschein Klasse III: ☐ JA   ☐ NEIN
            c) Erlernte Fremdsprache:
            ☐ Englisch   ☐ Französisch   ☐ Latein   ☐ sonstige   ☐ keine

       7   Ergebnismengen sind: a), d), e).
b) ist keine Ergebnismenge, weil der Ausgang D fehlt. c) ist keine Ergebnismenge, da die Ausgänge C , D und "keine" nicht berücksichtigt sind. f) ist keine Ergebnismenge, da beim Ausgang C zwei Ergebnisse eintreten würden.

       8   Eine Ergebnismenge wäre z.B.:
$\{\ \text{weniger als 38; 38; mehr als 38}\ \}$.

S.8   9   a) $\{\ \text{weiblich; männlich}\ \}$
b) Es gilt sinnvolle, dem Zweck angepaßte Intervalle festzulegen. Dazu bedient man sich meist einer *Urliste*, in der einzelne Beobachtungswerte einer Erhebung nacheinander festgehalten sind. Um die Urliste überschaubar zu machen, faßt man die einzelnen Beobachtungsergebnisse zu (oft gleichlangen) Klassen zusammen. Damit könnte man z.B. die Ergebnismenge wie folgt festlegen:
$S = \{\ $ weniger oder gleich 2600;]2600;2800];]2800;3000];]3000;32000];]3200;3400];]3400;3600];]3600;3800];]3800;4000];]4000;4200];]4200;4400];]4400;4600]; mehr als 4600 $\ \}$ (Angaben in Gramm).

c) Auch hier bedient man sich einer Urliste (siehe b)).
Werden nur ganze Zentimeter gemessen, so könnte eine
Ergebnismenge wie folgt definiert werden:
S = { weniger als 47;47;48;...;56;57;mehr als 57 }
(Angaben in Zentimeter). Natürlich ließen sich die Ergebnisse
wie unter b) auch klassieren.

d) Z.B.: S = { 0;1;2;3;4;mehr als 4 }.

e) Hier bietet sich eine Klassierung an mit unterschiedlichen
Klassenbreiten (Angaben in Jahren):
S= { unter 14;[14;16];]16;18];]18;20];20;22];]22;24];
]24;28];]28;32];]32;35];]35;38];]38;42];]42;46];über 46 }.

10 Z.B.: S = { unter 245;[245;248];[249;251];[252;255];
über 255 } (Angaben in Newton).

11 Ist der Kanister dicht? S = { ja; nein }.
Welches Fassungsvermögen hat der Kanister?
S = { weniger als 4,95;[4,95;5,05];mehr als 5,05 }
(Angaben in Liter).

12 Interessiert man sich für die gesamte Beleuchtung:
S_1 = { Beleuchtung völlig in Ordnung; teilweise nicht in
Ordnung; völlig defekt };
S_2 = { Beleuchtung völlig in Ordnung; nur vorne defekt; nur
hinten defekt; vorne und hinten defekt }.
Interessiert man sich für bestimmte Beleuchtungsgruppen:
S_1 ={ Fern- und Abblendlicht in Ordnung; Fern- oder
Abblendlicht defekt };
S_2 ={ Nebelscheinwerfer nicht vorhanden; Nebelscheinwerfer in
Ordnung; Nebelscheinwerfer defekt}.

13 S = { 1;2;3;... }. Jede natürliche Zahl kann Ergebnis des
Zufallsexperiments sein.
S ist also keine *endliche Ergebnismenge*.

1.2 Mehrstufige Zufallsexperimente

14 S ={ rw;rs;sw;ss }.

15 Wir geben zwei mögliche Ergebnismengen an :
S_1 = { {1}; {1;2}; {1;3}; {2}; {2;3}; {3} }, wobei S_1 die
Kästchen angibt, in denen sich die beiden roten Kugeln
befinden.
S_2 = { 20;11;10;02;01;00 }, wobei die 1.Komponente die
Anzahl der Kugeln im 1.Kästchen, die 2.Komponente die Anzahl der
Kugeln im 2.Kästchen angibt.

16 Mit Hilfe eines Baumdiagramms ergibt sich :
    S = { AAA; AABA; AABBA; AABBB; ABAA; ABABA; ABABB; ABBAA;
    ABBAB; ABBB; BAAA; BAABA; BAABB; BABAA; BABAB; BABB;
    BBAAA; BBAAB; BBAB; BBB }.

17 a) S = { 2;3;...;12 };
    ( ):S = { 1;2;...;6;8;9;10;12;15;16;18;20;24;25;30;36 }.
    b) Nein. Die Menge ist nicht vollständig: Falls das Zufalls-
    experiment 44 ergeben hat, so wird dies nicht berücksichtigt.
    Die Menge ist nicht eindeutig: So treffen z.B., falls das Zu-
    fallsexperiment 56 ergeben hat, zwei Elemente aus der Menge zu
    (eine der beiden Würfe ist 6 und der andere ist ungerade).
    c) Falls das Zufallsexperiment 35 ergeben hat, so tritt bei der
    Ergebnismenge zur Summe das Ereignis 8 ein, im Falle des
    Produkts das Ergebnis 15 ein.

18 a) S = { 11;12;13;14;21;22;23;24;31;32;33;34;41;42;43;44 }.
    b) S = { {1}; {1;2}; {1;3}; {1;4}; {2}; {2;3}; {2;4}; {3};
    {3;4}; {4} }.

19 a) S = { w_1w_2; w_2w_1; $s_1w_1w_2$; $s_1w_2w_1$; $s_2w_1w_2$; $s_2w_2w_1$; $w_1s_1w_2$;
    $w_2s_1w_1$; $w_1s_2w_2$; $w_2s_2w_1$; $w_1s_1s_2w_2$; $w_1s_2s_1w_2$; $w_2s_1s_2w_1$;
    $w_2s_2s_1w_1$; $s_1s_2w_1w_2$; $s_2s_1w_1w_2$; $s_1s_2w_2w_1$; $s_2s_1w_2w_1$; $s_1w_1s_2w_2$;
    $s_1w_2s_2w_1$; $s_2w_1s_1w_2$; $s_2w_2s_1w_1$ }.
    b) S = { {w_1;w_2}; {s_1;w_1;w_2}; {s_2;w_1;w_2}; {s_1;s_2;w_1;w_2} }.
    c) S = { ww; sww; wsw; ssww; swsw; wssw }.
    d) S ={ {w}; {s;w} }.   e) S = { 2; 3; 4 }.

20 a) S = { JJJ; JJM; JMJ; MJJ; MMJ; MJM; JMM; MMM }.
    b) S = { 3 Mädchen; 2 Mädchen; 1 Mädchen; kein Mädchen }.

21 S = { 0;1;2;3 }, wobei die Elemente von S die Anzahl der nicht
    funktionsfähigen Triebwerke angeben.
    ( ): Sei $\overline{A}$: Triebwerk A ist defekt; $\overline{B}$: Triebwerk B defekt;
    $\overline{C}$:Triebwerk C ist defekt.
    S = { ∅; {$\overline{A}$}; {$\overline{A}$;$\overline{B}$}; {$\overline{A}$;$\overline{B}$;$\overline{C}$}; {$\overline{B}$}; {$\overline{B}$;$\overline{C}$}; {$\overline{C}$} }.

22 Die Vereinsmitglieder seien a, b, c, d, e. Die Fragestellung
    ist eine Verallgemeinerung von Beispiel 6, S.9.
    S = { {a;b}; {a;c}; {a;d}; {a;e}; {b;c}; {b;d};
    {b;e}; {c;d}; {c;e}; {d;e} }

23 Die Boote seien numeriert mit 1,2,3; ein gleichzeitiger Ziel-
    einlauf mehrerer Boote sei ausgeschlossen.
    S = { 123; 132; 213; 231; 312; 321 }

24 Der Sachverhalt kann beschrieben werden, durch zweimaliges
    Ziehen mit Zurücklegen aus einer Urne mit drei Kugeln, welche
    die Ziffern 0, 1, 2 tragen. 0 bedeute "unentschieden", 1
    bedeute "Sieg", 2 bedeute "Niederlage". Die erste Ziehung
    gebe das Ergebnis der Mannschaft A, die zweite Ziehung das

Ergebnis der Mannschaft B an.
S = { 00;01;02;10;11;12;20;21;22 }.

25 Der Sachverhalt kann beschrieben werden durch dreimaliges Werfen einer Münze mit der Beschriftung f für "die Zelle ist frei", b für " die Zelle ist belegt".
S = { fff;bff;fbf;ffb;fbb;bfb;bbf;bbb }.

26 Die Pferde seien numeriert von 1 bis 5. Ein geordnetes Paar bedeute "schnellstes Pferd, zweitschnellstes Pferd".
S = { 12;21;13;31;14;41;15;51;23;32;24;42;25;52;
      34;43;35;53;45;54 }.

27 a) ij (mit i,j =1, 2, 3) bedeute: "Brief Nr. i ist in Umschlag Nr. j".
S = { { 11;22;33 }; { 11;23;32 }; { 12;21;33 };
      { 12;23;31 }; { 13;21;32 }; { 13;22;31 } }.

b) S = { 0;1;3 }. (Wenn 2 Briefe richtig kuvertiert sind, so ist auch der dritte richtig kuvertiert; daher ist "2", d.h. "genau zwei", kein mögliches Ergebnis).

28 Baumdiagramm: vgl. Fig.1.28.

a) S = { 1;2;3 }.

b) S = { r;sr;wr;swr;wsr }.

29 Die Familienmitglieder seien von 1 bis 5 numeriert. Man erhält 10 mögliche Paare:
S = { { 1;2 }; { 1;3 }; { 1;4 }; { 1;5 }; { 2;3 }; { 2;4 };
      { 2;5 }; { 3;4 }; { 3;5 }; { 4;5 } }.

30 a) S = { {1;2;3}; {1;2;4}; {1;2;5}; {1;3;4}; {1;3;5};
            {1;4;5}; {2;3;4}; {2;3;5}; {2;4;5}; {3;4;5} }.

b) Die Ergebnismenge enthält 13983816 Elemente (vgl. Abschnitt "Ungeordnete Stichproben" S.53 des Lehrbuchs).

31 a) Sei $\bar{6}$: Keine 6.   Baumdiagramm: siehe Fig.1.31.
S = { 6;$\bar{6}$6;$\bar{66}$6;$\bar{666}$6;$\bar{6666}$ }. Es wäre ungünstig im Falle, daß keine 6 fällt, die einzelnen Ausgänge anzugeben; die Ergebnismenge wäre dann zu umfangreich, um sie zu notieren (sie hätte 781 Elemente).

b) Sei $\bar{W}$: Kein Wappen. S = { W;$\bar{W}$W;$\bar{WW}$W;$\bar{WWW}$W;... }.
S hat unendlichviele Elemente.

32 Sei T_A: Spieler A hat die Scheibe getroffen. Sei D_A: Spieler A wirft daneben. Entsprechend seien T_B und D_B definiert.
Zum Baumdiagramm: siehe Fig.1.32.
S = { T_A; $D_A T_B$; $D_A D_B T_A$; $D_A D_B D_A T_B$; $D_A D_B D_A D_B T_A$; $D_A D_B D_A D_B D_A T_B$;
      $D_A D_B D_A D_B D_A D_B$ }.

33 a) S = { 1r;1s;2s;3r;3w;3s }

b) Dieselbe Ergebnismenge wie unter a).

2 Ereignisse

2.1 Der Begriff Ereignis

S.12 1 Im 1.Wurf W : { WWW;WZW;WWZ;WZZ }.
   (): Kein W : { ZZZ }; genau zweimal W : { ZWW;WZW;WZW } .

2 Zur Ergebnismenge S gibt es 2^4 = 16 Ereignisse:
   ∅; {ev.}; {kath.}; {sonstige}; {keine}; {ev.;kath};
   {ev.;sonstige}; {ev.;keine}; {kath.;sonstige};
   {kath.;keine}; {sonstige;keine}; {ev.;kath.;sonstige};
   {ev.;kath.;keine}; {ev.;keine;sonstige};
   {kath.;keine;sonstige}; {ev.;kath.;keine;sonstige}.
   Antwortet jemand mit "ev.", so sind die Ereignisse
   {ev.}; {ev.;kath.}; {ev;sonstige}; {ev.;keine};
   {ev.;kath.;sonstige}; {ev.;kath.;keine};
   {ev.;sonstige;keine}; {ev.;kath.;sonstige;keine}
   eingetreten. Dies sind 2·2·2 = 8 Ereignisse.

3 a) A = { 2;3;5;7 }; B = { 0;5 }; C = { 1;3;5;7;9; };
   D = { 9 }; E = { 0;1;4;9 }.
   b) Unvereinbar sind: A und D; A und E; B und D.
   c) $\overline{A}$: Keine Primzahl; $\overline{A}$ = { 0;1;4;6;8;9 };
      $\overline{B}$: Nicht durch 5 teilbar; $\overline{B}$ = { 1;2;3;4;6;7;8:9 };
      $\overline{C}$: Null oder gerade Zahl; $\overline{C}$ = { 0;2;4;6;8 };
      $\overline{D}$: Zahl kleiner 9; $\overline{D}$ = { 0;1;2;3;4;5;6;7;8 };
      $\overline{E}$: Zahl ist keine Quadratzahl; $\overline{E}$ = { 2;3;5;6;7;8 }.

4 A = { 11;22;33;44;55;66 }; B = { 55;56;65;66 };
   C = { 22;24;26;42;44;46;62;64;66 };
   D = { 21;31;41;51;61;32;42;52;62;43;53;63;54;64;65 };
   E = { 26;62;35;53;44 };
   F = { 26;35;36;44;45;46;53;64;55;56;62;63;64;65;66 };
   G = { 11;12;13;14;15;16;21;22;23;24;25;26;31;32;33;34;
         41;42;43;51;52;61;62 }; H = { 26;62;34;43 }.
   Falls das Ergebnis des Zufallsexperiments 66 ist, so sind die
   Ereignisse A, B, C, und F eingetreten.

S.14 5 a) In der Wahrscheinlichkeitsrechnung bezeichnet man den
        Ereignisraum einer Ergebnismenge S auch mit POT(S)
        (Potenzmenge von S).
        POT(S)={ ∅; {1}; {2}; {3}; {4}; {1;2}; {1;3}; {1;4};
                 {2;3}; {2;4}; {3;4}; {1;2;3}; {1;2;4}; {1;3;4};
                 {2;3;4}; {1;2;3;4} }.

b) Eingetreten sind folgende acht Ereignisse:
$\{\ 1\ \};\ \{\ 1;2\ \};\ \{\ 1;3\ \};\ \{\ 1;4\ \};\ \{\ 1;2;3\ \};\ \{\ 1;2;4\ \};$
$\{\ 1;3;4\ \};\ \{\ 1;2;3;4\ \}.$

6   Es gibt 27 (= 2^5 - 5) Nicht-Elementarereignisse.

7   Bei jeder Durchführung des Zufallsexperiments treten
32(= 2^6) Ereignisse ein.

8   S = $\{\ rrrr;wrrr;rwrr;rrwr;rrrw\ \}$. Ist unter den vier Kugeln
die weiße dabei, so sind 2^4 = 16 Ereignisse eingetreten.

9   In aufzählender Schreibweise lauten die Ereignisse:
E_a= $\{\ 53;35\ \};$ E_b= $\{\ 53;35\ \};$ E_c= $\{\ 15;25;35;45\ \};$
E_d= $\{\ 35;53;46;64\ \};$ E_e= $\{\ 15;25;35;45\ \};$ E_f= $\{\ 15;25;35;45\ \}$
Es ist $E_a = E_b$; $E_c = E_e = E_f$.

10 Das Ergebnis eines Triebwerktests kann durch ein Tripel
beschrieben werden, wobei sich die 1.Komponente auf das
erste, die 2.Komponente auf das zweite und die 3.Komponente
auf das dritte Triebwerk bezieht. 1 bedeute: Triebwerk
arbeitet einwandfrei; 0 bedeute: Triebwerk ist schadhaft.
a) S = $\{\ 111;110;101;011;100;010;001;000\ \}.$
b) E = $\{\ 110;101;011;100;010;001;000\ \},$
( ): E_1= $\{\ 111;110;101;011\ \},$ E_2= $\{\ 110;101;011\ \}.$

11 a) Jeder Ausgang läßt sich als Zahlenpaar angeben, wobei sich
die 1.Komponente auf die Zusteigemöglichkeit am Karlsplatz
und die 2.Komponente auf die am Schloßplatz bezieht.
Benutzt Herr Müller die Straßenbahn nicht zu festen Zeiten
und ist jede Kombinationsmöglichkeit der Linien möglich, so
ist S =$\{\ 13;14;15;23;24;25\ \}.$
b) E = $\{\ 13;14;15\ \},$ ( ): E = $\{\ 13;14;23;24\ \}.$
c) Es tritt das Elementarereignis $\{\ 23\ \}$ ein sowie alle
Ereignisse A mit E ⊂ A ⊂ S. Dies sind insgesamt 2^5= 32
Ereignisse.

12 a) Das Zufallsexperiment kann durch ein Tripel beschrieben
werden, wobei sich die 1.Komponente auf die Ablenkung in der
ersten Reihe, die 2.Komponente auf die der zweiten Reihe und
die 3.Komponente auf die der dritten Reihe bezieht.
l bedeute: Ablenkung nach links, r: Ablenkung nach rechts
(jeweils von vorne gesehen).
S = $\{\ lll;llr;lrl;rll;lrr;rlr;rrl;rrr\ \}.$
b) E = $\{\ rrr;lrr;rlr;rrl;llr;lrl;rll\ \},$
( ): E_1 = $\{\ lll;rll;lrl;llr\ \},$ E_2= $\{\ rll;lrl;llr\ \}.$
c) Die Kugel wird dreimal nach rechts abgelenkt, E = $\{\ rrr\ \}.$

13 Das Zufallsexperiment kann durch ein Tripel beschrieben
werden, wobei die 1.Komponente angibt in welchem Kästchen
sich die rote, die 2.Komponente in welchem sich die schwarze
und die 3.Komponente in welchem sich die weiße Kugel befindet.

Die Ergebnismenge besitzt 27 Elemente.
a) E = { 222;223;232;322;233;323;332;333 }
b) E = { 111;222;333 }
c) E = { 211;221;212;231;213;223;232;222;233 }
d) E = { 111;211;112;113;311;213;312;212;313 }
e) E = { 211;231;213;233 }
f) E = { 331;313;133;332;323;233 }

S.15 14 Zum Baumdiagramm: siehe Fig.2.14. E = { ZWW;WZW;WWZ }.

15 X = 3 beschreibt das Ereignis { swr;wsr }.

S.16 16

e_i (AZ)	1	2	3	4	5	6
X	1	4	9	16	25	36

a) { 4 };   b) { 1;2 };   c) { 2;3;4;5 };
d) { 6 };   e) { 1;2;3;4;5 };   f) { 2;3;4;5 }.

17 Zur Vereinfachung benutzen wir eine modifizierte Mengen-
schreibweise: {1;1;3} besagt, daß 2mal die 1 und einmal die 3
fiel, usw.

a)

e_i	{1;1;1}	{1;1;2}	{1;1;3}	{1;1;4}	{1;2;2}	{1;2;3}
Y	3	4	5	6	5	6

e_i	{1;2;4}	{1;3;3}	{1;3;4}	{1;4;4}	{2;2;2}	{2;2;3}
Y	7	7	8	9	6	7

e_i	{2;2;4}	{2;3;3}	{2;3;4}	{2;4;4}	{3;3;3}	{3;3;4}
Y	8	8	9	10	9	10

e_i	{3;4;4}	{4;4;4}
Y	11	12

b) (1): { { 1;4;4 }; { 2;3;4 }; { 3;3;3 } }
   (2): { { 1;1;1 }; { 1;1;2 }; { 1;2;2 }; { 1;1;3 }; { 1;1;4 };
          { 1;2;3 }; { 2;2;2 }; { 1;2;4 }; { 2;2;3 }; { 1;3;3 } }
   (3): { { 2;4;4 }; { 3;3;4 }; { 3;4;4 }; { 4;4;4 } }
   (4): { { 1;1;1 }; { 1;1;2 }; { 1;1;3 }; { 1;1;4 };
          { 1;2;2 }; { 1;2;3 }; { 2;2;2 } }
   (5): { { 1;1;4 }; { 1;2;3 }; { 1;2;4 }; { 1;3;3 }; { 1;3;4 };
          { 2;2;2 }; { 2;2;3 }; { 2;2;4 }; { 2;3;3 } }

18

e_i	Aller	Anfang	ist	schwer
X	5	6	3	6
Y	2	2	1	1
Z	3	4	2	5

b) X=6: {Anfang;schwer}
   Y=2: {Aller; Anfang}
   Z=2: {ist}

19 X = 3 und Y > 4 : { { 1;5 } }
    ( ): X > 4 und Y = 3 : ∅; X = 2 und Y = 3 : { { 1;3 } }.

20

e_i	1	2	3	4	5	6	7	8	9	10	11	12	13	14	15	16
X	1	2	2	3	2	4	2	4	3	4	2	6	2	4	4	5

a) $X = 2$: $\{\,2;3;7;11;13\,\}$ (Primzahlen),
( ): $X = 4$: $\{\,6;8;10;14\,\}$,
$1 < X \le 4$: $\{\,2;3;4;5;6;7;9;10;11;13;14;15\,\}$.
b) Z.B.: $\{\,2\,\}$.

21 Wir notieren die Geburtsjahre als Tripel in der Reihenfolge Gauß, Euler, Pascal.
Die richtige Zuordnung ist (1777; 1707; 1623)
                                   ↓   ↓   ↓
                                  Gauß Euler Pascal

Ergebnis (Zurordnung)	X (Anzahl der Richtigen)
(1623;1707;1777)	1
(1623;1777;1707)	0
(1707;1623;1777)	0
(1707;1777;1623)	1
(1777;1623;1707)	1
(1777;1707;1623)	3

$X = 0$: $\{\,(1623;1777;1707); (1707;1623;1777)\,\}$
$X = 1$: $\{(1623;1707;1777);(1707;1777;1623);(1777;1623;1707)\}$
$X \ge 2$: $\{\,(1777;1707;1623)\,\}$

22 a)

e_i	ABC	ACB	BAC	BCA	CAB	CBA
b) X	0	1	1	2	2	3

23 WWWWZ, WWWZZ, WWZZZ, WZZZZ, ZWWWW, ZZWWW, ZZZWW, ZZZZW.

24

e_i	ABC	ACB	BAC	BCA	CAB	CBA
X (DM)	2	2	1	-3	1	-3

$X = 2$: $\{\,ABC; ACB\,\}$;
( ): $X = 1$: $\{\,BAC; CAB\,\}$; $X = -3$: $\{\,BCA; CBA\,\}$;
$X \le 2$: $\{\,ABC; ACB; BAC; CAB; BCA; CBA\,\}$.

25 Wir benutzen folgende Abkürzungen:
F: Fünfeck; P: Pilz; Q: Quadrat; K: Kreis; S: Stern; H: Herz; E: 1 .
Die Ergebnisse des Zufallsexperiments lassen sich durch Tripel beschreiben: Z.B. PFE für "Pilz" auf der linken, "Fünfeck" auf der mittleren und "Eins" auf der rechten Scheibe. Der Gewinn X des Spielers ist die Differenz von Auszahlung und Einsatz (Angabe in Pfennig).

Ergebnisse	PSE	PSF	PSH	PFE	PFF	PFH	PKE	PKF	PKH
X	30	20	20	0	-10	-10	0	-10	-10
Ergebnisse	FSE	FSF	FSH	FFE	FFF	FFH	FKE	FKF	FKH
X	30	40	20	0	40	-10	0	10	-10
Ergebnisse	QSE	QSF	QSH	QFE	QFF	QFH	QKE	QKF	QKH
X	30	20	20	0	-10	-10	0	-10	-10

Zum Ereignis X = 0 gehören sechs Ergebnisse (siehe Tabelle).

3 Der Begriff Wahrscheinlichkeit

3.1 Relative Häufigkeiten

S.17

1 Man berechnet für jeden Jahrgang den Anteil der Schüler mit Mathematik als Leistungskurs an der Gesamtschülerzahl des jeweiligen Jahrgangs. Man stellt so fest, daß der Anteil von Jahr zu Jahr zunimmt. Von 1979 bis 1984 ergeben sich die Prozentsätze (gerundet): 31%, 34%, 39%, 39%, 50%, 63% .

2 Arbeiter : $\frac{7}{7+5+3+4} = \frac{7}{19} \approx 0,37$; Angestellte : 0,26 ; Beamte : 0,16 ; Selbstständige : 0,21 .

3 $h_A = \frac{9}{20} = 0.45$; $h_B = 0,4$; $h_C = 0,1$.

S.18

4 a) 20% b) 5% c) 0,15 d) 0,003 e) 0,1% f) 0,047 g) 80% h) 0,1 i) 0,008 j) 75% k) 0,55 l) 100% m) 99% n) 0,102 o) 2% p) 0,025.

5 2325·0,04 = 93; also waren 93 Rinder von der Krankheit befallen.

6 1305 · $\frac{100}{9}$ = 14500; die Universität hat 14500 Studenten.

7 Zu Fuß : $\frac{1}{15} \approx 6,7\%$; Mit PKW : 70% ; Mit Fahrrad : 8% Mit öffentl. Verkehrsm. : 100% - (6,7% + 70% + 8%) = 15,3%

8 a) $\frac{13}{270} \approx 4,8\%$ b) $\frac{57}{270} \approx 21,1\%$ c) $\frac{231}{270} \approx 85,6\%$ d) $\frac{174}{270} \approx 64,4\%$ e) $\frac{173}{270} \approx 64,1\%$.

9 e_3 trat 12mal auf.

a) Ereignisse	$\{e_1\}$	$\{e_2\}$	$\{e_3\}$	$\{e_1;e_2\}$
b) Rel. Häufigk.	$\frac{1}{4}$	$\frac{7}{12}$	$\frac{1}{6}$	$\frac{5}{12}$

	$\{e_2;e_3\}$	$\{e_1;e_3\}$	$\{e_1;e_2;e_3\}$	$\{\}$
	$\frac{3}{4}$	$\frac{5}{12}$	1	0

10 Das Säulendiagramm im Lehrbuch ist 58 mm breit, der Teil

für Blutgruppe AB : 3 mm, also h(AB) $\frac{3}{58}$ ≈ 5,2% ,
für Blutgruppe B : 6 mm, also h(B) ≈ 10,3% ,
für Blutgruppe 0 :23 mm, also h(0) ≈ 39,7% ,
für Blutgruppe A :26 mm, also h(A) ≈ 44,8% .

11 a) Gesamtstimmenanteile:

Wahlkreis	A	B	C	Summen
I	26155	41411	2742	70308
II	15492	26310	2715	44517
III	20365	24016	2434	46815
Summen	62012	91737	7891	161640
Anteile in %	38,4	56,7*	4,9	100

*) Hier wurde nicht gerundet, sondern ausgeglichen.

b) Partei C scheidet bei der Mandatsverteilung aus. Die auf sie entfallenen Stimmen werden jetzt nicht mehr mitgezählt.

Partei	A	B	Summen
Stimmen	62012	91737	153749
Prozentuale Mandatsverteilung	40,3%	59,7%	100%

3.2 Der empirische Befund

12 Man vermutet z.B., daß beide Lagen gleichhäufig auftreten, nimmt also an h(Lage A) ≈ 0,5.
Um genauere Auskunft zu erhalten, wirft man den Reißnagel z.B. 100mal. Bleibt er dabei in der Lage A 38mal liegen, so ist h(Lage A) = 0,38. Dieser Wert kann nun als Richtwert hergenommen werden, um z.B. Voraussagen zu treffen. Mehrere solche Durchführungen oder auch Durchführungen, wo man den Reißnagel noch öfter wirft, geben noch verläßlichere Auskunft über das Auftreten der Lage A. Will man nicht einen speziellen Reißnagel untersuchen, sondern ist allgemein daran interessiert, wie oft die Lage A beim Werfen von Reißnägeln auftritt, kann man auch eine bereits abgezählte Packung von Reißnägeln in einem ausschütten und das Auftreten der Lage A zählen. Dabei nimmt man an, daß alle Reißnägel in der Packung ungefähr gleichgeartet sind.

13 Es sei V: Auftreten eines Vokals. Es ergibt sich:

$h_2(V) = \frac{33}{85} \approx 0,3882$; $h_5(V) = \frac{65}{175} \approx 0,3714$;

$h_{10}(V) = \frac{157}{455} \approx 0,3451$; $h_{15}(V) = \frac{276}{787} \approx 0,3507$;

$h_{20}(V) = \frac{383}{1092} \approx 0,3507$; $h_{30}(V) = \frac{602}{1702} \approx 0,3537$;

$h_{40}(V) = \frac{828}{2321} \approx 0,3567$; $h_{50}(V) = \frac{1071}{2981} \approx 0,3593$.

Die relativen Häufigkeiten scheinen sich auf den Wert 0,36 zu stabilisieren (Diagramm: siehe Fig.3.13).

S.20 14 Es sei $H_{z_i}(W)$ bzw. $h_{z_i}(W)$ die absolute bzw. relative
Häufigkeit von Wappen in der i-ten Zeile, $h_i(W)$ die relative
Häufgikeit von Wappen in den Zeilen 1 bis i

Es gilt: $h_{z_i}(W) = \dfrac{H_{z_i}(W)}{35}$ und $h_i(W) = \dfrac{H_{z_i}(W)+...+H_{z_i}(W)}{i \cdot 35}$.

Die entsprechenden Werte für Zahl ergeben sich aufgrund der
Beziehungen: $H_{z_i}(Z) = 35 - H_{z_i}(W)$,
$h_{z_i}(Z) = 1 - h_{z_i}(W)$ und $h_i(Z) = 1 - h_i(W)$.
Es ergibt sich (zunächst auf 3 Dezimalen):

Zeile	1	2	3	4	5	6	7	8	9
a) $H_{z_i}(W)$	19	20	20	16	20	18	16	18	21
$h_{z_i}(W)$	0,543	0,571	0,571	0,457	0,571	0,514	0,457	0,514	0,6
b) $h_i(W)$	0,543	0,557	0,562	0,536	0,543	0,538	0,527	0,525	0,533

Als Richtwert für das Auftreten von Wappen wird man 0,53
festsetzen.

15 Auf 3 Dezimalen ergibt sich die folgende Tabelle (bei
h(ge):h(gr) wurde erst nach der Quotientenbildung gerundet);
dabei bedeutet: +: relativ gute, ++: gute, +++: sehr gute
Übereinstimmung.

	h(ge)	h(gr)	h(ge):h(gr)	3:1?
MENDEL	0,751	0,249	3,009	++
CORRENS	0,755	0,245	3,077	+
TSCHERMAK	0,751	0,249	3,008	++
BATESON	0,753	0,247	3,050	+
DARBISHIRE	0,751	0,249	3,014	++
WINGE	0,745	0,255	2,929	+
" Summe "	0,750	0,250	3,001	+++

Die Werte stimmen alle sehr gut mit dem von Mendel
aufgestellten theoretischen Aufspaltungsverhältnis von 3:1
überein (vor allem, wenn man alle Versuche zusammennimmt).

16 Man schließt anhand einer genügend großen Stichprobe von den
dort ermittelten zu leichten Packungen auf die Gesamtheit
(alle Packungen des Jahres 1985). Je nach Umfang der
Stichprobe besteht die Gefahr eines Fehlschlusses (Näheres
dazu in Kapitel 6 des Lehrbuchs: Testen von Hypothesen).

3.3 Die mathematische Wahrscheinlichkeit

17 62 : 112 ≈ 0,554, bei 1000 Würfen rechnet man mit 554mal
Wappen. Wappen ist wahrscheinlicher als Zahl.

S.21 18 P(kein e) = 1 - 0,146 = 0.854. ( ): P(kein i) = 0,928,
P(kein a) = 0,936 . Unter 40000 Zeichen sind ca. 2560 a's zu
erwarten (40000·0,064).

S.22 19 h seien die rel. Häufigkeiten im betreffenden Jahr, h_s die aufsummierten rel. Häufigkeiten bis zu dem entsprechendem Jahr.

Jahr	1977	1978	1979	1980	1981	1982
a) h(J)	0,515	0,514	0,512	0,513	0,513	0,514
b) h_s(J)	0,515	0,514	0,514	0,514	0,514	0,514

Damit wird man festlegen: P(Jungengeburt) = 0,514.

20 $P(e_1) = P(e_2) = P(e_4) = P(e_5) = P(e_6) = 0,1$;
$P(e_3) = 0,2$; $P(e_7) = 0,4$. Andere Möglichkeit:
$P(e_1) = P(e_2) = \ldots = P(e_6) = 0,1$ und $P(e_7) = 0,4$.

21

Antwort	A	B	C	D
Mittelpunktswinkel	90°	162°	72°	36°
rel. Häufigkeit	25%	45%	20%	10%

a) P(A) = 0,25 ; b) $1 - [P(A) + P(B)] = 0,3$.

22 P(Urlaub in Deutschland) = $\frac{1}{3}$; P(Urlaub im Süden) = $0,4 \cdot \frac{2}{3} = \frac{4}{15}$;

P(Urlaub im Norden) = $0,2 \cdot \frac{2}{3} = \frac{2}{15}$; damit ergibt sich:

P(keine Angaben) = $1 - (\frac{1}{3} + \frac{4}{15} + \frac{2}{15}) = \frac{4}{15}$. $\frac{4}{15}$ entspricht 60 Befragten, also wurden insgesamt 225 Personen befragt.

23 a) $P(e_1) = P(e_2) = \ldots = P(e_6) = \frac{1}{6}$
b) $P(e_1) = P(e_2) = \ldots = P(e_5) = \frac{1}{7}$; $P(e_6) = \frac{2}{7}$
c) $P(e_1) = \frac{5}{25}$; $P(e_2) = P(e_3) = \ldots = P(e_6) = \frac{4}{25}$
d) $P(e_1) = \frac{1}{10}$; $P(e_2) = \frac{3}{10}$; $P(e_3) = \frac{1}{5}$; $P(e_4) = \frac{1}{10}$;
$P(e_5) = \frac{1}{5}$; $P(e_6) = \frac{1}{10}$.

24 a) Das Zufallsexperiment besteht darin, im betreffenden Bezirk ein Auto zufällig herauszugreifen und auf die Bereifung und die Funktionsfähigkeit der Beleuchtung hin zu untersuchen. Folgende Ergebnisse können dabei auftreten:
a: Nur Beleuchtung defekt ; b: Nur Bereifung nicht in Ordnung ;
c: Beleuchtung und Bereifung nicht in Ordnung ; d: Keine Beanstandung.
Man geht davon aus, daß sich die Wahrscheinlichkeiten in der Gesamtheit aller möglichen Fahrzeuge genauso verhalten wie in der Stichprobe der 2900 Fahrzeuge. D.h.:
P(a) = $\frac{1}{7}$; P(b) = $\frac{1}{5}$; P(c) = $\frac{1}{8}$; P(d) = $1 - (\frac{1}{7} + \frac{1}{5} + \frac{1}{8}) = \frac{149}{280}$.
b) P(d) = $\frac{149}{280}$; c) $\frac{149}{280} \cdot 2900 \approx 1543$.

25 P(Medikament wirkt heilend) = 0,70 + 0,15 = 0,85;
( ): P(M zeigt Wirkung) = 0,70 + 0,15 + 0,05 = 0,90;
P(M zeigt Nebenwirkungen) = 0,15 + 0,05 = 0,20;
P(M hat keine Nebenwirkungen) = 1 - 0,20 = 0,80.

I-4   SEITE 23-24

4 BESTIMMEN EINER WAHRSCHEINLICHKEIT

S.23 1 Aufgrund der Symmetrie der Münze nimmt man an, daß die
         Wahrscheinlichkeit für jede der beiden Seiten 0,5 ist. Beim
         Reißnagel hat man keine Anhaltspunkte für die Wahrscheinlich-
         keit einer Lage. Man wird daher empirische Untersuchungen
         anstellen, z.B. oftmaliges Werfen und Feststellen der Lage.
         Die dabei gefundenen relativen Häufigkeiten dienen als
         Richtwerte für die Wahrscheinlichkeiten.

S.24 2 P(rot) = 0,45 ; P(weiß) = 0,05 ; P(schwarz) = 0,5 .

      3 $P(a) = \frac{7}{7+5+4} = \frac{7}{16}$; $P(b) = \frac{5}{16}$; $P(c) = \frac{1}{4}$.

      4
Straßenzustand	gesperrt	mit Ketten	mit Winterr.	frei
Wahrscheinlichk.	$\frac{1}{5}$	$\frac{6}{25}$	$\frac{12}{25}$	$\frac{2}{25}$

         Zur Winterausrüstung gehören Winterreifen und Schneeketten.
         Die Wahrscheinlichkeit, die genannte Straße im Januar befahren
         zu können, beträgt 0,8 (= 1 - P(gesperrt)).

      5 I.Wahl: 11148 , P(I.Wahl) ≈ 0,71 ; ( ): verkäuflich: 15014 ,
         P(verkäuflich) ≈ 0,96 .

      6 Deutsche:
         Insgesamt wurden 25689 Personen untersucht. Damit ergibt sich
         P(0) = 0,36 ; P(A) = 0,43 ; P(B) = 0,14[*] ; P(AB) = 0,07 .

         Japaner:
         Insgesamt wurden 17554 Personen untersucht.
         P(0) = 0,30 ; P(A) = 0,38 ; P(B) = 0,22 ; P(AB) = 0,10 .

         Isländer:
         Insgesamt wurden 900 Personen untersucht.
         P(0) = 0,55[*] ; P(A) = 0,32 ; P(B) = 0,10 ; P(AB) = 0,03.

         Eskimos:
         Insgesamt wurden 270 Personen untersucht.
         P(0) = 0,55 ; P(A) = 0,44 ; P(B) = 0 ; P(AB) = 0,01 .

         Indianer:
         Insgesamt wurden 124 Personen untersucht.
         P(0) = 0,89 ; P(A) = 0,07 ; P(B) = 0,04 ; P(AB) = 0 .

         *) Hier wurde ausgeglichen.

      7 $h(m) = \frac{1823555}{3554149} = 0,51$ (auf 2 Dezimalen).
         Damit legt man fest:
         P(m) = 0,51 ; P(w) = 0,49 .

      8
Gewichtsklasse	1	2	3	4	5	6	7
absolute Häufigk.	4	7	35	47	14	1	2
relative Häufigk.	0,04	0,06	0,32	0,43	0,13	0,01	0,02
a) P(e)	0,03	0,06	0,32	0,43	0,13	0,01	0,02

b) Ein Ei gehört mindestens zur Gewichtsklasse 3, wenn es entweder in die Klasse 3, 2 oder 1 fällt. Die Wahrscheinlichkeit hierfür beträgt 0,41.

4.2 Festlegung aufgrund einer theoretischen Annahme

S.25   9 $P(\text{schwarz}) = \frac{1}{3}$ ( ): $P(\text{schwarz}) = \frac{2}{3}$.

S.26   10 $P(\text{gerade}) = 0,5$ ( ): $P(\text{durch 3 teilbar}) = 0,33$; $P(\text{durch 15 teilbar}) = 0,06$; $P(\text{einstellig}) = 0,09$; $P(\text{dreistellig}) = 0,01$; $P(\text{größer als 80}) = 0,2$.

S.27   11   Man schreibt die Zahlen 10 bis 50 auf, markiert die jeweils günstigen Zahlen und berechnet nach Abzählen die verlangten Wahrscheinlichkeiten. Man erhält so:

$P(A) = \frac{20}{41}$; $P(B) = \frac{10}{41}$; $P(C) = \frac{15}{41}$; $P(D) = \frac{11}{41}$; $P(E) = \frac{6}{41}$.

12   Die Ergebnismenge hat 36 Elemente. Durch Abzählen der jeweils günstigen Ergebnisse erhält man:

$P(A) = \frac{15}{36} = \frac{6}{12}$; $P(B) = \frac{19}{36}$; $P(C) = \frac{18}{36} = \frac{1}{2}$.

13   $\frac{929}{1452} \approx 0,64$ (929 Schüler spielen kein Saiteninstrument).

14   Die Anzahl der möglichen Ergebnisse ist 100.
a) 0,1 ; denn 10 Paare sind günstig: 00, 11, ... , 99 .
b) 0,1 ; denn günstig sind: 50, 51, ... , 59 .
c) 0,1 ; denn günstig sind: 69,78,79,87,88,89,96,97,98,99 .
d) 0,21 ; denn 21 Paare sind günstig:
03, 04, ... , 09, .. , 13, 14, ... , 19, 23, 24, ... , 29 .

15   a) $\frac{1111}{4000} \approx 0,278$; denn $1 + 10 + 100 + 1000 = 1111$.

b) $\frac{235}{4000} \approx 0,059$; denn $4000 : 17 = 235$ Rest 5 .

c) $\frac{400}{4000} = 0,1$; denn unter je 10 aufeinanderfolgenden Zahlen gibt es genau eine Zahl mit der Endziffer 2 .

16   a) $\frac{4}{32} = \frac{1}{8}$; b) $\frac{1}{32}$; c) $\frac{7}{32}$; d) $\frac{21}{32}$; e) $\frac{11}{32}$; f) $\frac{3}{32}$.

17   Ein Tripel gebe an, in welchem Kästchen die 1., 2. bzw. 3. Kugel liegt. Da die Kugeln unterscheidbar sind, gibt es 27 verschiedene Tripel (Ergebnisse). Durch Abzählen erhält man:

$P(A) = \frac{8}{27}$; $P(B) = \frac{6}{27}$; $P(C) = \frac{21}{27} = \frac{7}{9}$; $P(D) = \frac{18}{27} = \frac{2}{3}$;

$P(E) = \frac{6}{27} = \frac{2}{9}$; $P(F) = \frac{3}{27} = \frac{1}{9}$.

18   Jedes Aufdecken der 4 Karten kann durch ein 4-Tupel beschrieben werden, wobei die i-te Stelle angibt, welche Karte als i-te Karte aufgedeckt wurde. Es gibt 24 (= $4 \cdot 3 \cdot 2 \cdot 1$) mögliche Ergebnisse. Durch Abzählen über das Gegenereignis erhält man, daß 15 Ergebnisse günstig sind, d.h. die gesuchte Wahrscheinlichkeit für mindestens ein Rencontre beträgt $\frac{15}{24} = \frac{5}{8} = 0,625$.

S.28 19 Eine Möglichkeit wäre z.B., den Einsatz im umgekehrten Verhältnis der noch fehlenden Punkte aufzuteilen, also 3:2. Pascal meinte jedoch, daß eine "gerechte" Aufteilung im Verhältnis der Gewinnchancen zu geschehen hätte.

a) Ein Wurf wurde nach Voraussetzung bereits getätigt. Nach max. 4 weiteren Würfen ist das Spiel beendet. Nimmt man an, daß diese 4 Würfe tatsächlich durchgeführt wurden, lassen sich die Ergebnisse durch 4-Tupel beschreiben, worin angegeben ist, in welcher Reihenfolge Wappen (W) oder Zahl (Z) gefallen ist. Die Ergebnismenge ist damit:

S = { WWWW; WWWZ; WWZW; WZWW; ZWWW; ZZWW; ZWZW; ZWWZ; WZZW;

WZWZ; WWZZ; ZZZW; ZZWZ; ZWZZ; WZZZ; ZZZZ } .

Alle Ergebnisse sind *gleichwahrscheinlich* ($\frac{1}{16}$) .

A gewinnt in allen Fällen, wo mindestens 2-mal Z auftritt, also in 11 von 16 Fällen. In den restlichen 5 Fällen gewinnt B. Eine gerechte Aufteilung des Einsatzes wäre daher im Verhältnis 11:5 für A vorzunehmen.

b)

Ergebnis	WWW	WWZW	WZWW	ZWWW	ZZ	ZWZ	ZWWZ
Wahrscheinlk.	$\frac{1}{8}$	$\frac{1}{16}$	$\frac{1}{16}$	$\frac{1}{16}$	$\frac{1}{4}$	$\frac{1}{8}$	$\frac{1}{16}$

Ergebnis	WZZ	WZWZ	WWZZ
Wahrscheinlk.	$\frac{1}{8}$	$\frac{1}{16}$	$\frac{1}{16}$

Die Ergebnisse sind jetzt *nicht* alle *gleichwahrscheinlich*. Zur Ermittlung der Wahrscheinlichkeiten benutzt man die Wahrscheinlichkeitsverteilung von a):
Z. B. tritt ZZ genau dann ein, wenn sich unter a) die Ergebnisse ZZWW; ZZZW; ZZWZ; ZZZZ ergeben haben.
Daher ist P(ZZ) = $4 \cdot \frac{1}{16} = \frac{1}{4}$, usw.
Aufgrund Wahrscheinlichkeitsverteilung von b) ergibt sich
P(A gewinnt) = $\frac{1}{4} + \frac{1}{8} + \frac{1}{16} + \frac{1}{8} + \frac{1}{16} + \frac{1}{16} = \frac{11}{16}$.

P(B gewinnt) = $\frac{5}{16}$. Es ergibt sich (natürlich) dasselbe Aufteilungsverhältnis von 11 : 5 wie unter a).

20 a) Die Zerlegung in Summanden ist jeweils auf 6 Arten möglich
9 = 1+2+6 = 1+3+5 = 1+4+4 = 2+2+5 = 2+3+4 = 3+3+3 .
10= 1+3+6 = 1+4+5 = 2+2+6 = 2+3+5 = 2+4+4 = 3+3+4 .

b) Das Ergebnis eines Wurfes dreier Würfel kann mit Hilfe eines Tripels beschrieben werden. Es gibt 216 (= 6^3) Tripel mit den Zahlen 1 bis 6.
Es kann Gleichverteilung angenommen werden.
Damit ergibt sich für die Zerlegung der Augensumme 9:

Zerlegung	zugehörige Tripel	Anz. d. Tripel
1 + 2 + 6	126, 162, 216, 261, 612, 621	6
1 + 3 + 5	135, 153, 315, 351, 513, 531	6
1 + 4 + 4	144, 414, 441	3
2 + 2 + 5	225, 252, 522	3
2 + 3 + 4	234, 243, 324, 342, 423, 432	6
3 + 3 + 3	333	1
		25

Damit $P(X=9) = \frac{25}{216} \approx 0{,}116$.

Analoge Überlegungen ergeben: $P(X=10) = \frac{27}{216} = 0{,}125$.

c) Die Zerlegung in Summanden ist jeweils auf 6 Arten möglich.
$P(X=11) = \frac{27}{216}$; $P(X=12) = \frac{25}{216}$.

21 Die gesuchte Wahrscheinlichkeit ist die Wahrscheinlichkeit, daß neben einem radioaktiven Kohlenstoffatom ein weiteres radioaktives liegt. Es sind 5 Positionen für das weitere Kohlenstoffatom möglich, 2 davon sind günstig. Die gesuchte Wahrscheinlichkeit beträgt also $\frac{2}{5} = 0{,}4$.

22 Die Kugel fällt genau dann in das Kästchen Nr. i , falls sie i-mal nach rechts abgelenkt wurde. Mit Hilfe der Ergebnismenge aus Aufgabe 12 S. 14 des Lehrbuchs ergibt sich:

P(Kugel fällt in "0") = P(Kugel fällt in "3") = $\frac{1}{8}$;

P(Kugel fällt in "1") = P(Kugel fällt in "2") = $\frac{3}{8}$.

23

Ergebnis	aabbb	ababb	abbab	abbba	baabb
X	0	1	2	3	2
Ergebnis	babab	babba	bbaab	bbaba	bbbaa
X	3	4	4	5	6

a) siehe Tabelle; b) X=3 : {abbba; babab}

c) $P(X=4) = \frac{2}{10} = 0{,}2$; ( ): $P(X=5) = \frac{1}{10} = 0{,}1$.

4.3 Festlegung bei mehrstufigen Zufallsexperimenten

S.29 **24** In rund 36% (= 0,6·0,6) aller Fälle tritt zweimal hintereinander die Lage A auf. Man gelangt so zu folgender Festlegung einer Wahrscheinlichkeitsverteilung:
P(AA) = 0,36 ; P(AB) = P(BA) = 0,24 (= 0,6·0,4) ; P(BB) = 0,16.

S.30 **25** Mit Hilfe von Fig.30.3 des Lehrbuchs ergibt sich:
$P(JM) + P(MJ) = \frac{5}{7} \cdot \frac{2}{6} + \frac{2}{7} \cdot \frac{5}{6} = \frac{20}{42} = \frac{10}{21} \approx 0{,}476$.

S.31 **26**

Ergebnis	ss	sr	sg	rs	rr	rg	gs	gr	gg
P mit Zurücklegen	$\frac{1}{25}$	$\frac{1}{25}$	$\frac{3}{25}$	$\frac{1}{25}$	$\frac{1}{25}$	$\frac{3}{25}$	$\frac{3}{25}$	$\frac{3}{25}$	$\frac{9}{25}$
P ohne Zurücklegen	$\frac{1}{45}$	$\frac{2}{45}$	$\frac{6}{45}$	$\frac{2}{45}$	$\frac{1}{45}$	$\frac{6}{45}$	$\frac{6}{45}$	$\frac{6}{45}$	$\frac{15}{45}$

27 a) Wir notieren zunächst die Ergebnismenge:
    S = { 12;13;14;15;21;23;24;25;31;32;34;
          35;41;42;43;45;51;52;53;54 } .
    Für jedes der 20 Ergebnisse e_i gilt: $P(e_i) = \frac{1}{5} \cdot \frac{1}{4} = \frac{1}{20}$.
    b) In aufzählender Schreibweise lautet das Ereignis
    E = { 14;41;25;52 } , daher gilt: $P(E) = 4 \cdot \frac{1}{20} = 0,2$.
    c) S = { 11;12;13;14;15;21;22;23;24;25;31;32;33;
             34;35;41;42;43;44;45;51;52;53;54;55 } .
    Die 25 Ergebnisse sind gleichwahrscheinlich, daher $P(e_i) = \frac{1}{25}$.
    E = { 14;41;25;52 }, also $P(E) = 4 \cdot \frac{1}{25} = 0,16$.

28 a) Es gilt $P(W) = \frac{3}{7}$; $P(Z) = \frac{4}{7}$. Die Pfadregel liefert:

Ergebnis	WWW	WWZ	WZW	ZWW	WZZ	ZWZ	ZZW	ZZZ
Wahrscheinlichkeit	$\frac{27}{343}$	$\frac{36}{343}$	$\frac{36}{343}$	$\frac{36}{343}$	$\frac{48}{343}$	$\frac{48}{343}$	$\frac{48}{343}$	$\frac{64}{343}$

    b) P(zweimal Wappen) = $\frac{108}{343}$; (): P(zweimal Zahl) = $\frac{144}{343}$.

29 P(1.Kugel schwarz; 2.Kugel weiß) = $\frac{7}{10} \cdot \frac{3}{9} = \frac{7}{30}$.

30 P(1 Tochter, 4 Söhne) = $5 \cdot 0.486 \cdot 0,514^4 \approx 0,170$.

31 Sei a: Ausschuß; b: Kein Ausschuß. $P(a) = 0,04$; $P(b) = 0,96$.
    P(höchstens eine von vier Flaschen ist Ausschuß) =
    P(bbbb) + P(abbb) + P(babb) + P(bbab) + P(bbba) =
    $0,96^4 + 4 \cdot 0,04 \cdot 0,96^3 \approx 0,99$.

32 Zweckmäßigerweise geht man zum Gegenereignis über:
    "Das Werkstück hat keinen Defekt". Dies ist genau dann der
    Fall, wenn alle drei Bearbeiter fehlerfrei arbeiten. Die
    Wahrscheinlichkeit hierfür ist: $\frac{7}{8} \cdot \frac{8}{9} \cdot \frac{9}{10} = \frac{7}{10}$.
    P(Werkstück ist defekt) = $1 - \frac{7}{10} = \frac{3}{10}$.

33 Wie in Aufgabe 32 berechnet man zuerst die Wahrscheinlichkeit
    des Gegenereignisses("Alle 4 Schüler haben in unterschied-
    lichen Monaten Geburtstag"): $\frac{12 \cdot 11 \cdot 10 \cdot 9}{12 \cdot 12 \cdot 12 \cdot 12} \approx 0,573$.
    P(mindestens 2 Schüler haben im gleichen Monat Geburtstag) $\approx$
    $1 - 0,573 = 0,427$.

34 Es sei $P(B)$ bzw. $P(\bar{B})$ ($P(C)$ bzw. $P(\bar{C})$) die Wahrschein-
    keit, daß A gegen B (C) gewinnt bzw. verliert. Nach Vor-
    aussetzung gilt : $P(C) > P(B)$ und damit $P(\bar{B}) > P(\bar{C})$.
    (1): A spielt in der Reihenfolge C - B - C gegen seine Gegner.
    Anhand eines Baumdiagramms erhält man mit der Pfadregel die
    Wahrscheinlichkeit, daß A zwei Spiele hintereinander gewinnt
    $p_1 = P(C) \cdot P(B) + P(\bar{C}) \cdot P(B) \cdot P(C) = P(B) \cdot P(C) \cdot (1 + P(\bar{C}))$

(2): A spielt in der Reihenfolge B - C - B gegen seine Gegner.
$p_2 = P(B) \cdot P(C) + P(\overline{B}) \cdot P(C) \cdot P(B) = P(B) \cdot P(C) \cdot (1 + P(\overline{B}))$.

Da $P(\overline{B}) > P(\overline{C})$, folgt $p_2 > p_1$.
A sollte also zuerst gegen B spielen.

Dieses auf den ersten Blick vielleicht überraschende Ergebnis wird dann plausibler, wenn man bedenkt, daß A, um den Wettkampf zu gewinnen, auf jeden Fall B schlagen muß. Nach (2) hat A dazu zwei Möglichkeiten, nach (1) nur eine Möglichkeit.

35 Der Händler schickt die Lieferung irrtümlich zurück, falls höchstens 5 Glühbirnen unter der Lieferung defekt sind, sich aber mindestens eine defekte unter der Stichprobe von zwei Glühbirnen befindet. Dies tritt höchstens mit der Wahrscheinlichkeit: $\frac{95}{100} \cdot \frac{5}{99} + \frac{5}{100} \cdot \frac{95}{99} + \frac{5}{100} \cdot \frac{4}{99} = \frac{97}{990} \approx 0{,}098$ ein.
Der Händler läßt also in höchstens 10% aller korrekten Lieferungen diese irrtümlich zurückgehen.

36 a) $(1-p)^3$
b) Das Signal wird 3mal übertragen. Die 4.Station empfängt wieder eine 1, falls das Signal keinmal oder genau zweimal verändert wurde. Die Wahrscheinlichkeit hierfür beträgt:
$(1-p)^3 + 3 \cdot (1-p) \cdot p^2$.

S.32 37 Sei S: Sieg ; N: Niederlage.

Ergebnis	S	NS	NNS	NNN
Wahrscheinlichkeit	$\frac{1}{37}$	$\frac{36}{37} \cdot \frac{1}{37}$	$\frac{36}{37} \cdot \frac{36}{37} \cdot \frac{1}{37}$	$\frac{36}{37} \cdot \frac{36}{37} \cdot \frac{36}{37}$
Einsatz*	10	20	40	40
Gesamteinsatz*	10	30	70	70
Auszahlung*	360	720	1440	0
Gewinn*	350	690	1370	-70

*) in DM

Der mittlere Gewinn (Verlust) beträgt in DM:
$\frac{1}{37} \cdot 350 + \frac{36}{37} \cdot \frac{1}{37} \cdot 690 + \frac{36}{37} \cdot \frac{36}{37} \cdot \frac{1}{37} \cdot 1370 + \frac{36}{37} \cdot \frac{36}{37} \cdot \frac{36}{37} \cdot (-70) \approx -1{,}82$.

Würde die Bank das 37-fache des Einsatzes auszahlen, wäre der mittlere Gewinn (Verlust) 0 DM.

38 a) Siehe Fig.4.38. Wir unterscheiden zuerst nach eineiige (EZ) und zweieige (ZZ) Zwillinge. Danach wird nach dem Geschlecht unterschieden. Bei zweieigen Zwillingen kann dies als zusätzliches zweistufiges Experiment aufgefaßt werden.
b) Die Beziehungen (1), (2), (3) ergeben sich anhand des Baumdiagramms aus Fig.4.38.: Es sind die entsprechenden Wahrscheinlichkeiten der Pfade für JJ, JM und MM zu addieren.
c) Aus (2) ergibt sich: $r = 1 - \frac{v}{2p(1-p)}$.

Diese Beziehung eingesetzt in (1) ergibt:
$2p^2 + p \cdot (-v-2-2u) + 2u + v = 0$. Daraus erhält man:

$$P_{1/2} = \frac{v+2+2u}{4} \pm \sqrt{\frac{(v+2u+2)^2}{16} - \frac{2u+v}{2}}$$

d) Aufgrund der Daten ergibt sich:
$u \approx 0{,}356$; $v \approx 0{,}294$; $w \approx 0{,}350$ .Damit erhält man nach c):
$p \approx 0{,}503$; $r \approx 0{,}412$.

e) $u \approx 0{,}325$; $v \approx 0{,}355$; $w \approx 0{,}320$. Damit erhält man :
$p \approx 0{,}503$; $r \approx 0{,}290$.
D.h. obwohl die Wahrscheinlichkeit für eine Knabengeburt bei den Farbigen in den USA gleich der in der Bundesrepublik Deutschland ist, treten einige Zwillingsgeburten nicht so häufig auf. Beide Merkmale sind also voneinander unabhängig.

39 A gewinnt mit der Wahrscheinlichkeit (vgl. Fig.4.39) :

$$\frac{1}{6} + \frac{5}{6} \cdot \frac{1}{6} \cdot \sum_{n=0}^{\infty} (\frac{4}{6})^n = \frac{7}{12} \quad \left[\sum_{n=0}^{\infty} a \cdot q^n = \frac{a}{1-q}, \text{ falls } |q| < 1 \right]$$

40 Sei X: Augensumme beim zweimaligen Würfeln. Es gilt:
$P(X=6) = \frac{5}{36}$ und $P(X=7) = \frac{1}{6}$. Damit erhält man für die Wahrscheinlichkeit, daß A gewinnt:

$$\frac{5}{36} + \frac{31}{36} \cdot \frac{2}{3} \cdot \frac{10}{36} \cdot \sum_{n=0}^{\infty} (\frac{2}{3} \cdot \frac{26}{36})^n = \frac{25}{56}.$$

B gewinnt mit der Wahrscheinlichkeit $\frac{31}{56}$. Das Verhältnis der Gewinnchancen von A zu B verhält sich damit wie 25 zu 31.

5 Das Urnenmodell

S.33 1 a) r:rote Kugel; w:weiße Kugel.
$P(\{r\}) = \frac{2}{15}$; $P(\{w\}) = \frac{5}{15}$; $P(\{r;w\}) = \frac{8}{15}$.
b) m: männlich; w: weiblich.
$P(\{w\}) = \frac{2}{15}$; $P(\{m\}) = \frac{5}{15}$; $P(\{w;m\}) = \frac{8}{15}$.
Der Losentscheid kann also als Ziehen aus einer geeignet gefüllten Urne gedeutet werden. Die entsprechenden Wahrscheinlichkeiten müssen dabei übereinstimmen (siehe a)).

S.34 2 Man füllt eine Urne mit 243 weißen (für die weiblichen) und 257 schwarzen Kugeln (für die männlichen Säuglinge).
$P(\text{Jungengeburt}) = P(\text{schwarz}) = \frac{257}{500} = 0{,}514$.
Die Wahrscheinlichkeit, daß die nächsten beiden Säuglinge unterschiedlichen Geschlechts sind, entspricht der Wahrscheinlichkeit, beim zweimaligen Ziehen mit Zurücklegen verschiedenfarbige Kugeln zu erhalten:
$P(\{\text{schwarz;weiß}\}) = 2 \cdot 0{,}514 \cdot 0{,}486 \approx 0{,}500$.

3 a) $P(\text{Moped}) = 0{,}1$;
b) Ziehen mit Zurücklegen: $P(\text{LKW;PKW}) = 0{,}0975$.

I-5 Seite 34-35

4   a) $\frac{1}{28}$; b) Ziehen ohne Zurücklegen: $\frac{27}{28} \cdot \frac{26}{27} \cdot \frac{1}{26} = \frac{1}{28}$.

5   Ziehen mit Zurücklegen: a) $3 \cdot 0,3 \cdot 0,3 \cdot 0,7 = 0,189$;
b) $3 \cdot 0,3 \cdot 0,7 \cdot 0,7 = 0,441$; c) $1 - 0,3 \cdot 0,3 \cdot 0,3 = 0,973$.

S.35   6   Aus einer Urne mit den 3 Kugeln r, f, f (eine richtige, zwei falsche Antworten) wird 4mal eine Kugel mit Zurücklegen gezogen. Mit X: "Anzahl der r-Kugeln" gilt:
$P(X=1) = \frac{1}{3} \cdot (\frac{2}{3})^3 \cdot 4 = \frac{32}{81} \approx 40\%$.

7   Zweimaliges Ziehen ohne Zurücklegen: $\frac{1}{15}$; ( ): $\frac{1}{30}$.

8   Zweimaliges Ziehen mit Zurücklegen:
$0,7 \cdot 0,7 = 0,49$; ( ): $2 \cdot 0,7 \cdot 0,3 = 0,42$.

9   Dreimaliges Ziehen ohne Zurücklegen: $\frac{4}{25} \cdot \frac{3}{24} \cdot \frac{2}{23} = \frac{1}{575} \approx 0,002$.

10   Urne mit zwei "A-Kugeln" und einer "B-Kugel". Ziehen mit Zurücklegen:
a) B gewinnt 5, 4 oder 3 Spiele:
$(\frac{1}{3})^5 + 5 \cdot (\frac{1}{3})^4 \cdot (\frac{2}{3}) + 10 \cdot (\frac{1}{3})^3 \cdot (\frac{2}{3})^2 = \frac{17}{81} \approx 0,210$.

b) Es werden höchstens drei Spiele ausgetragen. A ist Sieger, falls er die ersten beiden, das Spiel 1 und 3 oder das Spiel 2 und 3 gewinnt. Die Wahrscheinlichkeit dafür beträgt:
$(\frac{2}{3})^2 + 2 \cdot (\frac{2}{3})^2 \cdot (\frac{1}{3}) = \frac{20}{27} \approx 0,741$.

c) Es werden höchstens fünf Spiele augetragen. A ist Sieger, falls er die Spiele 1,2 oder 2,3 oder 2,4,5 oder 1,3,4 oder 1,3,5 gewinnt. Die Wahrscheinlichkeit hierfür beträgt:
$(\frac{2}{3})^2 + (\frac{1}{3}) \cdot (\frac{2}{3})^2 + (\frac{1}{3}) \cdot (\frac{2}{3})^3 + 2 \cdot (\frac{1}{3})^2 \cdot (\frac{2}{3})^3 = \frac{184}{243} \approx 0,757$

11   Die bei der dritten Drehung erscheinende Ziffer muß entweder mit der bei der 1. oder der bei der 2. Drehung ermittelten Ziffer übereinstimmen. Die ersten beiden ermittelten Ziffern müssen verschieden sein. Die gesuchte Wahrscheinlichkeit beträgt daher: $\frac{3}{4} \cdot \frac{1}{2} = \frac{3}{8} = 0,375$ (Ziehen mit Zurücklegen).

12   Das Zufallsexperiment läßt sich am einfachsten durch zweimaliges Ziehen darstellen, wobei die Urnenfüllung bei jeder Ziehung entsprechend der Verteilung der Ziffern auf den Glücksräder vorgenommen wird.
Für das 1.Glücksrad gilt: P(1)=0,3; P(2)=0,5; P(3)=0,2.
Für das 2.Glücksrad gilt: P(1)=0,2; P(2)=0,3; P(3)=0,2; P(4)=0,3.
Damit erhält man für P("zwei gleiche Ziffern"):
$0,3 \cdot 0,3 + 0,5 \cdot 0,2 + 0,2 \cdot 0,2 = 0,23$. ( ): 0 (die abgelesene Zahl ist immer kleiner 40).

13   a) Man füllt die Urne z.B. mit n weißen und n schwarzen Kugeln und numeriert sie jeweils von 1 bis n. Die Kugelfarbe bezieht sich auf das Geschlecht, Kugeln mit gleicher Nummer symbolisieren ein Ehepaar. Man zieht m bzw. 2·n - m Kugeln ohne Zurücklegen und stellt daran fest wie viele Ehepaare nicht bzw. überlebt haben.
b) Sei X: Anzahl der überlebenden Ehepaare.
Für den Fall n = 3 und m = 2 (d.h. 4 Überlebende) kann X die

Werte 1 und 2 annehmen (bei 4 überlebenden Personen unter 3 Ehepaaren ist mindestens ein überlebendes Ehepaar dabei).
Es gilt: $P(X=1) = \frac{4}{5}$ und $P(X=2) = \frac{1}{5}$.

c) Sei X wie unter b). Für den Fall n = 4 und m = 2 kann X nur die Werte 2 und 3 annehmen.
Es gilt: $P(X=2) = \frac{6}{7}$ und $P(X=3) = \frac{1}{7}$.

6 SIMULATION VON ZUFALLSEXPERIMENTEN

6.1 Praxis des Simulierens

Vorbemerkung: Es wird bei den Lösungen der folgenden Aufgaben die Tabelle I der Zufallsziffern des Lehrbuchs benützt. Wenn nichts anderes angegeben ist, beginnen wir mit Zeile 1 und lesen zeilenweise ab.

S.36 1 Man ordnet drei der Zahlen 1 bis 6 das Ergebnis "Wappen" zu, den drei restlichen Zahlen wird das Ergebnis "Zahl" zugeordnet. Es gibt mehrere solcher Zuordnungen, z.B.:
gerade Augenzahl ⟶ Wappen; ungerade Augenzahl ⟶ Zahl.

S.38 2

Ergebnis	schwarz	weiß
Wahrscheinlichkeit	$\frac{2}{3}$	$\frac{1}{3}$
Zufallsziffern	1,2,3,4,5,6	7,8,9

Die 0 wird überlesen.
Sei A: Die 3.Kugel ist weiß, falls auch die 1.Kugel weiß ist.
Es ergibt sich: $h_{50}(A) = 0{,}25$.
Der theoretische Wert beträgt: $P(A) = \frac{2}{8} \cdot \frac{1}{7} + \frac{6}{8} \cdot \frac{2}{7} = 0{,}25$.

3

Ergebnis	verfallen	nicht verfallen
Wahrscheinlichkeit	0,1	0,9
Zufalssziffern	0	1,2,3,4,5,6,7,8,9

Eine Schachtel wird durch einen Sechserblock von Zufallsziffern simuliert.
Sei A: Die Schachtel enthält keine verfallenen Filme.
Es ergibt sich $h_{20}(A) = 0{,}5$. ($P(A) = 0{,}9^6 \approx 0{,}53$.)

4

Ergebnis	einwandfrei	nicht einwandfrei
Wahrscheinlichkeit	0,92	0,08
Zufallsziffern	01, 02,..., 92	93,..., 99, 00

Eine Viererpackung wird mit vier Zweierblöcken (8er-Block) simuliert.
Für A:"Viererpackung ohne defekte Ventile" ergibt sich:
$h_{25}(A) = \frac{21}{25} = 0{,}84$ ($P(A) = 0{,}92^4 \approx 0{,}72$).

I-6 Seite 38-39

5

Ergebnis	Junge	Mädchen
Wahrscheinlichkeit	0,5	0,5
Zufallsziffern	1, 2, ..., 5	6, 7, ...,9, 0

Man simuliert mit Viererblocks (ab Zeile 46).
Für A:"Mindestens 2 Jungen unter den 4 Kindern" ergibt sich:
$h_{15}(A) = \frac{11}{15} \approx 0,73$ ($P(A) = 1 - (0,5^4 + 4 \cdot 0,5^4) \approx 0,69$).

6

Ergebnis	Junge	Mädchen
Wahrscheinlichkeit	0,514	0,486
Zufallsziffern	001, ... , 514	515, ... , 000

Man simuliert mit Blocks aus 5·3 = 15 Zufallsziffer.
Sei A: Mindestens drei Mädchen. Es ergibt sich:
$h_{20}(A) = \frac{8}{20} = 0,4$;
(Zum theoretischen Wert:
$P(A) = 0,486^5 + 5 \cdot 0,486^4 \cdot 0,514 + 10 \cdot 0,486^3 \cdot 0,514^2 \approx 0,474$).

7

Ergebnis	1	2	3	4	5	6
Wahrscheinlichkeit	$\frac{1}{6}$	....				
Zufallsziffern	1	2	3	4	5	6

überlesen werden: 0,7,8,9. Man simuliert mit Viererblocks und beachtet das Überlesen. (Beginn: Zeile 30)

a) Sei A: Mehr als zweimal eine Augenzahl größer als 4 .
$h_{25}(A) = \frac{1}{25}$ ($P(A) = (\frac{1}{3})^4 + 4 \cdot (\frac{1}{3})^3 \cdot (\frac{2}{3}) = \frac{1}{9}$).

b) Sei B: Höchstens zwei gleiche Augenzahlen.
$h_{25}(B) = \frac{24}{25} = 0,96$ ($P(B) = 1 - [(\frac{1}{6})^3 + 4 \cdot (\frac{1}{6})^2 \cdot (\frac{5}{6})] \approx 0,91$).

S.39 8 a) Zuordnung:

| Ergebnis | Geburtstag im | | | |
	Jan.	Feb.	....	Dez.
Wahrscheinlichkeit	$\frac{1}{12}$	$\frac{1}{12}$	....	$\frac{1}{12}$
Zufallsziffern	11	12		22
	31	32		42
	51	52		62
	71	72		82
	91	92		02

Überlesen werden: 23,24,...,30, 43,44,...,50, 63,64,...,70, 83,84,...,90, 03,04,...10.
Ein Monat wird durch ein Paar von Zufallsziffern simuliert.
Zu betrachten sind 4·2 = 8 aufeinanderfolgende Zufallsziffern, also Achterblocks. Wir beginnen in Zeile 10.
Sei A: Geburtstag im gleichen Monat. Es ergibt sich:

$h_{20}(A) = \frac{9}{20}$ ($P(\bar{A}) = \frac{12 \cdot 11 \cdot 10 \cdot 9}{12^4} \approx 0,57$; also $P(A) \approx 0,43$).

b) Wir numerieren die Tage des Jahres von 1 bis 365.

Ergebnis	Geburtstag am				
	1.	2.	3.	.....	365. Tag
Wahrscheinlichk.	$\frac{1}{365}$	$\frac{1}{365}$	$\frac{1}{365}$		$\frac{1}{365}$
Zufallsziffern	001 501	002 502	003 503		365 865

Wir überlesen: 366, 367,..., 499, 500, 866, 867,..., 999, 000.
Ein Tag wird durch ein Tripel von Zufallsziffern simuliert.
Zu betrachten sind 25·3 = 75 aufeinanderfolgende Zufallsziffern.
Sei B: Geburtstag am gleichen Tag.
Es ergibt sich (Beginn 1.Zeile): $h_{10}(B) = \frac{6}{10} = 0,6$;

($P(B) = 1 - \frac{365 \cdot 364 \cdot \ldots \cdot 341}{365^{25}} \approx 0,57$).

9
Ergebnis	grün	rot
Wahrscheinlichkeit	0,2	0,8
Kugel	1. 2. 3. 4.	5. 6. ... 20.
Zufallsziffern	00 01 02 03 20 21 22 23 40 41 42 43 60 61 62 63 80 81 82 83	04 05 ... 19 24 25 ... 39 44 45 ... 59 64 65 ... 79 84 85 ... 99

Die Ziffernpaare 00, 20, 40, 60, 80 sind *einer* grünen Kugel
zugeordnet; entsprechend sind die Paare 15, 35, 55, 75, 95
einer roten Kugel zugeordnet. Man zieht 4 Zweierblöcke mit
Überlesen (auch der dazugehörigen Ziffernpaare!). D.h. mit
41 muß im folgenden auch 01, 21, 61 und 81 überlesen werden.
Bei der Zuordnung muß darauf geachtet werden, daß auch *nach
dem Überlesen* (Ziehen ohne Zurücklegen) die Wahrscheinlichkeiten entsprechend dem Zufallsexperiments gegeben sind. Dies
wäre z.B. nicht der Fall, falls man den grünen Kugeln die
Ziffern 0 und 1 und den roten Kugeln die Ziffern 2, 3, ...,9
zugeordnet hätte.
Sei A: Genau eine grüne unter vier Kugeln.
Sei B: Höchstens zwei rote unter vier Kugeln.
a) $h_{30}(A) = \frac{16}{30} \approx 0,53$; b) $h_{30}(B) = \frac{4}{30} \approx 0,13$.
Zu den theoretischen Wahrscheinlichkeiten:
$P(A) = 4 \cdot \frac{16 \cdot 15 \cdot 14 \cdot 4}{20 \cdot 19 \cdot 18 \cdot 17} = \frac{448}{969} \approx 0,46$;

$P(B) = 1 - [\, P(A) + P(\text{4 rote Kugeln}) \,] = 1 - \frac{812}{969} \approx 0,16$.

10 Zuordnung: Eine Ziehung wird durch 6 fortlaufend gelesene
Zweierblöcke (mit Überlesen bereits gezogener Ziffernpaare)

simuliert. Verwendet werden die Ziffernpaare: 01, 02, ... ,
48, 49. Überlesen werden die Ziffernpaare: 50, 51,..., 99, 00.
Sei A: Mindestens ein Paar aufeinanderfolgender Zahlen.
Beginnend mit Zeile 15 erhält man:

$h_{10}(A) = \frac{4}{10} = 0,4$; nach 10 weiteren Ziehungen: $h_{20}(A) = 0,5$.

Hinweis zur (theoretischen) Wahrscheinlichkeit P(A):
Man betrachtet das Gegenereignis: Keine zwei Zahlen sind benachbart. Dies bedeutet, daß 5 "Zwischenräume" bei einer Ziehung mitberücksichtigt werden müssen. Daher hat man für diese nichtbenachbarten Zahlen nur noch 44 Möglichkeiten. Aus diesen 44 Zahlen kann man auf $\binom{44}{6}$ Arten auswählen (vgl. des Lehrbuchs).Kap.II). Somit gilt:

$P(A) = 1 - P(\bar{A}) = 1 - \binom{44}{6} : \binom{49}{6} = 0,495$. Diese Fragestellung

kann man noch verallgemeinern. In der Kombinatorik wird dies als Ménageproblem bezeichnet.

11 "Wappen" wir durch die ungeraden, "Zahl" durch 0 und die geraden Zufallsziffern simuliert. Eine Serie endet, wenn drei ungerade Zufallsziffern gelesen wurden.
Beginnend mit Zeile 25 erhält man für die durchschnittliche Anzahl der Würfe: $\frac{183}{30} = 6,1$.

(Der theoretische Wert beträgt 6; vgl. A.Engel: Wahrscheinlichkeitsrechnung und Statistik, Band 2, S.71, Klett.)

12

Ergebnis	weiß	schwarz
Wahrscheinlichkeit	0,3	0,7
Zufallsziffern	0, 1, 2	3, 4, 5, 6, 7, 8, 9

Man simuliert mit Überlesen bis 0, 1 oder 2 erscheint.

a) Die Simulation liefert: $\frac{5}{20} = 0,25$.

Die (theoretische) Wahrscheinlichkeit, daß die erste weiße Kugel beim zweiten Zug auftritt, beträgt: $\frac{7}{10} \cdot \frac{3}{9} = \frac{7}{30} \approx 0,23$.

b) Wir simulieren ab Zeile 20: Man benötigt 47 Ziehungen, um 20 Zufallsexperimente durchzuführen.

D.h. im Mittel wurden $\frac{47}{20} = 2,35$ Züge benötigt.

Der theoretische Wert beträgt $\frac{33}{12} = 2,75$ (vgl. Kapitel IV des Lehrbuchs: Erwartungswert einer Zufallsvariablen).

13 Die Zufallsziffernpaare 00, 01, ... , 36 simulieren das Roulette; die übrigen Ziffernpaare werden überlesen. Beginnend mit Zeile 40 erhält man (A, ... , E seien wie in den Teilaufgaben a) ... e) bezeichnet):

a) $h_{20}(A) = \frac{4}{20} = 0,2$; $P(A) = \frac{12}{37} \approx 0,32$.

b) $h_{20}(B) = \frac{8}{20} = 0,4$; $P(B) = \frac{18}{37} \approx 0,49$.

c) $h_{20}(C) = \frac{4}{20} = 0,2$; $P(C) = \frac{3}{37} \approx 0,08$.

d) $h_{20}(D) = \frac{7}{20} = 0,35$; $P(D) = \frac{6}{37} \approx 0,16$.

e) $h_{20}(E) = \frac{4}{20} = 0,2$; $P(E) = \frac{4}{37} \approx 0,11$.

Die Ausreißer bei c) und d) gegenüber den theoretischen Werten ist beachtenswert (die Ereignisse sind nicht unabhängig voneinander).

14 Ein Sprung nach rechts wird durch die Null und die geraden Zufallsziffern, ein Sprung nach links durch die ungeraden Zufallsziffern simuliert. Man liest jeweils Zehnerblöcke. Wir lesen spaltenweise und beginnen in der ersten Spalte.
Die theoretischen Werte erhält man mit der Binomialverteilung (siehe Kapitel V des Lehrbuchs).
a) Der Floh befindet sich nach 10 Sprüngen auf der Position 4 oder weiter rechts, falls er mindestens 7mal nach rechts hüpft. Für die relative Häufigkeit hierfür ergibt sich bei 20 Simulationen 0,1. Der theoretische Wert beträgt ca. 0,17.

b) Der Floh befindet sich nach 10 Sprüngen wieder in 0, wenn er genau 5mal nach rechts springt. Die Simulation ergibt: 0,15. Der theoretische Wert beträgt ca. 0,25.

c) Die durchschnittliche Position nach 20 Simulationen beträgt 0,2. Der theoretische Wert ist: 0.

d) Die Simulation ergibt: Der Floh kehrt durchschnittlich 1,4mal während der 10 Sekunden wieder auf die Position 0 zurück. Der theoretische Wert beträgt ca. 1,7 (siehe A.Engel: Wahrscheinlichkeitsr. und Statistik, Band 2, S.46ff, Klett).

15 Gemäß der Anleitung unterlegt man jedes Quadrat mit einem 10·10 Gitternetz. Ein Zufallsziffernpaar beschreibt die Position eines Punktes in dem Gitternetz. Eine Simulation wird durch das Lesen eines 2·2 Ziffernblocks beschrieben. Das erste Paar bestimmt einen Punkt im linken Quadrat, das zweite Ziffernpaar einen im rechten Quadrat.

Sind (n_1, m_1) die Koordinaten des ersten Punktes und (n_2, m_2) die Koordinaten des zweiten Punktes, so beträgt der Abstand in Gitternetzeinheiten: $\sqrt{(n_1 - n_2 - 10)^2 + (m_1 - m_2)^2}$.

Wir beginnen in Spalte 31, lesen spaltenweise und überlesen jede 5.Zufallsziffer (d.h. jeder 5er-Block repräsentiert ein Punktepaar). Es ergeben sich der Reihe nach folgende Abstände (in Gitternetzeinheite, gerundet):
4; 8,49; 8,25 ; 10,63; 17; 10,23; 14,32; 9,43; 9,06; 5; 7,07; 9,22; 9,49; 11,05; 11,40; 10,20; 17,12; 8,54; 13,15; 8,06.
Als mittlerer Abstand ergibt sich damit ca 10,01 Gitternetzeinheiten, d.h. ungefähr die Länge einer Quadratseite.

Um ein genaueres Ergebnis für das Grundproblem zu erhalten könnte man das Gitternetz noch weiter verfeinern und genügend oft simulieren.
Der theoretische Wert für den mittleren Abstand zweier Punkte bei einer Quadratseitenlänge a läßt sich mit Hilfe von Mehrfachintegralen oder weiterführenden Methoden der Wahrscheinlichkeitstheorie bestimmen, der Abstand beträgt ca 1,088·a (siehe *Technology Review, March/April 1976, S.69*).

6.2 Zufallsziffern

S.40 **16** Das Ergebnis ist abhängig von der Stellenzahlanzeige des Taschenrechners. Auf einem Taschenrechner mit 10-ziffriger Anzeige ergibt sich:

```
7725 3206 1193 1893 4093 7314 0214 0089 5844 6861 2567 4401
3343 9953 4816 8546 1786 0521 9524 5547 3828 5417 1098 1779
8415 2014 3639 4412 9552 8219 3838 3784 9554 2734 5012 8183
4161 4987 9284 0052 9118 2714 3713 5205 0517 3237 7243 6732
6254 0754
```

Die absoluten Häufigkeiten der Ziffern betragen:
0 : 15 ; 1 : 26 ; 2 : 21 ; 3 : 23 ; 4 : 27 ; 5 : 22 ; 6 : 11 ;
7 : 19 ; 8 : 20 ; 9 : 16 .
Die Streuung der Häufigkeiten um den theoretischen Wert 20 ist relativ groß.

S.41 **17** 9216 5542 7137 9367 7406 8488 0461 2125 5156 5843
1406 9768 4138 1230 5129 3066 4003 0240 5760 1776

18 a)
```
4240 5417 7326 3281 6376 6209 3350 0009 1792 3161 2894 0177
4888 3073 5558 4985 2064 6745 8942 1633 1720 8977 8646 3321
4256 8569 8270 9249 2072 8321 9414 4617 9568 5033 1678 0625
3144 9505 2662 4473 1200 6537 7966 9361 4136 4929 1190 4489
4352 7481 3934 5057 6248 0993 5798 2265 6224 6265 4382 3313
2680 8097 5286 1401 6016 5289 2110 5729 8632 0641 6454 1497
4928 0953 7918 9905 1304 7025 4102 8153 6160 3657 0606 9441
9896 9649 1030 2969 4912 7801 6974 3937 5608 4913 8038 3545
8384 1785 1822 8993
```

Der Ziffern-Auszähl-Test ergibt für die absoluten bzw. relativen Häufigkeiten der einzelnen Ziffern:
0: 39 ; 0,0975 1: 40 ; 0,1   2: 42 ; 0,105 3: 41 ; 0,1025
4: 45 ; 0,1125 5: 34 ; 0,085 6: 45 ; 0,1125 7: 31 ; 0,0775
8: 38 ; 0,095   9: 45 ; 0,1125.

Der Maximum-Test ergibt: $\frac{42}{133} \approx 0,32$.

b)
```
5421 5335 9194 6816 6349 0551 9546 7760 7517 5047 2058 2224
8125 1223 9530 1808 3373 3479 8762 6112 4461 8215 0554 2736
8589 3831 9706 7280 8957 0727 5018 3344 4765 1303 9290 2528
1213 9959 9322 4432 9501 3095 5914 6656 6829 9111 3866 4800
6397 8407 1978 2464 7405 3383 3050 1248 5053 8439 3882 0752
0541 9975 5274 8576 1069 6391 2026 0320 9837 8087 2938 9584
6045 7463 0810 7968 4893 8919 2442 5072 7581 8855 8634 8496
1309 5671 4186 3840 9277 9767 7898 4704 0685 3543 2570 2688
0733 1399 5002 7392
```

Der Ziffern-Auszähl-Test ergibt für die absoluten bzw. relativen Häufigkeiten der einzelnen Ziffern:
0: 41 ; 0,1025 1: 34 ; 0,085 2: 39 ; 0,0975 3: 44 ; 0,11
4: 38 ; 0,095   5: 44 ; 0,11   6: 33 ; 0,0825 7: 39 ; 0,0975
8: 46 ; 0,115   9: 42 ; 0,105

Der Maximum-Test ergibt: $\frac{41}{133} \approx 0,31$.

c) 0752 2606 0624 6764 2008 7094 2648 5716 3104 1902 4032 5948
   1640 1830 5176 6660 9216 3678 2480 5052 1432 6246 8344 6324
   7888 0334 1168 3676 2184 8742 5352 8308 1920 6270 1296 9420
   8696 9718 5400 4212 8112 7886 0064 7884 9768 1574 3688 3636
   7264 3582 0672 2668 8200 8710 1416 4180 4176 3758 2320 5372
   0792 7526 5784 1444 7648 0814 0208 5596 8344 6422 9992 9028
   0480 9150 5536 0940 5656 5798 3240 8532 9472 5166 5504 7004
   1528 8054 0728 9556 5424 7262 3312 7388 8760 7590 3656 9700
   3136 5838 8160 3692

Der Ziffern-Auszähl-Test ergibt für die absoluten bzw.
relativen Häufigkeiten der einzelnen Ziffern:
0: 50 ; 0,125   1: 31 ; 0,0775 2: 48 ; 0,12   3: 31 ; 0,0775
4: 45 ; 0,1125   5: 35 ; 0,0875 6: 53 ; 0,1325 7: 34 ; 0,085
8: 49; 0,1225   9: 24 ; 0,06.

Der Maximum-Test ergibt: $\frac{42}{133} \approx 0,32$.

d) 6683 1946 7693 0162 9059 9938 2757 2650 0155 8170 5901 0498
   8371 9442 4725 2906 0107 2554 8829 3074 9763 2306 9813 8202
   9739 9498 1277 9490 0435 0930 8821 2138 0251 9402 0045 5346
   5587 3714 4549 2314 0843 8666 3933 0242 8419 5058 1797 0330
   8715 9690 3741 7778 0131 5362 7365 1786 9067 0874 2269 5554
   9923 1026 0053 6282 5099 6618 4317 5170 4995 4450 0661 7418
   8011 7322 6685 2226 0547 4034 1989 2794 7003 9386 8173 6322
   9779 4178 8837 4010 9275 5210 9581 1058 3891 5282 8005 6666
   0027 3194 3709 4034

Der Ziffern-Auszähl-Test ergibt für die absoluten bzw.
relativen Häufigkeiten der einzelnen Ziffern:
0: 52 ; 0,13   1: 38 ; 0,095   2: 39 ; 0,0975 3: 39 ; 0,0975
4: 37 ; 0,0925   5: 37 ; 0,0925 6: 34 ; 0,085   7: 40 ; 0,1
8: 38 ; 0,095   9: 46 ; 0,115.

Der Maximum-Test ergibt: $\frac{32}{133} \approx 0,24$.

19 a) 3 9 27 81 243 729 2187 6561 9683 9049 7147 1441 4323 2669
    8907 6721 163 489 1476 4401 3203 9609 8827 6481 9443 8329
    4987 4961 4883 4649 3947 1841 5523 6569 9707 9121 7363 2089
    6267 8801 6403 9209 7627 2881 8643 5929 7787 3361 83 249 747
    2241 6723 169 507 1521 4563 3689 1067 3201 9603 8809 6427
    9281 7843 3529 587 1761 5283 5849 7547 2641 7923 3769 1307
    3921 1763 5289 5867 7601 2803

Der Ziffern-Auszähl-Test ergibt für die absolute bzw.
relative Häufigkeit der einzelnen Ziffern:
0: 17 ; ≈ 0,057 1: 33 ; 0,11   2: 33 ; 0,11   3: 33 ; 0,11
4: 31 ; ≈ 0,103 5: 15 ; 0,05   6: 33 ; 0,11   7: 37 ; ≈ 0,123
8: 31 ; ≈ 0,103 9: 37 ; ≈ 0,123.

Der Maximum-Test ergibt: $\frac{34}{100} = 0,34$.

b) 189 5103 37781 20087 42349 43423 72421 55367 94909 62543
   88661 93847 33869 14463 90501 43527 75229 31189 41941 32407
   74989 24703 66981 8487 29149 87023 49621 39767 73709 90143
   33861 14247 84669 86063 23701 39927 78029 6783 83141 44807
   9789 64303 36181 76887 75949 50623 66821 4167 12509 37743
   19061 14647 95469 77663 96901 16327 40829 2383 64341 37207
   4589 23903

I-6 SEITE 41

Der Ziffern-Auszähl-Test ergibt für die absoluten bzw. relativen Häufigkeiten der Ziffern:

0: 23 ; ≈ 0,077   1: 30 ; 0,1   2: 26 ; ≈ 0,087   3: 41 ; ≈ 0,136
4: 37 ; ≈ 0,123   5: 12 ; 0,04   6: 31 ; ≈ 0,103   7: 36 ; 0,12
8: 28 ; ≈ 0,093   9: 36 ; 0,12.

Der Maximum-Test ergibt: $\frac{23}{100} = 0,23$.

c) Es ergeben sich der Reihe nach die Ziffern der Zahlen 2 bis 137.

Der Ziffern-Auszähl-Test ergibt für die absoluten bzw. relativen Häufigkeiten der Ziffern:

0: 23 ; ≈ 0,077   1: 71 ; ≈ 0,237   2: 34 ; ≈ 0,113
3: 31 ; ≈ 0,103   4: 24 ; 0,08   5: 24 ; 0,08   6: 24 : 0,08
7: 23 ; ≈ 0,077   8: 23 : ≈ 0,077   9: 23 ; ≈ 0,077.

Der Maximum-Test ergibt: $\frac{51}{100} = 0,51$.

d) 108 2271 47694 1577 33120 95523 5986 25709 39892 37735
92438 41201 65224 69707 63850 40853 57916 16239 41022 61465
90768 6131 28754 3837 80580 92183 35846 52769 8152 71195
95098 97061 38284 3967 83310 49513 39776 35299 41282 66925
5428 13991 93814 70097 72040 12843 69706 63829 40412 48655
21758 56921 95344 2227 46770 82173 25636 38359 5542 16385
44088 25851 42874

Der Ziffern-Auszähl-Test ergibt für die absoluten bzw. relativen Häufigkeiten der Ziffern:

0: 22 ; ≈ 0,073   1: 29 ; ≈ 0,097   2: 37 ; ≈ 0,123
3: 32 ; ≈ 0,107   4: 27 ; 0,09   5: 34 ; ≈ 0,113   6: 26 ≈ 0,087
7: 29 ; ≈ 0,097   8: 32 ; ≈ 0,107   9: 32 ; ≈ 0.107.

Der Maximum-Test ergibt: $\frac{26}{100} = 0,26$.

20 a) 3792 3792 3792 ... usw.

( ): 5297 0582 3387 4717 2500 2500 2500 ... usw.
2061 2477 1355 8360 8896 1388 9265 8402 5936 2360 5696
4444 7491 1150 3225 4006 0480 2304 3084 5110 1121 2566
5843 1406 9768 4138 1230 5129 3066 4003 0240 0576 3317 0024
0005 0000 0000 ... usw.

Bemerkung: Da es nur 10000 verschiedene maximal vierstellige Zahlen gibt, muß sich das Quadratmittelverfahren nach endlich vielen Schritten wiederholen. Das bedeutet allerdings nicht, daß die Folge, wie in den vorliegenden Fällen, konstant wird.

b) 5 1 5 1 5 1 ... usw.

c) 8 14 12 21 18 19 2 16 3 24 17 11 13 4 7 6 23 9 22 1
   8 14 12 21 (usw., die Folge der 1.Zeile wiederholt sich).

21 Es ergeben sich der Reihe nach folgende Satzlängen:
22, 21, 25, 30, 22, 35, 44, 34, 28, 55. Als mittlere Satzlänge ergibt sich damit: 31,6.

7 Vermischte Aufgaben

S.42 1 Es gibt verschiedene Möglichkeiten der Klassierung der zu erwartenden Gewichte. Eine sinnvolle Einteilung wäre, sich nach den EG-Richtlinien für die Gewichtsklssen von Eiern zu halten (vgl. S.24, Aufgabe 8, des Lehrbuchs):
S = { unter 45; [45;50[; [50;55[; [55;60[; [60;65[; [65;70[; 70 und darüber } (Angaben in Gramm).

2 Es sind verschiedene Klassierungen denkbar; man wird die "Streung" der bisherigen Ergebnisse mitberücksichtigen.
Z.B: S = { unter 15; [15;16,5[; [16,5;17,5[; [17,5;18,5[; [18,5;19,5[; [19,5,21[; 21 und darüber } (Angaben in l/Tag).

3 U,S bzw. J bedeute: Udo, Sven bzw. Jens ist telefonisch erreichbar; $\overline{U}$, $\overline{S}$ bzw. $\overline{J}$: Udo, Sven bzw. Jens ist nicht erreichbar. Das Zufallsexperiment hat 8 Ergebnisse, die man als Tripel notieren kann. S = {USJ; $\overline{U}$SJ; U$\overline{S}$J; US$\overline{J}$; $\overline{US}$J; $\overline{U}$S$\overline{J}$; U$\overline{SJ}$; $\overline{USJ}$}.
A = {$\overline{U}$SJ; U$\overline{S}$J; US$\overline{J}$; $\overline{USJ}$} ; B = {$\overline{US}$J; $\overline{U}$S$\overline{J}$} ;
C = {$\overline{U}$SJ; U$\overline{S}$J; US$\overline{J}$; $\overline{US}$J; $\overline{U}$S$\overline{J}$; U$\overline{SJ}$; $\overline{USJ}$}.

4 a) S = { 0;1;2;3;4 }
b) Mit n für "Frage Nr. n richtig beantwortet" und $\overline{n}$ für "Frage Nr. n falsch beantwortet", ist:
S = { 1234; $\overline{1}$234; 1$\overline{2}$34; 12$\overline{3}$4; 123$\overline{4}$; $\overline{12}$34; $\overline{1}$2$\overline{3}$4; $\overline{1}$23$\overline{4}$; 1$\overline{23}$4; 1$\overline{2}$3$\overline{4}$; 12$\overline{34}$; $\overline{123}$4; $\overline{12}$3$\overline{4}$; $\overline{1}$2$\overline{34}$; 1$\overline{234}$; $\overline{1234}$ }.

5 a) Die Ergebnisse können als 4-Tupel angegeben werden, wobei "x" die Antwort kennzeichnet, die angekreuzt wurde:
S = { xxoo; xoxo; xoox; oxxo; oxox; ooxx }.
b) A = { xxoo; xoxo; oxxo }
c) $\overline{A}$ = { xoox; oxox; ooxx } : Die vierte Antwort ist richtig.

6 a) Die Ergebnisse werden als Paare angegeben, wobei die erste Stelle die Anzahl der Zehner, die zweite Stelle die Anzahl der Fünfer angibt (statt 10 schreiben wir X):
S ={ 50; 42; 34; 26; 18; 0X }.
b) A = { 50; 42; 34; 26 }.
c) Falls sich 42 ergeben hat, sind alle Ereignisse A ⊂ S eingetreten mit 42 ∈ A. Dies sind 32 Ereignisse.
d) 42 ∈ A und 42 ∈ B, die beiden Ereignisse schließen sich nicht aus.

7 a) S = { {1;2}; {1;3}; {1;4}; {1;5}; {1;6};
{2;3}; {2;4}; {2;5}; {2;6};
{3;4}; {3;5}; {3;6};
{4;5}; {4;6};
{5;6} }.

b) X = 5 : { {1;4};{2;3} }.
( ): X = 6 : { {1;5};{2;4} };
X ≤ 6 : { {1;2};{1;3};{1;4};{1;5};{2;3};{2;4} }.
c) Y = 8 : { {1;2;5};{1;3;4} } ; ( ): Y ≥ 15 : { {4;5;6} }.

8 Mit Hilfe eines Baumdiagramms erhält man für die Menge der möglichen Gewinne (in DM): { -1; 1; 3 }.

9 a) 16

b) Die Ergebnismenge hat 16 Elemente. Es gibt drei Ergebnisse, wo die beiden mittleren Löcher bedeckt sind. Es treten alle Ereignisse ein, die diese drei Elemente enthalten. Dies sind 2^{12} = 4096 Ereignisse.

10 a) $\frac{94983}{100000}$ ≈ 0,95 ; ( ): $\frac{96928}{100000}$ ≈ 0,97 .

b) $\frac{88696}{96372}$ ≈ 0,92 .

c) $\frac{95908 - 87876}{100000}$ ≈ 0,80 .

11 a) Man berechnet die relaziven Häufigkeiten und gleicht aus.

Ergebnis	1	3	4	6
rel.Häuf	0,0927	0,4021	0,3937	0,1116
Wahrsch.	0,09	0,40	0,40	0,11

b) P(A) = $0,09^4$ ≈ 0 ; P(B) = 24·0,09·0,40·0,40·0,11 ≈ 0,04
P(C) = $6·0,09^2·0,40^2$ ≈ 0,01 (Augensumme 8 in 4 Würfen ist nur mit zweimal Eins und zweimal Drei möglich).

12 a) Auf 7 Dezimalen gerundet legt man anhand der relativen Häufigkeiten fest:

P(Einzel) = 0,9881687 ; P(Zwilling) = 0,0117266 ;
P(Drilling)= 0,0001035 ; P(Vierling) = 0,0000012.

b) $P(Zwilling)^2$ ≈ 0,0001375 ; $P(Zwilling)^3$ ≈ 0,0000016 .
Der relative Unterschied zu den festgelegten Wahrscheinlichkeiten beträgt in beiden Fällen ca. 33% . Der absolute Unterschied ist aufgrund der kleinen Wahrscheinlichkeiten sehr gering.

13 a)

W_1 AZ	1	2	5	6	W_2 AZ	2	3	4	5
p	$\frac{1}{3}$	$\frac{1}{6}$	$\frac{1}{3}$	$\frac{1}{6}$	p	$\frac{1}{6}$	$\frac{1}{2}$	$\frac{1}{6}$	$\frac{1}{6}$

Die gesuchten Wahrscheinlichkeiten der Teilaufgaben b) - e) erhält man anhand von Baumdiagrammen:

b) Für den Würfel W_1 ergibt sich:

P(1256) = $\frac{1}{324}$; P(4 versch. AZ) = 24 · $\frac{1}{324}$ = $\frac{2}{27}$.

c) Für den Würfel W_2 ergibt sich:

P(Produkt der AZ kleiner 7) = P(23) + P(32) + P(22) = $\frac{7}{36}$;

( ): P(Produkt der AZ größer 9) = $\frac{1}{2}$.

d) $\frac{4}{9}$.

e) W_2 gewinnt mit der Wahrscheinlichkeit $\frac{17}{36}$; W_1 gewinnt mit der Wahrscheinlichkeit $\frac{16}{36}$.

S.44   14   a) Es bedeute w: weiß , r: rot , g: gelb , b: blau , S: schwarze Streifen , P: schwarze Punkte.
Die Ergebnismenge kann damit wie folgt angegeben werden:
$\{$ Sw; Sr; Sb; Pr; Pg; Pb $\}$.
A = $\{$ Sw; Sr; Sb; Pr; Pb $\}$; B = $\{$ Pr; Pg; Pb $\}$;
C = $\{$ Pr; Sr; Sw; Sb $\}$.

b) Pb $\in$ A, Pb $\in$ B.

c) P(A) = $\frac{11}{12}$; P(B) = $\frac{1}{2}$; P(C) = $\frac{3}{4}$.

d) P(D) = $\frac{1}{12} \cdot \frac{5}{11} = \frac{5}{132}$; P(E) = $\frac{4}{12} \cdot \frac{3}{11} = \frac{1}{11}$; P(F) = $\frac{7}{22}$.

15   Man zeichnet ein Baumdiagramm und erhält mit Hilfe der Pfadregel:

P(an jeder) = 0,018 ; P(an keiner) = 0,252 ;
P(an mindestens einer) = 0,748 ; P(an genau einer) = 0,514 ;
P(an höchstens einer) = 0,766 .

16   Mit Hilfe eines Baumdiagramms und der Pfadregel erhält man:
P(Floh auf 2) = 0,216 ; P(Floh auf -1) = 0,096 .

17   Die Wetterregeln lassen sich in einem Baumdiagramm darstellen (vgl. Fig.7.17; S:Sonnig ; T: Trüb). Damit erhält man mit Hilfe der Pfadregel und durch Addition der Wahrscheinlichkeiten längs entsprechender Pfade:
a) Unter der Voraussetzung sonniges Wetter am Do, ist die Wahrscheinlichkeit für trübe am Fr und sonnig am Sa:
$\frac{1}{8} \cdot \frac{1}{2} = \frac{1}{16}$; b) $\frac{1}{8} \cdot \frac{1}{2} + \frac{7}{8} \cdot \frac{7}{8} = \frac{53}{64}$; c) $\frac{1}{2} \cdot \frac{1}{2} \cdot \frac{1}{2} = \frac{1}{8}$;
d) $\frac{11}{128}$ (2 Pfade) ; e) $\frac{415}{512}$ (4 Pfade) .

18   a) A gewinnt mit der Wahrscheinlichkeit:
$\frac{2}{6} + \frac{4}{6} \cdot \frac{3}{5} \cdot \frac{2}{4} + \frac{4}{6} \cdot \frac{3}{5} \cdot \frac{2}{4} \cdot \frac{1}{3} \cdot \frac{2}{2} = \frac{3}{5}$.

b) $\frac{1}{2}$; c) A gewinnt, wenn er die weiße Kugel im 1.oder im 3. oder ... oder im (n-1)-ten Zug zieht:

$\frac{1}{n} + \frac{(n-1)\cdot(n-2)\cdot 1}{n\cdot(n-1)\cdot(n-2)} + \cdots + \frac{(n-1)\cdot(n-2)\cdots 2\cdot 1}{n\cdot(n-1)\cdots 3\cdot 2} = \frac{n}{2} \cdot \frac{1}{n} = \frac{1}{2}$.

19   a) Die Urne wird mit 5 schwarzen, 2 roten und 3 weißen Kugeln gefüllt. Es wird dreimal mit Zurücklegen gezogen. Ist die gezogene Kugel schwarz, bedeutet dies Ausfall der Sicherung H, rot: Ausfall von N, weiß: Ausfall von E.

b) P(sss) = $0,5^3$ = 0,125 ;
( ): P(sss) + P(srs) + P(sws) = 0,25; P(srs) + P(sws) = 0,125.

20 a) Die Urne wird mit 32 unterscheidbaren Kugeln gefüllt. Es
    werden zwei Kugeln ohne Zurücklegen gezogen.
    b) Mit Hilfe der Pfadregel ergibt sich:

    P(zweimal Karo) = $\frac{8}{32} \cdot \frac{7}{31} \approx 0,06$;

    P(Herz und Kreuz) = $\frac{8}{32} \cdot \frac{8}{31} \cdot 2 \approx 0,13$;

    P(zwei Buben) = $\frac{4}{32} \cdot \frac{3}{31} \approx 0,01$;

    P(verschiedene Farben) = $\frac{8}{32} \cdot \frac{24}{31} \cdot 4 \approx 0,77$.

21 Die Urne wird mit 5 weißen Kugeln (Schüler der Schule Nr.1)
    und mit 5 schwarzen Kugeln (Schüler der Schule Nr.2) gefüllt.
    Man zieht zweimal ohne Zurücklegen. Mit Hilfe der Pfadregel
    erhält man für die gesuchte Wahrscheinlichkeit:

    $2 \cdot \frac{5}{10} \cdot \frac{4}{9} \approx 0,44$.

22 Der Münzwurf wird wie folgt simuliert: Gerade Zufallsziffern
    und die Null für Wappen, ungerade Zufallsziffwern für Zahl.
    Wir lesen fortlaufend, beginnend mit der 1.Zeile. Nach jeder
    Zufallsziffer vermerkt man die aktuelle Bilanz (Guthaben
    jedes Spielers). Ein Spiel ist beendet, d.h. ein Spieler ist
    ruiniert, wenn dessen Bilanz 0 DM bzw. die Bilanz seines
    Gegenspielers 5 DM beträgt. Der Beginn der Simulation:

Zufallsziffer	1 2 1 5	9 6 6 1 4 4 0	5 0 9 1	
Spiel Nr.	1	2	3	
Bilanz von A	4 3 4 5	4 3 2 3 2 1 0	4 3 4 5	u.s.w.
Anz. der Würfe	4	7	4	
Sieger d. Spiels	A	B	A	

    Nach 30 Spielen ergibt sich:
    a) Spieler A wird ruiniert, d.h. B gewinnt, hat bei dieser
    Simulation die relative Häufigkeit $\frac{9}{30} = 0,3$.
    b) Für die mittlere Anzahl der Würfe ergibt sich $\frac{160}{30} \approx 5,3$.
    Zu den theoretischen Werten vgl. A.Engel, Wahrsch. und
    Statistik Band 2, S.40 ff., Klett-Verlag:
    a) P(Ruin von A) = $\frac{2}{5}$; b) mittlere Spieldauer: 6 .

23 Wir gehen davon aus, daß alle drei Spielzeuge gleich-
    wahrschlich in einer Packung auftreten. Man trifft folgende
    Zuordnung: 1. Spielzeug → Zufallsziffern: 0, 1, 2
                2. Spielzeug → Zufallsziffern: 3, 4, 5
                3. Spielzeug → Zufallsziffern: 6, 7, 8 .
    Die Ziffer 9 wird überlesen. Man zieht solange Zufallsziffern
    (Packungen) nacheinander, bis man aus jeder der oben beschrie-
    benen Zifferngruppe mindestens eine Ziffer gezogen hat (bis alle
    drei Spielzeuge vorhanden sind).

Beginnend mit Zeile 5 erhält man: Um 25 vollständige Spielzeugserien zu erhalten, benötigt man 136 Packungen, also durchschnittlich 5,44 Packungen.

Der theoretische Wert beträgt 5,5 (vgl. A.Engel Band 2, S.70, Klett Verlag).

24 Das Problem ist gleichbedeutend damit, aus der Urne fünf Kugeln zu ziehen und auf zwei gleiche Paare hin zu untersuchen. Die schwarzen Kugeln werden mit den Zufallsziffern 1, 2, 3, 4, 5, die weißen Kugeln mit den Zufallsziffern 6, 7, 8, 9, 0 simuliert. Die Zufallsziffern 1 und 6, 2 und 7, 3 und 8, 4 und 9, 5 und 0 bilden die Kugelpaare gleicher Nummer.

Es werden Fünferblöcke mit Überlesen gezogen. Beginnend mit der ersten Spalte erhält man:

h_{20}(zwei Paare) = $\frac{3}{20} \approx 0{,}15$.

Der theoretische Wert beträgt $\frac{15}{63} \approx 0{,}24$.

25 Eine Möglichkeit der Simulation wäre:
Die Wahl der 1.Person wird mit der 1.Spalte der Tabelle der Zufallsziffern simuliert. Da die 1.Person sich nicht selbst wählen darf, wird die Ziffer 1 in dieser Spalte gestrichen. Aus den verbleibenden Ziffer werden bei jeder Simulation nacheinander zwei Ziffern gelesen (mit Überlesen). Das gezogene Ziffernpaar repräsentiert die Wahl der 1.Person.
Für die 2.Person verfährt man analog mit der 2.Spalte und der Ziffer 2, u.s.w. bis zur 10.Person mit der 10.Spalte und der Ziffer 0, die gestrichen wird.

Nach 10 Simulationen ergibt sich damit für die relative Häufigkeit, daß alle zehn Ziffern gezogen werden: 0,3.
Die theoretische Wahrscheinlichkeit beträgt:
$[\,1 - (\frac{7}{9})^9\,]^{10} \approx 0{,}33$.

26 a) 0065 9000 3123 7892 1217 6824 5011 6548 7089 1288 6579 1364
6881 2792 2627 9940 1793 5736 5955 5876 5025 8520 7363 8772
1777 3544 5651 4228 9249 7208 7619 3844 6641 9912 8067 5220
5153 6056 9795 1956 7985 4040 3603 3652 0337 6264 8291 5908
9409 9128 0659 0324 4401 3032 5507 4500 6513 2376 5635 2036
8945 5560 1843 2532 6897 4984 2931 1588 7569 7048 5699 0804
0161 2152 4947 7780 5873 4696 3475 6116 7905 3080 2083 5412
1457 9704 9571 1268 3729 0968 2739 5284 3921 7272 6387 5060
3233 3016 3315 4196

b) Der Ziffern-Auszähl-Test ergibt für die absoluten bzw. relativen Häufigkeiten der einzelnen Ziffern:

0: 43; 0,1075   1: 36; 0,09   2: 42; 0,105   3: 39; 0,0975
4: 34; 0,085   5: 48; 0,12   6: 42; 0,105   7: 40; 0,1
8: 35; 0,0875   9: 41; 0,1025

Der Maximum-Test ergibt: $\frac{36}{133} \approx 0{,}27$.

c) $P(A) = \frac{63}{125} = 0{,}504$. Für die unter a) ermittelten Zufallsziffern ergibt sich $h_{100}(A) = 0{,}49$.

27 a) Es müssen 125 Viererblöcke erzeugt und diese in 100 Fünferblöcke eingeteilt werden. Es ergeben sich die folgenden relativen Häufigkeiten:

Alle Ziffern verschieden: 0,35; ein Paar: 0,48;
zwei Paare: 0,05; ein Tripel: 0,08;
ein Tripel, ein Paar: 0,03; vier gleiche Ziffer: 0,01;
fünf gleiche Ziffern: 0 .

b) Es müssen 100 Viererblöcke erzeugt und diese in 80 Fünferblöcke eingeteilt werden. Es ergibt sich:
Alle Ziffern verschieden: 0,3125; ein Paar: 0,4625;
zwei Paare: 0,1375; ein Tripel: 0,0875; ein Tripel, ein Paar: 0; vier gleiche Ziffern: 0; fünf gleiche Ziffern: 0.

II BERECHNUNG VON WAHRSCHEINLICHKEITEN MIT ABZÄHLVERFAHREN

8 DIE PRODUKTREGEL

S.46 1 $3 \cdot 5 = 15$.

2 $26 \cdot 26 \cdot 9 \cdot 10 \cdot 10 \cdot 10 = 6084000$.

S.47 3 Nach Farbe gibt es 6, nach Farbe und Form $6 \cdot 4 = 24$, nach Farbe, Form und Größe gibt es $6 \cdot 4 \cdot 3 = 72$ verschiedene Spielmarken.

4 $4 \cdot 5 \cdot 5 = 100$ (Null kann nicht erste Ziffer sein!).

5 $10^5 \cdot 3$ Sekunden = 5000 Minuten ≈ 83,3 Stunden ≈ 3,5 Tage.

6 Aus $7 \cdot x \geq 26$ folgt $x \geq 3,7$; d.h. vier Positionen für den linken Arm genügen.

7 Es sind 66667 Anschlüsse notwendig. Alle Teilnehmer sollen Rufnummern mit derselben Stellenzahl haben.
Bei vierstelligen Nummern könnten $9 \cdot 10 \cdot 10 \cdot 10 = 9000$, bei fünfstelligen könnten $9 \cdot 10 \cdot 10 \cdot 10 \cdot 10 = 90000$ verschiedene Telefonnummern vergeben werden. Also sind mindestens fünfstellige Nummern zu vergeben.

8 a) $\frac{2}{6} \cdot \frac{4}{5} = \frac{8}{26} = 0,32$ b) $\frac{3}{6} \cdot \frac{4}{5} = \frac{12}{26} = 0,48$ c) $\frac{1}{5} = 0,2$.

9 Wir notieren die Ergebnisse als 4-Tupel. Beim Würfel gibt es $6 \cdot 6 \cdot 6 \cdot 6$, beim Tetraeder $4 \cdot 4 \cdot 4 \cdot 4$ mögliche Ergebnisse.
Würfel: a) $\frac{6 \cdot 5 \cdot 4 \cdot 3}{6 \cdot 6 \cdot 6 \cdot 6} = \frac{5}{18}$;

b) $\frac{6 \cdot 5 \cdot 4 \cdot 6}{6 \cdot 6 \cdot 6 \cdot 6} = \frac{5}{9}$ (Argumentation mit Produktregel: M_1 enthält die Zahlen 1 bis 6 für die beiden gleichen Augenzahlen, M_2 enthält die 5 Zahlen, die bei der Wahl aus M_1 nicht gewählt wurden, M_3 enthält die 4 Zahlen, die nicht aus M_1 und M_2 gewählt wurden, M_4 enthält 6 Elemente für die Möglichkeiten die beiden gleichen Zahlen auf ein 4-Tupel zu verteilen).

c) $\frac{6\cdot 5\cdot 4}{6\cdot 6\cdot 6\cdot 6} = \frac{5}{54}$,(es gibt 4 Möglichkeiten die drei gleichen Zahlen auf ein 4-Tupel zu verteilen);

d) $\frac{3\cdot 3\cdot 3\cdot 3}{6\cdot 6\cdot 6\cdot 6} = \frac{1}{16}$; e) $2\cdot\frac{1}{16} = \frac{1}{8}$.

Tetraeder: a) $\frac{4\cdot 3\cdot 2\cdot 1}{4\cdot 4\cdot 4\cdot 4} = \frac{3}{32}$; b) $\frac{4\cdot 3\cdot 2\cdot 6}{4\cdot 4\cdot 4\cdot 4} = \frac{9}{16}$; c) $\frac{4\cdot 3\cdot 4}{4\cdot 4\cdot 4\cdot 4} = \frac{3}{12}$;

d) $\frac{2\cdot 2\cdot 2\cdot 2}{4\cdot 4\cdot 4\cdot 4} = \frac{1}{16}$; e) $2\cdot\frac{1}{16} = \frac{1}{8}$.

10 $1 - \frac{8\cdot 9\cdot 9}{9\cdot 10\cdot 10} = \frac{7}{25}$; ( ): $\frac{2\cdot 9}{9\cdot 10\cdot 10} + \frac{8}{9\cdot 10\cdot 10} = \frac{26}{900}$.

11 a) $\frac{10}{100} = 0{,}1$; ( ):Ist 9 die erste Ziffer, so sind 9 Paare günstig, ist 8 die erste Ziffer, so sind 8 Paare günstig, usw., man erhält so 45 günstige Ergebnisse, d.h. die gesuchte Wahrscheinlichkeit beträgt 0,45 (man erhält dies auch über das Gegenereignis von "Beide Ziffern gleich": $(1-0{,}1):2$).

b) Es gibt $10\cdot 10\cdot 10 = 1000$ mögliche Tripel. Ist die mittlere Ziffer i, $0 \leq i \leq 9$, so gibt es i^2 Tripel, bei denen die erste und die dritte Ziffer kleiner als i sind. Insgesamt erhält man 285 günstige Ergebnisse. Die gesuchte Wahrscheinlichkeit beträgt also 0,285.

12 a) $\frac{9+8+\ldots+2+1}{10\cdot 10} = 0{,}45$; ( ): Die i-te Ziffer ist ein Rekord mit der Wahrscheinlichkeit: $\frac{9^{i-1} + 8^{i-1} + \ldots + 2^{i-1} + 1}{10^i}$.

Es ergeben sich damit folgende Wahrscheinlichkeiten:
dritte Ziffer ist Rekord: 0,285;
vierte Ziffer ist Rekord: 0,2025;
fünfte Ziffer ist Rekord: 0,15333.

b) Es ergeben sich folgende relative Häufigkeiten:
zweite Ziffer ist Rekord: 0,43;
dritte Ziffer ist Rekord: 0,37;
vierte Ziffer ist Rekord: 0,18;
fünfte Ziffer ist Rekord: 0,185.

9 Geordnete Stichproben

9.1 Geordnete Stichproben mit Zurücklegen

S.48 1 $6^4 = 1296$.

2 $5^6 = 216$.

S.49 3 $\frac{1}{81}$.

4 Es gibt 216 Wörter mit drei Buchstaben, davon 64 Wörter aus nur Konsonanten. Die gesuchte Wahrscheinlichkeit beträgt somit $\frac{64}{216} = \frac{8}{27}$.

II-9 SEITE 49-51

5 a) $\frac{6}{216} = \frac{1}{36}$; b) $\frac{16}{216} = \frac{2}{27}$;
c) Günstig sind die Ergebnisse 123, 132, 321, 312, 213, 231, 222, 411, 141, 114, also beträgt die gesuchte Wahrscheinlichkeit: $\frac{10}{216}$; d) $\frac{3 \cdot 3 \cdot 3}{216} = \frac{1}{8}$.

6 $9 \cdot 10^6 = 900000$; nur ungerade Ziffern: $5^6 = 15625$.

7

Länge des Wortes	1	2	3	4	5
Anzahl der Wörter	2	4	8	16	32

Summe: 62.

8 a) und b) $\frac{1}{2^9} \approx 0{,}002$; c) $\frac{1}{2^{10}} \approx 0{,}001$.

9 Man berechnet zunächst die Wahrscheinlichkeit des Gegenereignisses.
a) $1 - (\frac{5}{6})^4 \approx 0{,}518$; b) $1 - (\frac{35}{36})^{24} \approx 0{,}491$.

10 a) 2 unterscheidbare Teilchen, 4 Energiezustände:
Die Ergebnisse werden mit Tupel beschrieben, wobei jede Komponente die Zahlen 1 - 4 annehmen kann.
Es sind $4^2 = 16$ Ergebnisse möglich.
3 unterscheidbare Teilchen, 2 Energiezustände:
Ergebnisse können als Tripel, deren Komponenten die Werte 1 oder 2 haben, beschrieben werden.
Es sind $2^3 = 8$ Ergebnisse möglich.
b) Es sind n^k verschiedene Ergebnisse möglich.
c) Im Falle von k Teilchen und n Energiezuständen schreiben wir die Ergebnisse als n-Tupel, die i-te Komponente gibt an, wieviel Teilchen diesen Zustand angenommen haben. Die Summe der Werte aller n Komponenten muß jeweils k ergeben.
2 Teilchen, 4 Energiezustände: Es sind 10 verschiedene Ergebnisse möglich.
3 Teilchen, 2 Energiezustände: Insgesamt 4 Ergebnisse.
(Allgemein: $\binom{n+k-1}{k}$, siehe auch Aufgabe 15, Abschnitt 10)
Bemerkung: In a) und b) wird das sogenannte Maxwell-Boltzmann-Modell, in c) das Bose-Einstein-Modell vorgestellt.

9.2 Geordnete Stichproben ohne Zurücklegen

S.50 11 a) $4 \cdot 3 = 12$; b) $4 \cdot 3 \cdot 2 \cdot 1 = 24$.

S.51 12 $16 \cdot 15 \cdot 14 = 3360$; ( ): $16 \cdot 15 \cdot 14 \cdot 13 = 43680$.

13 Die beiden restlichen Ehrengäste haben eine Möglichkeit, sich falsch zu setzen. Es gibt 28 Möglichkeiten, die beiden Personen aus den 8 auszuwählen. Die gesuchte Wahrscheinlichkeit beträgt somit: $\frac{28}{40320} \approx 0{,}000694$;
( ): Sitzen 5 Gäste richtig, so haben die restlichen 3 noch 2 Möglichkeiten sich falsch zu setzen. Es gibt 56 Möglichkeiten

die 3 Personen aus den 8 auszuwählen. Die gesuchte Wahrscheinlichkeit beträgt somit: $\frac{2 \cdot 56}{40320} \approx 0,002778$;
im Fall von 4 richtig sitzenden Gästen ergibt sich:
$\frac{9 \cdot 70}{4032} = 0,015625$.

14 a) $9 \cdot 8 \cdot 7 \cdot 6 \cdot 5 \cdot 4 = 60480$
    b) $9 \cdot 9 \cdot 8 = 648$
    c) Die erste Ziffer muß größer 2, die zweite Ziffer größer 1 sein. Ist die 1.Ziffer 3, so gibt es 1 günstiges Ergebnis; ist die 1.Ziffer 4, so gibt es 1+2 = 3, ist die 1.Ziffer 5, so gibt es 1+2+3 = 6, ist 1.Ziffer 6, so gibt es 1+2+3+4 = 10 günstige Ergebnisse. Insgesamt ergeben sich 20 mögliche Ergebnisse.

15 a) $5 \cdot 4 \cdot 3 = 60$; b) $5^3 = 125$; c) durch Fallunterscheidung ergibt sich: 35 .

16 $5! = 120$.

17 Im ungünstigsten Fall muß er alle $8! = 40320$ Möglichkeiten durchprobieren. Er bräuchte dann $40320 \cdot 15$ Sekunden = 7 Tage.

18 a) $3 \cdot 4 \cdot 5 = 60$; b) $60^2 = 3600$; c) $(3 \cdot 4 \cdot 5) \cdot (4 \cdot 3 \cdot 2) = 1440$.

19 a) $7 \cdot 6 = 42$; b) $4 \cdot 3 + 3 \cdot 2 = 18$; c) $4 \cdot 3 + 3 \cdot 4 + 3 \cdot 4 = 36$.

20 $2 \cdot 4 \cdot 4 \cdot 3 \cdot 3 \cdot 2 \cdot 2 \cdot 1 \cdot 1 = 2 \cdot (4!)^2 = 1152$.

21 a) Wir notieren die Ergebnisse als Tupel, welche die Energiezustände der beiden Teilchen angeben. Nach dem Pauli-Prinzip müssen die Komponenten voneinander verschieden sein. Es gibt $4 \cdot 3 = 12$ mögliche Ergebnisse.
    b) $n \cdot (n-1) \cdot \ldots \cdot (n-k+1)$.

22 Es gibt $5! = 120$ Möglichkeiten der Kuvertierung. Damit erhält man für die gesuchten Wahrscheinlichkeiten:
    $\frac{1}{120} \approx 0,01$; ( ): $1 - \frac{1}{120} \approx 0,09$.

23 a) $\frac{10 \cdot 9 \cdot 8 \cdot 7 \cdot 6}{10^5} = 0,3024$; b) es ergeben sich 69 Fünferblöcke mit lauter verschiedenen Ziffern; die relative Häufigkeit beträgt demnach: $\frac{69}{200} = 0,345$.

24 Wir notieren die Ergebnisse als 5-Tupel.
    "Mögliche Fälle" : $6^5 = 7776$;
    "Günstige Fälle" : 12345 und alle Permutationen: $5! = 120$,
                       23456 und alle Permutationen: $5! = 120$;
    Die gesuchte Wahrscheinlichkeit beträgt daher: $\frac{240}{7776} \approx 0,03$.

25 $\frac{7!}{7^7} \approx 0,01$; ( ): $\frac{12!}{12^{12}} \approx 0$.

26 a) Für $n \leq 365$ gilt: Zwei von n Personen haben am gleichen Tag Geburtstag mit $p = 1 - \frac{365 \cdot \ldots \cdot (365 - n + 1)}{365^n}$.

b)

n	20	21	22	23	24
p	0,4114	0,4437	0,4757	0,5073	0,5383

Ab 23 Personen ist es also vorteilhaft darauf zu wetten, daß zwei Personen davon am gleichen Tag Geburtstag haben.

27 a) $4 \cdot 3 \cdot 2 \cdot 1 = 24$; b) $\frac{4 \cdot 3 \cdot 2 \cdot 1}{2! \cdot 2!} = 6$.

c) Wären alle Objekte unterscheidbar, so gäbe es $(n_1 + \ldots n_r)!$ geordnete Vollerhebungen.

Da je n_i Elemente gleich sind, so sind auch deren Permutationen nicht unterscheidbar; dies sind jeweils $n_i!$. Damit erhält man die angegebene Formel.

d) ANNA: $\frac{(2+2)!}{2! \cdot 2!} = 6$; (): SONNE: $\frac{(1+1+2+1)!}{1! \cdot 1! \cdot 2! \cdot 1!} = 60$; SISSI: 10; PFEFFER: 420; MISSISSIPPI: 34650.

e) $\frac{(12!):(2!)^6}{6^{12}} \approx 0{,}0034$.

10 Ungeordnete Stichproben

S.53 1 $3 \cdot 2 = 6$ Paare verschiedener Buchstaben, mit Beachtung der Reihenfolge. 3 Ergebnisse, falls man nicht auf die Reihenfolge achtet ($\{a;b\}$, $\{a;c\}$, $\{b;c\}$).

S.54 2   X zähle die Anzahl der Richtigen bei einem Lottotip.

$$P(X=k) = \frac{\binom{6}{k} \cdot \binom{43}{k}}{\binom{49}{6}}. \quad P(X=4) \approx 9{,}7 \cdot 10^{-4} \text{ ; } P(X=3) \approx 1{,}7 \cdot 10^{-2}.$$

3   495

4   126

5   0,1

S.55 6   10

7   a) $5! = 120$

b) $\binom{21}{3} \cdot \binom{5}{2} \cdot 5! = 1596000 \approx 1{,}6$ Millionen.

8   Es gibt $\binom{100}{3} = 161700$ Möglichkeiten 3 aus 100 Zahlen auszuwählen. Man ermittelt jeweils die Anzahl der günstigen Ergebnisse. Wir notieren diese im folgenden und geben dann die Wahrscheinlichkeiten p an:

a) $\binom{25}{3}$; $p \approx 1{,}4 \cdot 10^{-2}$ b) $\binom{50}{3}$; $p \approx 0{,}12$

c) $\binom{20}{3}$; $p \approx 7 \cdot 10^{-3}$ d) $\binom{9}{3}$; $p \approx 5 \cdot 10^{-4}$ e) $\binom{9}{2} \cdot 91$; $p \approx 0{,}02$.

9 a) $P(X=k) = \binom{5}{k} \cdot \binom{55}{3-k} : \binom{60}{3}$; $0 \le k \le 3$.

$P(X=0) \approx 0,7667$; $P(X=1) \approx 0,2170$; $P(X=2) \approx 0,0161$; $P(X=3) \approx 0003$

b) $P(X \ge 2) \approx 0,0164$.

10 Es gibt $\binom{8}{5}$ mögliche und $\binom{1}{1} \cdot \binom{7}{4}$ günstige Ergebnisse; also

$p = \frac{35}{56} \approx 0,6$.

11 Es gibt $\binom{250}{20}$ mögliche und $\binom{50}{5} \cdot \binom{200}{15}$ günstige Ergebnisse. Damit erhält man $p \approx 0,18$.

12 Zähle X die Anzahl der verfallenen Filme, so gilt:

$P(X=k) = \binom{4}{k} \cdot \binom{16}{4-k} : \binom{20}{5}$; $0 \le k \le 4$. Damit erhält man:

a) $P(X=0) \approx 0,28$; b) $P(X=2) \approx 0,22$;
c) $P(X \le 3) = 1 - P(X=4) \approx 1$.

13 Es gibt $\binom{30}{6}$ mögliche Ergebnisse. Es gibt $\binom{15}{k} \cdot \binom{10}{m} \cdot \binom{5}{n}$ Möglichkeiten, k Pfeifen I.Wahl, m Pfeifen II.Wahl und n Pfeifen III.Wahl mit k+m+n=6 zu wählen ($0 \le k,m,n$; $n \le 5$). Damit:
a) $p \approx 0,01$; b) $p \approx 0,09$; c) $p \approx 0,17$.

14 Sei X: Anzahl der defektfreien Autos. $P(X=6) = 0,9^6 \approx 0,53$;

( ): $P(X=4) = \binom{6}{4} \cdot 0,9^4 \cdot 0,1^2 \approx 0,10$;

$P(X \le 2) = 0,1^6 + \binom{6}{1} \cdot 0,9 \cdot 0,1^5 + \binom{6}{2} \cdot 0,9^2 \cdot 0,1^4 \approx 1,2 \cdot 10^{-3}$.

15 a) 6

b)

a	b	c	Ergebnis	Zeichenkette
++			a;a	++//
+	+		a;b	+/+/
+		+	a;c	+//+
	++		b;b	/++/
	+	+	b;c	/+/+
		++	c;c	//++

c) Bei n Kugeln gibt es n-1 Trennstriche. Zieht man k-mal und notiert dies wie in der Tabelle, so erhält man Zeichenketten der Länge k+n-1. Nach der Formel aus Aufgabe 27 c) von S.52 des Lehrbuchs gibt es $\frac{(k+n-1)!}{k! \cdot (n-1)!}$ unterscheidbare Vollerhebungen aus k "+"-Zeichen und n-1 "/"-Zeichen. Jede dieser Zeichenketten kann als k-maliges Ziehen mit Zurücklegen ohne Beachtung der Reihenfolge interpretiert werden. Es gilt: $\frac{(k+n-1)!}{k! \cdot (n-1)!} = \binom{k+n-1}{k}$, was zu zeigen war.

d) k = 12, n = 3, damit erhält man mit der Formel aus c) $\binom{14}{12} = 91$, d.h. es gibt 91 verschiedene Möglichkeiten aus 3 verschiedenen Sorten eine Kiste mit 12 Flaschen zu füllen.

11 ZUSAMMENFASSUNG. BERECHNEN VON WAHRSCHEINLICHKEITEN

S.57 1 $\frac{1}{5!} \approx 0{,}0083$.

2 a) $\binom{10}{6} \cdot (0{,}5)^{10} \approx 0{,}2051$; b) aufsummieren ergibt: $0{,}3770$;
c) aus b) erhält man durch Addition von "5mal Zahl": $0{,}6230$.
(Da P(Wappen)=P(Zahl)=0,5 ergibt sich die Wahrscheinlichkeit auch über das "Gegenereignis" von Teilaufgabe b).)
d) $\binom{10}{5} \cdot (0{,}5)^{10} \approx 0{,}2461$. ; e) $0{,}5^{10} \approx 0{,}00098$.

3 $\dfrac{\binom{12}{8} \cdot 8!}{12^8} \approx 0{,}0464$

4 a) $p = \dfrac{10 \cdot 9 \cdot 8 \cdot 7 \cdot 6}{10^5} \approx 0{,}30$; b) $p = \dfrac{\binom{5}{3} \cdot 10 \cdot 9 \cdot 8}{10^5} \approx 0{,}072$;

c) $p = \dfrac{10}{10^5} = 10^{-4}$; d) $p = \dfrac{\binom{5}{4} \cdot 10 \cdot 9}{10^5} \approx 4{,}5 \cdot 10^{-3}$.

5 a) $p = \dfrac{\binom{6}{2} \cdot \binom{10}{2} \cdot \binom{4}{2} \cdot \binom{8}{2}}{\binom{16}{4} \cdot \binom{12}{4}} \approx 0{,}13$; b) $p = \dfrac{\binom{6}{4} \cdot \binom{10}{4}}{\binom{16}{4} \cdot \binom{12}{4}} \approx 3{,}5 \cdot 10^{-3}$.

6 a) "6 Richtige": $p = 1 : \binom{42}{6} = \dfrac{1}{5245786} \approx 1{,}9 \cdot 10^{-7}$;

b) "5 Richtige mit Zusatzzahl": $p = \dfrac{\binom{6}{5}}{5245786} \approx 1{,}14 \cdot 10^{-6}$;

c) "5 Richtige ohne Zusatzzahl": $p = \dfrac{\binom{6}{5} \cdot \binom{36}{1}}{5245786} \approx 4{,}10 \cdot 10^{-5}$.

S.58 7 a) $p = \dfrac{1}{15 \cdot 14 \cdot 13} \approx 3{,}7 \cdot 10^{-4}$; b) $p = \left(\dfrac{1}{15 \cdot 14 \cdot 13}\right)^2 \approx 1{,}3 \cdot 10^{-7}$;

c) $p = \dfrac{3!}{15 \cdot 14 \cdot 13} \approx 2{,}2 \cdot 10^{-3}$

8 a) $p(M) = \dfrac{\binom{20-M}{5}}{\binom{20}{5}}$; $0 \leq M \leq 15$.

b) Auf 3 Dezimalen ergibt sich:
p(0) = 1; p(1) = 0,75; p(2) ≈ 0,553; p(3) ≈ 0,399;
p(4) ≈ 0,282; p(5) ≈ 0,194; p(6) ≈ 0,129; p(7) ≈ 0,083;
p(8) ≈ 0,051; p(9) ≈ 0,030; p(10) ≈ 0,016; p(11) ≈ 0,008;
p(12) ≈ 0,004; p(13) ≈ 0,001; p(14) ≈ 0; p(15) ≈ 0.

9 Es gibt jeweils $\binom{12}{4}$ = 495 mögliche Ergebnisse. Wir ermitteln die Anzahl der günstigen Ergebnisse und dann die Wahrscheinlichkeit:

a) $\binom{6}{4}$ = 15, $p_a \approx 0,030$; b) $p_b = 1 - p_a \approx 0,970$;

c) $\binom{6}{2} \cdot \binom{6}{2} + \binom{6}{3} \cdot \binom{6}{1} + \binom{6}{4}$ = 360 ; $p_c \approx 0,727$;

d) $\binom{6}{2}$ = 15 (mit der Auswahl zweier Frauen sind auch deren Männer bestimmt) ; $p_d \approx 0,030$;

e) $\binom{6}{4} + \binom{6}{3} \cdot \binom{3}{1} + \binom{6}{2} \cdot \binom{4}{2} + \binom{6}{1} \cdot \binom{5}{3} + \binom{6}{4}$ = 240 ; $p_e \approx 0,485$;

f) $p_f = 1 - p_d - p_e \approx 0,485$.

10 a) $P(X=k) = \dfrac{49 \cdot \ldots \cdot (48-k+2) \cdot 4}{49 \cdot 52 \cdot \ldots \cdot (52-k+1)}$, (der Faktor 49 wurde eingefügt, um auch im Fall k=1 einen geschlossenen Term angeben zu können.)

b) $P(X=1) = \dfrac{1}{13} \approx 0,077$; $P(X=2) = \dfrac{16}{221} \approx 0,072$;

$P(X=48) = \dfrac{4}{270725} \approx 0$; $P(X=49) = \dfrac{1}{270725} \approx 0$.

11 a) Die Ergebnisse können als Tripel notiert werden. Die i-te Komponente gibt an, in welche Urne die i-te Kugel gelegt wurde ($1 \leq i \leq 3$). Jede Komponente kann die Werte 1,2 oder 3 annehmen. Es sind 3^3 = 27 verschiedene Ergebnisse möglich. Genau eine Urne bleibt leer, wenn 2 Komponenten den selben Wert haben, die restliche(n) Komponente(n) verschiedene Werte haben. Im Falle n = 3 sind dies $\binom{3}{2} \cdot 3!$ = 18 günstige Ergebnisse. Die gesuchte Wahrscheinlichkeit beträgt somit: $\dfrac{18}{27} = \dfrac{2}{3}$.

b) Allgemein: $p = \binom{n}{2} \cdot \dfrac{n!}{n^n}$. Die Wahrscheinlichkeiten sind für wachsendes n abnehmend. Man erhält (auf 2 Dezimalen):

n	4	5	6	7
p	0,56	0,38	0,23	0,13

; es muß also n ≥ 7 sein.

c) Genau eine bestimmte Urne bleibt leer mit $p = \binom{n}{2} \cdot \dfrac{(n-1)!}{n^n}$. Für n = 3 ergibt sich z.B. $p = \dfrac{2}{9} \approx 0,22$.

12 a) Es gibt 10^6 mögliche Ergebnisse.
(1) "Alle Ziffern verschieden": $10 \cdot 9 \cdot 8 \cdot 7 \cdot 6$ = 30240 günstige Ergebnisse. Also p = 0,3024.

(2) "Ein Paar": $\binom{5}{2} \cdot 10 \cdot 9 \cdot 8 \cdot 7$ = 50400 günstige Ergebnisse. Also p = 0,5040.

(3) "Zwei Paare": $\binom{5}{2} \cdot \binom{3}{2} \cdot \frac{1}{2!} \cdot 10 \cdot 9 \cdot 8 = 10800$ günstige Ergebnisse. Also p = 0,1080.

(4) "Ein Tripel": $\binom{5}{3} \cdot 10 \cdot 9 \cdot 8 = 7200$ günstige Ergebnisse. Also p = 0,0720.

(5) "Ein Tripel, ein Paar": $\binom{5}{3} \cdot 10 \cdot 9 = 900$ günstige Ergebnisse. Also p = 0,0090.

(6) "Vier gleiche Ziffern": $5 \cdot 10 \cdot 9 = 450$ günstige Ergebnisse. Also p = 0,0045.

(7) "Fünf gleiche Ziffern": 10. Also p = 0,0001.

b) Für die unter a) gekennzeichneten Ereignisse ergibt sich:
(1): $\frac{68}{200} = 0,34$; (2): $\frac{94}{200} = 0,47$; (3): $\frac{21}{200} = 0,105$;
(4): $\frac{15}{200} = 0,075$; (5): $\frac{2}{200} = 0,01$; (6): 0; (7): 0.

13 Es gibt $6^5 = 7776$ mögliche Ergebnisse. Man ermittelt die Anzahl der günstigen Ergebnisse und daraus p.
(1) $6 \cdot 5 \cdot 4 \cdot 3 \cdot 2 = 720$, damit p ≈ 0,0926;
(2) $\binom{5}{2} \cdot 6 \cdot 5 \cdot 4 \cdot 3 = 3600$, damit p ≈ 0,4630;
(3) $\binom{5}{2} \cdot \binom{3}{2} \cdot 6 \cdot 5 \cdot 4 = 3600$, damit p ≈ 0,4630;
(4) $\binom{5}{3} \cdot 6 \cdot 5 \cdot 4 = 1200$, damit p ≈ 0,1543;
(5) $\binom{5}{3} \cdot 6 \cdot 5 = 300$, damit p ≈ 0,0386;
(6) $5 \cdot 6 \cdot 5 = 150$, damit p ≈ 0,0193;
(7) 6, damit p ≈ 0,0008.

12 Erste Testprobleme

12.1 Einseitiger Vorzeichentest

S.59 1 Wir nehmen an, beide Präparate unterscheiden sich in ihrer Wirkung nicht. Dann kann man das Testen beider Präparate als ein Zufallsexperiment deuten, wobei die Wahrscheinlichkeit für eine längere Schlafdauer bei Einnahme von B 0,5 beträgt. Die Wahrscheinlichkeit, daß beim 10maligen Testen in 8 oder mehr Fällen das Präparat B zu einer längeren Schlafdauer führte, beträgt:
$\binom{10}{2} \cdot \frac{1}{2^{10}} + 10 \cdot \frac{1}{2^{10}} + \frac{1}{2^{10}} \approx 0,0547$. Die Wahrscheinlichkeit, daß das Präparat B beim 10maligen Testen in 8 oder mehr Fällen zu einer längeren Schlafdauer führt, obwohl zwischen A und B *kein* Unterschied besteht, beträgt ca. 5,5%. Sie ist gering, und man wird annehmen, B ist wirksamer als A; sicher kann man allerdings nicht sein: Mit der Wahrscheinlichkeit 0,0547 kann man sich irren.

II-12 Seite 62-65

S.62 2 Da $P(X \geq 10) \approx 0,019$ kann man die Hypothese auch bei $\alpha = 4\%$, $\alpha = 3\%$ und $\alpha = 2\%$ ablehnen; allerdings nicht bei $\alpha = 1\%$.

3 Wie in Beispiel 1 ist $K = \{10;11;12\}$. Aus den Meßwerten ergeben sich 9 Pluszeichen. Daher kann man die Hypothese, Eisenzufuhr ist unwirksam, nicht ablehnen.

4 $K = \{9;10\}$; aus den Meßwerten ergeben sich 7 Pluszeichen. Die Hypothese " das Geburtsgewicht von Erst- und Zweitgeborenen ist unabhängig" kann nicht abgelehnt werden.

5 $K = \{10;11;12\}$. Aus den Meßwerten ergeben sich 11 Pluszeichen. Die Hypothese "das Gewicht beider Nieren ist voneinander unabhängig" kann mit einer Irrtumswahrscheinlichkeit von 5% abgelehnt werden.

S.63 6 $K = \{9;10;11\}$. Aus den Meßwerten ergeben sich 9 Pluszeichen. Die Hypothese "Kreuz- und Selbstbefruchtung haben keinen Einfluß auf das Wachstum" kann abgelehnt werden. Mit einer Irrtumswahrscheinlichkeit von 5% kann man annehmen, daß kreuzbefruchtete Windengewächse ein besseres Wachstum als selbstbefruchtete haben.

7 $K = \{9;10\}$; 9 Pluszeichen. Die Hypothese wird abgelehnt. Man nimmt an, das Schlafmittel B ist wirksamer. In höchstens 5% aller Fälle vermutet man falsch.

8 $K = \{15;16;17;18;19;20\}$; da $12 \notin K$ muß die Hypothese "Musik ist unwirksam" beibehalten werden.

9 $K = \{10;11;12\}$; 10 Pluszeichen. Mit $\alpha = 5\%$ nimmt man an, daß das Medikament die Konzentrationsfähigkeit senkt.

<u>12.2 Zweiseitiger Vorzeichentest</u>

S.64 10 Man testet zweiseitig, da man zwar Ungleichheit erwartet, aber keine Vermutung hat, welches Garn reißfester ist.

S.65 11 Bei $\alpha = 5\%$: $K = \{0;1;2;3\} \cup \{12;13;14;15\}$;
( ): bei $\alpha = 1\%$: $K = \{0;1;2\} \cup \{13;14;15\}$.

12 $K = \{0;1\} \cup \{13;14\}$. Zieht man die Werte der 2.Messung von der der 1.Messung ab, so ergeben sich 7 Pluszeichen. Die Hypothese, daß Blutplasma während der Lagerung seinen Triglyceridgehalt nicht ändert, muß beibehalten werden.
(Bemerkung: Die vorgegebene Irrtumswahrscheinlichkeit hat in diesem Fall keinen Einfluß auf die Testauswertung.)

13 $K = \{0;1\} \cup \{9;10\}$. Zieht man die Erträge der Sorte II von der der Sorte I ab, so ergeben sich 8 Pluszeichen. Man muß die Hypothese beibehalten, daß beide Sorten gleiche Erträge liefern.

14 $K = \{0;1;2;3\} \cup \{12;13;14;15\}$. Betrachtet man die Fälle in denen die Brotsorte II besser als die Sorte I beurteilt wurde, so ergeben sich 9 Pluszeichen. Man muß die Hypothese beibehalten, daß beide Brotsorten gleich gut schmecken.

13 Vermischte Aufgaben

S.66

1 $8 \cdot 5 = 40$.

2 $9 \cdot 3 \cdot 5 = 135$.

3 a) $7! = 5040$; b) $6! = 720$.

4 $12 \cdot 11 = 132$.

5 $n = 2$: $p = \frac{1}{2} \cdot \frac{1}{2} = \frac{1}{4}$; $n = 5$: $p = (\frac{4}{5})^5 \approx 0{,}33$;

allgemein: $p = (\frac{n-1}{n})^n = (1 - \frac{1}{n})^n$;

für $n \longrightarrow \infty$ strebt $(1 - \frac{1}{n})^n$ gegen $\frac{1}{e} \approx 0{,}37$.

6 Für 3 (4;5;6;n) Kreispunkte erhält man

3 (6; 10; 15; $\binom{n}{2}$) Kreissehnen und 1 (4; 10; 20; $\binom{n}{3}$) Dreiecke.

7 a) Für sechs unterscheidbare Autos gbt es $6! = 720$ Möglichkeiten, die sechs Parkplätze zu belegen.

b) $6 \cdot 5 \cdot 4 \cdot 3 = 360$; $\binom{6}{4} = 15$.

8 $5! = 120$; $4! = 24$; (): $3! = 6$.

9 1. Lösung: Es interessiert, wer auf welchem Stuhl am Tisch sitzt: $2 \cdot 5! \cdot 5! = 28800$.
2. Lösung: Es interessiert lediglich die Anordnung der 10 Personen, d.h. wer neben wem sitzt:
Man unterscheidet zunächst die 10 Sitzplätze und beachtet dann, daß durch "Weiterrücken" jeder Person um einen Platz und durch "Spiegelung" an einem Durchmesser des Tisches sich die Anordnung nicht ändert: $2 \cdot 5! \cdot 5! : 10 : 2 = 1440$.

10 a) $\binom{10}{6} = 210$; b) $\binom{10}{4} + \binom{10}{5} + \binom{10}{6} = 672$.

11 Wir wenden die Definition von $\binom{n}{k}$ an:

a) $\binom{n}{k} = \frac{n!}{k! \cdot (n-k)!} = \frac{n!}{(n-(n-k))! \cdot (n-k)!} = \binom{n}{n-k}$;

b) $\binom{n-1}{k-1} + \binom{n-1}{k} = \frac{(n-1)!}{(k-1)! \cdot (n-k)!} + \frac{(n-1)!}{k! \cdot (n-1-k)!}$

$= \frac{(n-1)! \cdot (k+n-k)}{k! \cdot (n-k)!} = \frac{n!}{k! \cdot (n-k)!} = \binom{n}{k}$.

12 Gerade Zahl: $\binom{50}{2} + \binom{50}{2} = 2450$ günstige, $\binom{100}{2} = 4950$ mögliche Ergebnisse. Also $p = \frac{2450}{4950} \approx 0{,}49$.

(): Ungerade Zahl: $p = \frac{2500}{4950} \approx 0{,}51$.

13 Es gibt $\binom{40}{6} = 3838380$ mögliche, unterscheidbare Stichproben.
Bei 4 defekten Rechnern gibt es $\binom{36}{6} + \binom{36}{5} \cdot 4 = 3455760$

günstige Ergebnisse zur Annahme der Sendung; damit p ≈ 0,90.

(): Bei 8 defekten Rechnern: $\binom{32}{6} + \binom{32}{5} \cdot 8 = 2517200$ günstige Ergebnisse; damit p ≈ 0,66.

Bei 12 defekten Rechnern: p ≈ 0,41 .

S.67 14 a) Es gibt insgesamt $\binom{20}{3}$ = 1140 mögliche Ausschußzusammensetzungen und $1 \cdot \binom{19}{2}$ = 171 Ausschüsse, bei denen die Kurssprecherin dabei ist. Die gesuchte Wahrscheinlichkeit beträgt demnach $\frac{171}{1140}$ = 0,15 .

b) Mögliche Ergebnisse: 1140 (wie unter a)); günstige Ergebnisse: $\binom{13}{3}$ = 286; also p = $\frac{286}{1140}$ ≈ 0,25 .

c) Mögliche Ergebnisse: 1140 (wie unter a)); günstige Ergebnisse $\binom{7}{3} + \binom{7}{2} \cdot \binom{13}{1}$ = 308; damit p = $\frac{308}{1140}$ ≈ 0,27 .

d) Mögliche Ergebnisse: $\binom{20}{2}$ = 190; günstige: $6 \cdot \binom{13}{1}$ = 78.

Damit: p = $\frac{78}{190}$ ≈ 0,41 .

15 "9 Richtige" im Toto: p ≈ $1,2 \cdot 10^{-3}$ (vgl. S.57 des Lehrbuchs).

"4 Richtige" bei 7 aus 38: p = $\frac{\binom{7}{4} \cdot \binom{31}{3}}{\binom{38}{7}}$ ≈ $1,2 \cdot 10^{-2}$.

"4 Richtige" bei 7 aus 38 ist ca. 10mal wahrscheinlicher als "9 Richtige" beim Toto.

16 a) P(dreimal 7) = $\frac{\binom{4}{3}}{\binom{32}{3}}$ = $\frac{4}{4960}$ ≈ $8,1 \cdot 10^{-4}$;

(): P(dreimal Karo) = $\frac{\binom{8}{3}}{4960}$ ≈ $1,1 \cdot 10^{-2}$;

P(dreimal gleiche Farbe) = $4 \cdot$ P(dreimal Karo) ≈ $4,5 \cdot 10^{-2}$.

b) Es gibt jeweils $\binom{32}{10}$ = 64512240 mögliche Ergebnisse.

"3 Buben": $\binom{4}{3} \cdot \binom{28}{7}$ = 4736160 günstige Ergebnisse; damit: p ≈ $7,3 \cdot 10^{-2}$.

(): "2 Asse": $\binom{4}{2} \cdot \binom{28}{8}$ = 18648630 günstige Ergebnisse; damit: p ≈ 0,29.

"3 Buben, 2 Asse": $\binom{4}{3} \cdot \binom{4}{2} \cdot \binom{24}{5}$ = 1020096 günstige Ergebnisse; damit p ≈ $1,6 \cdot 10^{-2}$.

17 a) $\dfrac{6\cdot 5\cdot 4\cdot 3}{6^4} \approx 0{,}28$; b) $\dfrac{\binom{4}{2}\cdot 6\cdot 5\cdot 4}{1296} \approx 0{,}56$ (Hinweis: Zwei steigen in einem, die beiden anderen in verschiedenen Stockwerken aus.)

  c) $\dfrac{6}{1296} \approx 4{,}6\cdot 10^{-3}$; d) $\dfrac{6 + \binom{4}{3}\cdot 6\cdot 5}{1296} \approx 9{,}7\cdot 10^{-2}$.

18 a) $P(A) = \dfrac{5}{12}$; $P(B) = \dfrac{5}{44}$; $P(C) = \dfrac{1}{4}$; $P(D) = \dfrac{1}{11}$;

  b) $P(E) = \dfrac{1}{11}$; $P(F) = \dfrac{16}{33}$; $P(G) = \dfrac{6}{11}$; $P(H) = \dfrac{5}{22}$;

  c) P_3(mind. 1 rote Kugel) $= 1 - \left(\dfrac{2}{3}\right)^3 = \dfrac{513}{729} = \dfrac{19}{27}$;

  P_6(mind. 1 rote Kugel) $= 1 - \left[\left(\dfrac{2}{3}\right)^6 + 6\cdot\left(\dfrac{1}{3}\right)\cdot\left(\dfrac{2}{3}\right)^5\right] = \dfrac{473}{729}$.

  d) Anhand eines Baumdiagramms erhält man:
  P(rot aus der 2.Urne) $= \dfrac{8}{15}$.

19 a) $P(\text{A gewinnt}) = \dfrac{10^{-4}}{\binom{40}{4}} = \dfrac{1000}{9139}$; $P(\text{B gewinnt}) = \dfrac{8139}{9139}$.

  P(A gewinnt) : P(B gewinnt) = 1000 : 8139 .
  (Druckfehler in der Auflage 1 des Lehrbuchs).

  b) $P(\text{A gewinnt}) = \dfrac{\binom{4}{3}\cdot\binom{8}{4}}{\binom{12}{7}} = \dfrac{35}{99}$; $P(\text{B gewinnt}) = \dfrac{64}{99}$;

  P(A gewinnt) : P(B gewinnt) = 35 : 64 .

20 a) $1 - \dfrac{\binom{n^2-n}{n}}{\binom{n^2}{n}}$; b)

n	2	3	4	5	6
p	$\dfrac{5}{6}$	$\dfrac{16}{21}$	0,7280	0,7082	0,6951

21 $p = \dfrac{\binom{12}{6}}{2^{12}} \approx 0{,}2256$; ( ): $p = \dfrac{\binom{6}{3}\cdot\binom{6}{3}}{2^{12}} \approx 0{,}0977$.

22 $p = 0{,}495$ (vgl. Hinweis zur Lösung von Aufgabe 10 des Abschnitts 6.1, S.39, des Lehrbuchs).

23 a) 10^7 ; b) die Wahrscheinlichkeit für 1100789 beträgt:

  $\dfrac{7\cdot 6\cdot 7\cdot 6\cdot 7\cdot 7\cdot 7}{70\cdot 69\cdot 68\cdot 67\cdot 66\cdot 65\cdot 64} \approx 10^{-7}$; für 3334444 beträgt sie:

  $\dfrac{7\cdot 6\cdot 5\cdot 7\cdot 6\cdot 5\cdot 4}{70\cdot 69\cdot 68\cdot 67\cdot 66\cdot 65\cdot 64} \approx 2{,}9\cdot 10^{-8}$.

  c) die Losnummern haben unterschiedliche Wahrscheinlichkeiten (mit der Anzahl unterschiedlicher Ziffern steigt auch die Wahrscheinlichkeit der entsprechenden Losnummer).

24 Vgl. Aufgabe 27, Abschnitt 9 des Lehrbuchs:
    ANNA: 6 ; PFEFFER: 420 : MISSISSIPPI: 34650 .

25 27720

26 Wir wenden den Term aus Aufgabe 15, Abschnitt 10 an.
    a) n = 3 , k = 6 , damit gibt es 28 Möglichkeiten;
    b) n = 3 , k = 3 , damit gibt es 10 Möglichkeiten;
    c) n = 3 , k = 9 , damit gibt es 55 Möglichkeiten.

27 Mit r, l, o bzw. u bezeichnen wir eine Positionsänderung des Käfers nach rechts, links, oben bzw. unten. Der Weg des Käfers innerhalb von 7 Minuten, kann durch ein 7-Tupel beschrieben werden. Es sind 4^7 = 16384 unterschiedliche Wege möglich. Alle sind gleichwahrscheinlich. Günstig sind die Wege: rrrrloo und rrrooou sowie alle unterscheidbaren Vollerhebungen dieser beiden 7-Tupel.

    Von rrrrloo gibt es $\frac{7!}{4! \cdot 2!}$ = 105, von rrrooou $\frac{7!}{3! \cdot 3!}$ = 140 unterscheidbare Vollerhebungen. Damit beträgt die gesuchte Wahrscheinlichkeit $\frac{105 + 140}{16384}$ ≈ 0,0150 .

28 a) rechtsseitig: K = { 8;9 } ; zweiseitig: K = { 0;1;8;9 } ;
    b) rechtsseitig: K = { 9;10;11 } ;
       zweiseitig: K = { 0;1;10;11 } ;
    c) rechtsseitig: K = { 13;14;15 } ;
       zweiseitig: K = { 0;1;14;15 } ;
    d) rechtsseitig: K = { 16;17;18;19;20 } ;
       zweiseitig: K = { 0;1;2;3;17;18;19;20 } .

29 Rechtsseitiger Test: K = { 12;13;14;15 } . Es ergeben sich 12 Pluszeichen. Damit kann mit einer Irrtumswahrscheinlichkeit von 5% angenommen werden, daß Pantothensäure die Reißfestigkeit von Haaren erhöht.

30 Rechtsseitiger Test : K = { 12;13;14;15 } . Da 12 ∈ K kann mit einer Irrtumswahrscheinlichkeit von 5% angenommen werden, daß die neue Sämaschine höhere Erträge liefert.
    Hat man zu Beginn des Tests keine Vermutung über die Ergebnisse der neuen Sämaschine, so testet man zweiseitig. In diesem Fall ergibt sich K = { 0;1;2;3;12;13;14;15 } . Auch jetzt gilt 12 ∈ K .

III-14   SEITE 69-71

III ADDITIONSSATZ UND MULTIPLIKATIONSSATZ

14 VERKNÜPFEN VON EREIGNISSEN

S.69   1 $A = \{\,2;4;6\,\}$; $B = \{\,2;3;5\,\}$.
a) $2 \in A$ und $2 \in B$, d.h. A und B sind eingetreten.
(): $3 \notin A$ und $3 \in B$, d.h. B ist eingetreten;
$1 \notin A$ und $1 \notin B$, d.h. weder A noch B ist eingetreten.
b) $C = A \cap B$, $D = A \cup B$.
c) $E = \{\,1\,\}$.

S.70   2 $H = A_1 \cup A_2 \cup A_3$; $I = \overline{A}_1 \cap \overline{A}_2$; $K = \overline{A}_1 \cap \overline{A}_2 \cap A_3$;
$L = \overline{A}_1 \cap \overline{A}_2 \cap \overline{A}_3$; $M = A_3$; $N = \overline{A}_1 \cap \overline{A}_2 \cap A_3$.

3   a) $\{\,1;3;4;5;6\,\}$; b) $\{\,1;2;3;5\,\}$; c) $\{\,2;4;6\,\}$;
d) $\{\,2;4;5;6\,\}$; e) $\{\,2\,\}$; f) $\{\,1;3\,\}$; g) $\{\,4;6\,\}$;
h) $\{\,1;3;4;6\,\}$; i) $\{\,1;3;4;5;6\,\}$; j) $\{\,4;6\,\}$;
k) $\{\,1;2;3;4;6\,\} = \overline{A \cap B}$.

4   $A = \{\,10;12;\ldots;38\,\}$; $B = \{\,14;24;34\,\}$;
$C = \{\,20;22;24;26;28\,\}$; $\overline{A} = \{\,11;13;\ldots;37;39\,\}$;
$\overline{B} = \{\,10;11;12;13;15;\ldots;23;25;\ldots;33;35;36\ldots;39\,\}$;
$\overline{C} = \{\,10;\ldots;19;21:23;25;27;29;\ldots;39\,\}$;
$\overline{A \cup B \cup C} = \overline{A} \cap \overline{B} \cap \overline{C} = \{\,11;13;\ldots;37;39\,\}$;
$\overline{A \cap B \cap C} = \overline{A} \cup \overline{B} \cup \overline{C} = \{\,10;11;\ldots;23;25;26;27;\ldots;37;39\,\}$.

S.71   5 $A \subset C$; $A \subset D$; $A \subset E$; $B \subset D$; $C \subset D$.

6   $\overline{A}$: Mindestens ein Stück ist defekt ($\overline{A} = B$);
$\overline{B}$: Alle Stücke sind einwandfrei ($\overline{B} = A$);
$\overline{C}$: Mindestens zwei Stücke sind defekt;
$\overline{D}$: Das erste oder das zweite Stück sind defekt;
$\overline{E}$: Das erste oder das zweite Stück sind defekt, oder das dritte Stück ist einwandfrei .

7   $\overline{A}$: Mindestens ein Pilz ist giftig;
$\overline{B}$: Mindestens drei Pilze sind giftig;
$\overline{C}$: Alle Pilze sind giftig;
$\overline{D}$: Alle Pilze sind giftig oder mindestens zwei Pilze sind nicht giftig .

8   $D = \overline{A}$; $E = A \cap \overline{B} \cap C$; $F = A \cup \overline{B} \cup C$;
$G = (A \cap B \cap \overline{C}) \cup (\overline{A} \cap \overline{B} \cap \overline{C}) \cup (\overline{A} \cap B \cap C)$.

9   Eingetreten sind die Ereignisse unter a), b), c), d), e), g), h), l); nicht eingetreten sind die Ereignisse unter f), i), j), k).

10 Da lediglich interessiert *wie oft* "Zahl" aufgetreten ist, läßt sich die Ergebnismenge als S = { Z0;Z1;Z2;Z3;Z4 } angeben, mit Zi: "Zahl ist i-mal aufgetreten" (0≤ i ≤ 4).
A = { Z1;Z2;Z3;Z4 } ; B = { Z0;Z1 }.
$\bar{A}$ = { Z0 } : "Viermal Wappen"; $\bar{B}$ = { Z2;Z3;Z4 } : "Mindestens zweimal Zahl"; A ∪ B = S: "Alle möglichen Ergebnisse";
A ∩ B = { Z1 } : "Genau einmal Zahl"; $\bar{A}$ ∩ B = $\bar{A}$;
$\bar{A}$ ∩ $\bar{B}$ = ∅ : "Das unmögliche Ereignisse"; $\overline{A \cap B}$ = { Z0;Z2;Z3;Z4 }: "Viermal Wappen oder mindestens zweimal Zahl"; A \ B = $\bar{B}$: "Mindestens zweimal Zahl"; A \ $\bar{B}$ = A ∩ B = { Z1 } : "Genau einmal Zahl"; $\bar{A}$ ∪ B = B; $\overline{A \cup B}$ = $\bar{S}$ = 0 .

11 E_1 = $\bar{A}$ ∩ $\bar{B}$ ∩ $\bar{C}$; E_2 = (A ∩ $\bar{B}$ ∩ $\bar{C}$) ∪ ($\bar{A}$ ∩ B ∩ $\bar{C}$) ∪ ($\bar{A}$ ∩ $\bar{B}$ ∩ C);
E_3 = E_1 ∪ E_2; E_4 = A ∪ B ∪ C;
E_5 = (A ∩ B ∩ $\bar{C}$) ∪ (A ∩ $\bar{B}$ ∩ C) ∪ ($\bar{A}$ ∪ B ∪ C); E_6 = $\bar{A}$ ∪ $\bar{B}$ ∪ $\bar{C}$;
E_7 = E_6 ∪ (A ∩ B ∩ C); E_8 = A ∩ $\bar{B}$ ∩ $\bar{C}$.

12 A = $\bar{D}$ ∩ $\bar{F}$ ∩ $\bar{Z}$; B = (D ∩ $\bar{F}$) ∪ ($\bar{D}$ ∩ F); C = $\bar{F}$ ∩ $\bar{D}$;
E = (D ∩ $\bar{F}$ ∩ $\bar{Z}$) ∪ ($\bar{D}$ ∩ F ∩ $\bar{Z}$) ∪ ($\bar{D}$ ∩ $\bar{F}$ ∩ Z);
G = (D ∩ $\bar{F}$ ∩ $\bar{Z}$) ∪ ($\bar{D}$ ∩ F ∩ Z) .

13 A_1 = E_1 ∪ E_2 ∪ E_3 ;
A_2 = ($\bar{E}_1$ ∩ $\bar{E}_2$ ∩ $\bar{E}_3$) ∪ ($\bar{E}_1$ ∩ $\bar{E}_2$ ∩ E_3) ∪ ($\bar{E}_1$ ∩ E_2 ∩ $\bar{E}_3$) ∪ (E_1 ∩ $\bar{E}_2$ ∩ $\bar{E}_3$);
A_3 = (E_1 ∩ E_2 ∩ $\bar{E}_3$) ∪ (E_1 ∩ $\bar{E}_2$ ∩ E_3) ∪ ($\bar{E}_1$ ∩ E_2 ∩ E_3); A_4 = A_2 .

15 DER ADDITIONSSATZ

S.72 1 Die 30% bzw. 40% der Gesamtmannschaft müssen sich aus den 60% der Läufer rekrutieren und diese voll ausschöpfen, da nur diese beiden Laufstrecken angeboten werden. Fig.15.1 liefert: 10% laufen beide Strecken.

2 Sei A: "Wappen im 1.Wurf" , B: "Wappen im 2.Wurf".
P(A ∪ B) = P(A) + P(B) - P(A ∩ B) = $\frac{1}{2}$ + $\frac{1}{2}$ - $\frac{1}{4}$ = $\frac{3}{4}$ = 0,75.

S.73 3 92 von 100 Haushalten haben einen Radio oder einen Fernseher.

4 h(A ∪ B) = 0,065 + 0,078 - 0,043 = 0,1 .

5 P(A) = P(B) = $\frac{1}{2}$; P(A ∩ B) = P({2}) = $\frac{1}{6}$; P(A ∪ B) = $\frac{5}{6}$;
P(A ∪ B) = 1 - P(A ∩ B) = $\frac{5}{6}$.

6 P(AZ gerade) = 0,6; P(AZ=5) = 0,2; P(AZ>4) = P(AZ≤4) = 0,5.
a) P(AZ gerade oder AZ=5) = 0,6 + 0,2 = 0,8 .
b) P(AZ gerade oder AZ≤4) = 1 - P(AZ=5) = 0,8.

7 $p = 0,15 + 0,1 - 0,04 = 0,21$; ( ): $p = 0,79$.

8 $p = \frac{8 + 4 - 1}{32} = \frac{11}{32}$.

9 $S = \{11; 12; \ldots ; 98; 99\}$. Sei A: Zahl ist durch 3 teilbar; B: Zahl ist durch 5 teilbar.
   Es gilt: $P(A) = \frac{30}{89}$; $P(B) = \frac{17}{89}$; $P(A \cap B) = \frac{6}{89}$.
   $P(\overline{A} \cap \overline{B}) = P(\overline{A \cup B}) = 1 - P(A \cup B) = 1 - P(A) - P(B) + P(A \cap B) = \frac{48}{89} \approx 0,54$.

10 Sei A: Alle AZ gerade; B: Alle AZ größer 3.
   Es gilt: $P(A) = P(B) = (\frac{1}{2})^4$; $P(A \cap B) = (\frac{1}{3})^4$. Damit erhält man
   $P(A \cup B) = \frac{73}{648} \approx 0,11$.

11 $P(5 \text{ Richtige}) = \binom{6}{5} \cdot (\frac{1}{4})^5 \cdot \frac{3}{4} \approx 43,9 \cdot 10^{-4}$;
   $P(6 \text{ Richtige}) = (\frac{1}{4})^6 \approx 2,4 \cdot 10^{-4}$.
   $P(5 \text{ oder } 6 \text{ Richtige}) = P(5 \text{ Richtige}) + P(6 \text{ Richtige}) \approx 4,6 \cdot 10^{-3}$.

12 $P(3 \text{ Defekte}) = \frac{\binom{5}{3} \cdot \binom{15}{1}}{\binom{20}{4}}$; $P(4 \text{ Defekte}) = \frac{\binom{5}{4}}{\binom{20}{4}}$;
   $P(3 \text{ oder } 4 \text{ Defekte}) = P(3 \text{ Defekte}) + P(4 \text{ Defekte}) = \frac{31}{969} \approx 0,032$

13 Es gilt $A = (A \cap B) \cup (A \cap \overline{B})$. Der spezielle Additionssatz liefert $P(A) = P(A \cap B) + P(A \cap \overline{B})$.

14 a) $P(\overline{A}) = \frac{1}{2}$; b) $P(\overline{B}) = \frac{3}{5}$; c) $P(A \cup B) = 1 - P(\overline{A} \cap \overline{B}) = \frac{4}{5}$;
   d) $P(A \cap B) = P(A) + P(B) - P(A \cup B) = 0,1$;
   e) $P(\overline{A} \cup \overline{B}) = P(\overline{A}) + P(\overline{B}) - P(\overline{A} \cap \overline{B}) = 0,9$;
   f) $P(A \cap \overline{B}) = P(A) - P(A \cap B) = 0,4$ (vgl. Aufgabe 13);
   g) $P(A \cup \overline{B}) = P(A) + P(\overline{B}) - P(A \cap \overline{B}) = 0,7$;
   h) $P(\overline{A} \cap B) = P(B) - P(A \cap B) = 0,3$ (vgl. Aufgabe 13);
   i) $P(\overline{A} \cup B) = P(\overline{A}) + P(B) - P(\overline{A} \cap B) = 1 - P(A \cap \overline{B}) = 0,6$;
   j) $P(\overline{A \cap B}) = 1 - P(A \cap B) = 0,9$.

15 a) "mindestens eines": $P(A \cup B) = P(A) + P(B) - P(A \cap B)$;
   ( ): "keines": $P(\overline{A} \cap \overline{B}) = P(\overline{A \cup B}) = 1 - P(A \cup B) = 1 - P(A) - P(B) + P(A \cap B)$;
   "höchstens eines": $P(\overline{A \cap B}) = 1 - P(A \cap B)$;
   "genau eines": $P((A \cap \overline{B}) \cup (\overline{A} \cap B)) = P(A \cap \overline{B}) + P(\overline{A} \cap B) =$
   $P(A) - P(A \cap B) + P(B) - P(A \cap B) = P(A) + P(B) - 2 \cdot P(A \cap B)$
   (vgl. Aufgabe 13);
   b) "nicht beide" = "höchstens eines" (siehe Teilaufgabe a));
   c) "entweder beide oder keines" = "genau eines" (siehe a));
   d) $P(A \cap \overline{B}) = P(A) - P(A \cap B)$ (vgl. Aufgabe 13).

III-15 SEITE 74

S.74 16 Anhand des Mengenbildes (vgl. Fig.15.16) erkennt man, daß beim Zählen der Elemente von A, B und C die Elemente der Schnittmengen zwei- bzw. dreifach gezählt werden. Die Elemente der Schnittmengen A∩B, A∩C und B∩C müssen daher subtrahiert werden. Da dadurch die Elemente von A∩B∩C dreimal subtrahiert wurden, müssen diese wiederum hinzugezählt werden. Die Anwendung des Additionssatzes bestätigt dies:

$$P(A \cup B \cup C) = P(A \cup B) + P(C) - P((A \cup B) \cap C)$$
$$= P(A) + P(B) - P(A \cap B) + P(C) - P((A \cap C) \cup (B \cap C))$$
$$= P(A) + P(B) + P(C) - P(A \cap B) - P(A \cap C) - P(B \cap C)$$
$$+ P((A \cap C) \cap (B \cap C))$$
$$= P(A) + P(B) + P(C) - P(A \cap B) - P(A \cap C) - P(B \cap C) + P(A \cap B \cap C).$$

17 Sei F: Farbfehler, Ma: Fehler bei der Maschenzahl, Mu: Fehler im Muster. Die Angaben besagen: $P(F) = 0{,}051$; $P(Ma) = 0{,}047$; $P(Mu) = m0{,}0{,}053$; $P(F \cap Ma) = 0{,}009$; $P(F \cap Mu) = 0{,}004$; $P(Ma \cap Mu) = 0{,}015$; $P(F \cap Ma \cap Mu) = 0{,}003$. Der Additionssatz (vgl. Aufgabe 16) liefert $P(F \cup Ma \cup Mu) = 0{,}126$; die erste Angabe der Aufgabe besagt jedoch $P(F \cup Ma \cup Mu) = 0{,}15$.
Daher sind die Angaben der Firma unglaubwürdig.

18 Die Wahrscheinlichkeit, daß mindestens eines der drei Produkte A,B oder C gekauft wird, kurz: $P(A \cup B \cup C)$, kann aufgrund der Angaben mit Hilfe des Additionssatzes (vgl. Aufgabe 16) berechnet werden.

Es ergibt sich: $P(A \cup B \cup C) = 1{,}057 > 1$ (!); den Angaben der Firma sind daher nicht zu trauen.

19 Sei A: Ungerade; B: Erstes Dutzend; C: Endziffer 2:
Man erhält (vgl. Aufgabe 16): $P(A \cup B \cup C) = \frac{26}{37} \approx 0{,}70$.

20 a) $\frac{2^2 + 4^2 + 6^2}{12 \cdot 12} = \frac{7}{18}$; b) $\frac{10^2 + 8^2 - 6^2}{12 \cdot 12} = \frac{8}{9}$;

c) $\frac{10^2 + 6^2 - 6^2}{12 \cdot 12} = \frac{25}{36}$.

21 a) Sei A: 6 im ersten Wurf; B: Im zweiten Wurf 1,2,3,4 oder 5.
Es gilt: $P(A) = 0{,}3$ und $P(B) = 0{,}7$. Mit der Pfadregel erhält man $P(A \cap B) = 0{,}3 \cdot 0{,}7 = 0{,}21$.

b) Sei C: Drei gleiche Ziffer.
$P(C) = 0{,}1^3 + 0{,}1^3 + 0{,}2^3 + 0{,}2^3 + 0{,}1^3 + 0{,}3^3 = 0{,}046 \approx 5\%$.
( ): Sei D: Zwei gleiche Ziffern.
Man ermittelt zunächst die Wahrscheinlichkeiten für "Zwei Einsen", "Zwei Zweien" u.s.w.
Die Wahrscheinlichkeit für "Zwei Einsen" beträgt $0{,}1^2 \cdot 0{,}9 \cdot 3$ (man beachte, daß es zu jeder Ziffer ≠ 1 drei Tripel mit je zwei Einsen gibt. Analog berechnet man P(Zwei Zweien) u.s.w., Durch Addition ergibt sich: $P(D) = 0{,}462 \approx 46\%$

Sei E: Drei verschiedene Ziffer.
$P(E) = 1 - P(C) - P(D) = 0{,}492 \approx 49\%$.

c) Es gibt folgende Möglichkeiten für 5 aufeinanderfolgende Ziffern: 12345 und alle Permutationen davon, also 5! (=120);
23456 und alle Permutationen davon, also 5! (=120).

P(12345) berechnet man mit Hilfe der Pfadregel, die Permutationen sind alle gleichwahrscheinlich; analog für P(23456).
Damit: P(5 aufeinanderfolgende Ziffern) =
120·P(12345) + 120·P(23456) = 0,0192 ≈ 2% .

22 a) Sei A: Vier schwarze Kugeln; B: Vier weiße Kugeln.

$$P(A \cup B) = P(A) + P(B) = \frac{\binom{24}{4}}{\binom{60}{4}} + \frac{\binom{36}{4}}{\binom{60}{4}} = \frac{10626 + 58905}{487635} \approx 0,14.$$

b) Sei C: Mindestens drei schwarze Kugeln.

$$P(C) = \frac{\binom{24}{3} \cdot \binom{36}{1}}{487635} + \frac{\binom{24}{3}}{487635} = \frac{72864 + 10626}{487635} \approx 0,17.$$

23 Der Fig.15.23 entnimmt man, daß die Wahrscheinlichkeit p, mit der Z_2 erreicht wird, sich wie folgt berechnet :

$$p = 4 \cdot \left(\frac{4}{6}\right)^5 \cdot \left(\frac{2}{6}\right) + \left(\frac{4}{6}\right)^4 \approx 0,37.$$

24 Sei X: Anzahl der weißen Kugeln unter 10 Kugeln.
P(X>5) = P(X=6) + P(X=7) + ... + P(X=10).
$= \binom{10}{6} \cdot 0,4^6 \cdot 0,6^4 + \binom{10}{7} \cdot 0,4^7 \cdot 0,6^3 + \ldots + 0,4^{10} \approx 0,17.$

16 BEDINGTE WAHRSCHEINLICHKEITEN

S.75 1 a) Anteil der Jungen in der Klasse: $\frac{20}{35} \approx 0,5714$;

b) Anteil der Jungen unter den Auswärtigen: $\frac{8}{11} \approx 0,7273$.

S.76 2 a)

e_i	1	2	3	4	5	6
$P_A(e_i)$	0,2	0	0,4	0	0,4	0

$P_A(B) = 0,6$
mit Formel:
$P_A(B) = \frac{0,3}{0,5}$

b)

e_i	1	2	3	4	5	6
$P_A(e_i)$	0	0	0	0,25	0,5	0,25

$P_A(B) = 0,5$
mit Formel:
$P_A(B) = \frac{0,2}{0,4}$

3 a) $\frac{75}{500} = 0,15$; b) $\frac{425}{500} = 0,85$; c) $\frac{20}{500} = 0,04$;
d) $\frac{20}{75} \approx 0,267$; e) $\frac{12}{75} = 0,16$; f) $\frac{12}{20} = 0,6$.

S.77 4 a) $h_A(B) = \frac{38}{44} \approx 0,8636$ (Anteil der Männer unter den Farbenblinden) ; b) $h_{\overline{A}}(B) = \frac{442}{956} \approx 0,4623$ (Anteil der Männer unter den Nicht-Farbenblinden) ;

c) $h_B(A) = \frac{38}{480} \approx 0,0792$ (Anteil der Farbenblinden unter den Männern) ; d) $h_{\overline{B}}(A) = \frac{6}{520} \approx 0,0115$ (Anteil der Farbenblinden unter den Frauen) ; e) $h_A(\overline{B}) = \frac{6}{44} \approx 0,1364$ (Anteil der Frauen unter den Farbenblinden) ; f) $h_{\overline{A}}(\overline{B}) = \frac{514}{956} \approx 0,5377$ (Anteil der Frauen unter den Nicht-Farbenblinden).

5 a) $h(A) = \frac{270}{1000} = 0,27$; b) $h_D(A) = \frac{120}{425} \approx 0,2824$;
c) $h_D(C) = \frac{70}{425} \approx 0,1647$; d) $h_{\overline{D}}(B) = \frac{330}{575} \approx 0,5739$;
e) $h_A(D) = \frac{120}{270} \approx 0,4444$; f) $h_B(D) = \frac{235}{565} \approx 0,4159$;
g) $h(\overline{D}) = \frac{575}{1000} = 0,575$; h) $h(A \cap D) = \frac{120}{1000} = 0,12$;
i) $h(B \cap \overline{D}) = \frac{330}{1000} = 0,33$; k) $h_B(B \cap \overline{D}) = h_B(\overline{D}) = \frac{330}{565} \approx 0,5840$;
l) $h_{\overline{D}}(B \cap \overline{D}) = h_{\overline{D}}(B) \approx 0,5739$ (siehe d)) ;
m) $h_D(C \cap D) = h_D(C) \approx 0,1647$ (siehe c)) ;
n) $h_D(B \cap D) = h_D(B) = \frac{235}{425} \approx 0,5529$; o) $h_D(A \cap \overline{D}) = 0$;
p) $h(A \cup B) = \frac{835}{1000} = 0,835$; q) $h_D(A \cup B) = \frac{120 + 235}{425} \approx 0,8353$;
r) $h_A(B) = 0$; s) $h_{A \cap D}(B) = 0$.

6

e_i	e_1	e_2	e_3	e_4	e_5	e_6
$P_A(e_i)$	0	0	0,25	0,125	0,375	0,25

$P_A(B) = 0,625$.

7 $\frac{1}{32}$; $\frac{1}{16}$; ( ): $\frac{1}{4}$; $\frac{1}{28}$.

8 $\frac{1}{2}$

9 Beim Ausfall von A verteilen sich die Siegeschancen auf B, C und Sonstige im Verhältnis 30:10:20. B siegt nun mit der Wahrscheinlichkeit $\frac{30}{60}$ = 50%, C mit $\frac{10}{60} \approx 17\%$. Dies folgt ebenfalls mit der Definition von $P_{\overline{A}}(B)$ und $P_{\overline{A}}(C)$ ($P(\overline{A}) = 50\%$, $P(\overline{A} \cap B) = P(B)$, $P(\overline{A} \cap C) = P(C)$).

10 a) $P(A) = \frac{1}{2}$; $P(B) = \frac{1}{8}$; $P(A \cup B) = \frac{1}{8}$;
Also $P_A(B) = \frac{1}{8} : \frac{1}{2} = \frac{1}{4}$, $P_B(A) = \frac{1}{8} : \frac{1}{8} = 1$.
b) $P(A) = \frac{1}{2}$; $P(B) = \frac{3}{8}$; $P(A \cap B) = \frac{1}{4}$.
Also $P_A(B) = \frac{1}{4} : \frac{1}{2} = \frac{1}{2}$; $P_B(A) = \frac{1}{4} : \frac{3}{8} = \frac{2}{3}$.

11 $P(\{a;b\}) = P(\{b;c\}) = P(\{a;c\}) = \frac{1}{6}$;

$P(\{a;d\}) = P(\{b;d\}) = P(\{c;d\}) = \frac{1}{6}$.

Sei $\overline{A}$: a war nicht einer der Täter; B: b war einer der Täter.
$\overline{A} = \{ \{b;c\};\{b;d\};\{c;d\} \}$; $B = \{ \{a;b\};\{b;c\};\{b;d\} \}$.
$P_{\overline{A}}(B) = P(\overline{A} \cap B) : P(\overline{A}) = \frac{1}{3} \cdot \frac{1}{2} = \frac{2}{3}$.

12 Es gibt $\binom{6}{3} = 20$ mögliche Ergebnisse, für alle gilt $p = \frac{1}{20}$.

Sei $\overline{F}$: f wurde nicht gewählt; AB: a und b wurden gewählt.

$\overline{F}$ besteht aus $\binom{5}{3} = 10$ Ergebnissen, also $P(\overline{F}) = \frac{1}{2}$;

$\overline{F} \cap AB = \{ \{a;b;c\};\{a;b;d\};\{a;b;e\} \}$, also $P(\overline{F} \cap AB) = \frac{3}{20}$;

damit ergibt sich $P_{\overline{F}}(AB) = \frac{6}{20} = 0,3$.

13 a) $1 : \binom{4}{2} = \frac{1}{6}$; b) $1 : \binom{5}{2} = \frac{1}{10}$.

S.78 14 Sei A: Fliese hat Formfehler; B: Fliese hat Farbfehler.
Laut Beschreibung gilt: $P(A \cap B) = 0,05$ und $P(B) = 0,2$.
Gefragt ist nach $P_B(A)$: $P_B(A) = 0,05 : 0,2 = 0,25$.

15 Sei $\overline{V}$: Keine Vorspeise; $\overline{N}$: Keine Nachspeise. Es ist gegeben:
$P(\overline{V}) = 0,6$; $P(\overline{N}) = 0,5$; $P(\overline{V} \cap \overline{N}) = 0,3$.

a) $P_{\overline{N}}(\overline{V}) = 0,3 : 0,5 = 0,6 = 60\%$.

b) Gesucht ist $P_V(N)$.
Es ist $P(V \cap N) = 1 - P(\overline{V} \cup \overline{N}) = 1 - (0,6 + 0,5 - 0,3) = 0,2$.
Da $P(V) = 0,4$ folgt $P_V(N) = 0,2 : 0,4 = 0,5 = 50\%$.

16 Es sei w1: weiß im 1.Zug; w2: weiß im 2.Zug ; entsprechende Bezeichnungen für schwarz (s) und grün (g).
$P_{w1}(w2) = \frac{1}{9}$; ( ): $P_{g1}(w2) = \frac{2}{9}$;

Zur Berechnung von $P_{s1 \cup w1}(w2)$:

$P(s1 \cup w1) = \frac{7}{10}$;

$P((s1 \cup w1) \cap w2) = P(s1 \cap w2) + P(w1 \cap w2) = \frac{5}{10} \cdot \frac{2}{9} + \frac{2}{10} \cdot \frac{1}{9} = \frac{12}{90}$

Damit $P_{s1 \cup w1}(w2) = \frac{12}{90} : \frac{7}{10} = \frac{4}{21}$.

17 $P(A) = P(B) = \frac{1}{4}$; $P(A \cap B) = \frac{1}{19}$; also $P_A(B) = \frac{1}{19} : \frac{1}{4} = \frac{4}{19}$.

18 a) $P_{20}(\text{mindestens } 30) = \frac{94983}{96372} \approx 0,9856$;( ) 0,9941.

b) P_{20}(20 aber nicht 30) = $\frac{96372 - 94983}{96372}$ ≈ 0,0144 ;

( ): 0,0059 .

c) P_{20}(40 aber nicht 50) = $\frac{93066 - 88696}{96372}$ ≈ 0,0453 ;

( ): 0,0255 .

19 Die Anzahl der Familien mit zwei Mädchen sei a;
    die Anzahl der Familien mit zwei Jungen sei b;
    die Anzahl der Familien mit einem Mädchen und einem Jungen
    sei c.
    a) Sei A: Familie hat mindestens ein Mädchen; B: Familie hat
    zwei Mädchen. $P_A(B)$ = $\frac{a}{a+c}$.
    b) Sei C: Kind ist ein Mädchen; D: Geschwisterteil ist ein
    Mädchen. $P_C(D)$ = $\frac{2a}{2a + c}$.

20 a) $\frac{\binom{35}{13}}{\binom{39}{13}}$ = $\frac{1150}{6327}$ ≈ 0,1818 ; b) $\frac{\binom{37}{11}}{\binom{39}{13}}$ = $\frac{2}{19}$ ≈ 0,1053 .

21 $P_{B \cap C}(A) > P_{\overline{B} \cap C}(A)$ bedeutet hier: Die Wahrscheinlichkeit für
    einen verbesserten Schlaf unter den männlichen Testpersonen,
    die das Medikament erhalten ist *größer* als die Wahrschein-
    lichkeit für einen verbesserten Schlaf unter den männlichen
    Testpersonen, die das Medikament nicht erhalten.
    Kurz und salopp würde man vielleicht sagen(?): Bei Männern wirkt
    das neue Medikament.
    $P_{B \cap \overline{C}}(A) > P_{\overline{B} \cap \overline{C}}(A)$ bedeutet: Die Wahrscheinlichkeit für einen
    verbesserten Schlaf unter den weiblichen Testpersonen, die
    das Medikament erhalten, ist *größer* als die Wahrschein-
    lichkeit für einen verbesserten Schlaf unter den weiblichen
    Testpersonen, die das Medikament nicht erhalten.
    Kurz und salopp(?): Bei Frauen wirkt das neue Medikament.
    $P_B(A) > P_{\overline{B}}(A)$ bedeutet: Die Wahrscheinlichkeit für einen
    verbesserten Schlaf unter den Testpersonen, die das
    Medikament erhalten, ist *größer* als die Wahrscheinlichkeit
    für einen verbesserten Schlaf unter den Personen, die das
    Medikament nicht erhalten.
    Kurz und salopp: Das neue Medikament wirkt bei allen.

    In der saloppen Formulierung würde man zwingend aus den
    beiden ersten Feststellungen auf die dritte schließen.

    Die beiden ersten "saloppen" Formulierungen sind insofern
    falsch, als sie eine Aussage über die gesamte männliche bzw.
    weibliche Personengruppe macht und nicht berücksichtigt, daß
    diejenigen, die das Medikament erhalten, und jene, die das
    Placebo erhalten, unterschiedlich (groß) sind.
    Dies zeigt Tabelle 78.1 im Lehrbuch:

    Insgesamt wurden 1901 Personen untersucht (Addition aller
    Zahlen).

$P(B \cap C) = \frac{90 + 800}{1901}$; $P(A \cap B \cap C) = \frac{90}{1901}$; damit $P_{B \cap C}(A) \approx 0{,}1011$.

$P(\overline{B} \cap C) = \frac{5 + 95}{1901}$; $P(A \cap \overline{B} \cap C) = \frac{5}{1901}$; damit $P_{\overline{B} \cap C}(A) = 0{,}05$.

Die erste Voraussetzung ist erfüllt.

$P(B \cap \overline{C}) = \frac{9 + 2}{1901}$; $P(A \cap B \cap \overline{C}) = \frac{9}{1901}$; damit $P_{B \cap \overline{C}}(A) \approx 0{,}8182$;

$P(\overline{B} \cap \overline{C}) = \frac{500 + 400}{1901}$ (!) ; $P(A \cap \overline{B} \cap \overline{C}) = \frac{500}{1901}$; damit $P_{\overline{B} \cap \overline{C}}(A) \approx 0{,}5556$. Die zweite Voraussetzung ist erfüllt.

$P(B) = \frac{90+800+9+2}{1901}$; $P(A \cap B) = \frac{90 + 9}{1901}$; damit $P_B(A) \approx 0{,}1099$.

$P(\overline{B}) = \frac{5+95+500+400}{1901}$; $P(A \cap \overline{B}) = \frac{5+500}{1901}$; damit $P_{\overline{B}}(A) = 0{,}505$.

Die Behauptung ist *nicht* erfüllt.

22 a) $P_A(A \cap B) = \frac{P(A \cap A \cap B)}{P(A)} = \frac{P(A \cap B)}{P(A)} = P_A(B)$;

b) $P_A(A \cup B) = \frac{P(A \cap (A \cup B))}{P(A)} = \frac{P(A)}{P(A)} = 1$;

c) $P_A(B) + P_A(\overline{B}) = \frac{P(A \cap B) + P(A \cap \overline{B})}{P(A)} = \frac{P(A)}{P(A)} = 1$ (vgl. Aufgabe 13, S.73 des Lehrbuchs).

23 $P_B(A) = \frac{P(B \cap A)}{P(B)} = \frac{P(B \cap A) \cdot P(A)}{P(B) \cdot P(A)} > \frac{P(B) \cdot P(A)}{P(B)} = P(A)$

↑ (nach Voraussetzung)

17 Der allgemeine Multiplikationssatz

S.79 1 $0{,}2 \cdot 0{,}6 = 0{,}12 = 12\%$.

S.80 2 a) Sei A: Augensumme ist 10; B: Mindestens eine 6.
$P(A) = \frac{3}{36}$; $P_A(B) = \frac{2}{3}$; damit: $P(A \cap B) = \frac{3 \cdot 2}{36 \cdot 3} = \frac{1}{18}$.

b) Sei A: Augensumme ist 8 ; B: Beide AZ sind verschieden.
$P(A) = \frac{5}{36}$; $P_B(A) = \frac{4}{5}$; damit: $P(A \cap B) = \frac{5 \cdot 4}{36 \cdot 5} = \frac{1}{9}$.

3 $\frac{15}{20} \cdot \frac{5}{20} = \frac{3}{16}$; ( ): $\frac{15}{20} \cdot \frac{5}{19} = \frac{15}{76}$.

4 a) $\frac{8}{32} \cdot \frac{7}{31} = \frac{7}{124} \approx 0{,}0565$; b) $\frac{24}{32} \cdot \frac{23}{31} = \frac{69}{124} \approx 0{,}5565$;

c) $1 - \frac{24}{32} \cdot \frac{23}{31} = \frac{55}{124} \approx 0{,}4435$; d) $\frac{16}{32} \cdot \frac{15}{31} = \frac{15}{62} \approx 0{,}2419$.

S.81 5 $\frac{1}{2} \cdot \frac{2}{5} = \frac{1}{5}$; ( ): $\frac{2}{9}$.

6 $0{,}4 \cdot 0{,}02 = 0{,}008 = 0{,}8\%$.

7 $0{,}2 \cdot 0{,}9995 = 0{,}01999 \approx 2\%$.

8 $P(A \cap B) = 0{,}8 \cdot 0{,}05 = 0{,}04$; $P(\overline{A} \cap B) = 0{,}2 \cdot 0{,}03 = 0{,}006$;
$P(A \cap \overline{B}) = 0{,}8 \cdot 0{,}95 = 0{,}76$; $P(\overline{A} \cap \overline{B}) = 0{,}2 \cdot 0{,}97 = 0{,}194$.

9   a) $\frac{10}{15} \cdot \frac{5}{14} = \frac{5}{21} \approx 0{,}2381$; b) dasselbe Ergebnis wie unter a) .

10   $\frac{3}{6} \cdot \frac{2}{5} \cdot \frac{1}{4} \cdot \frac{2}{3} = \frac{1}{30}$.

11   X: Anzahl der Züge i bis die erste weiße Kugel auftritt .
    i = 1, 2, ... ,8 .
    $P(X = i) = \frac{11}{8} \cdot \frac{8}{11} \cdot \;\ldots\; \cdot \frac{9-i}{12-i} \cdot \frac{3}{11-i}$

i	1	2	3	4	5	6	7	8
P(X=i)	0,3	0,233	0,175	0,125	0,083	0,05	0,025	0,008

12   a) Sei A_i : Die Augenzahl im i.Wurf ist verschieden von denen
    im 1. und ... und im (i-1).Wurf; i= 2, 3, 4, 5, 6.
    P(Alle AZ sind verschieden) = $P(A_2 \cap \;\ldots\; \cap A_6)$ =
    $\frac{5}{6} \cdot \frac{4}{6} \cdot \frac{3}{6} \cdot \frac{2}{6} \cdot \frac{1}{6} = \frac{5}{324} \approx 0{,}0154$.

    b) Es gibt 6^6 mögliche und 6! günstige Ergebnisse. Also
    P(Alle AZ sind verschieden) = $\frac{6!}{6^6} = \frac{5}{324}$.

13   a) Die Fragestellung kann wie folgt beschrieben werden:
    6 der Zahlen 1, 2, ... , 49 sind vorgegeben; man zieht 6mal
    ohne Zurücklegen aus der Trommel mit den Zahlen 1, 2, ... ,
    49; wie groß ist die Wahrscheinlichkeit die 6 vorgegebenen
    Zahlen zu ziehen?
    Sei A_i : Die i-te gezogene Zahl ist eine der 6 vorgegebenen.
    P(Sechs Richtige) = $P(A_1 \cap \;\ldots\; \cap A_6)$ =
    $\frac{6}{49} \cdot \frac{5}{48} \cdot \frac{4}{47} \cdot \frac{3}{46} \cdot \frac{2}{45} \cdot \frac{1}{44} \approx 7{,}5 \cdot 10^{-8}$.

    b) siehe Abschnitt 10, S.53, des Lehrbuchs.

14   Die gesuchte Wahrscheinlichkeit beträgt $p = \frac{1}{n!}$.

n	2	3	4	5	6	7	8-10
1:n!	0,5	0,1667	0,0417	0,0083	0,0014	0,0002	0

(auf 4 Dezimalen)

15   a) Sei S1: Die erste Kugel ist schwarz; S2: Die zweite
    Kugel ist schwarz; entsprechend seien W1 und W2 definiert.
    Anhand eines Baumdiagramms erhält man:
    $P(\{s;w\}) = P(S1 \cap W2) + P(W1 \cap S2)$ =
        $P(S1) \cdot P_{S1}(W2) + P(W1) \cdot P_{W1}(S2)$ =
        $\frac{s}{s+w} \cdot \frac{w}{s+w+c} + \frac{w}{s+w} \cdot \frac{s}{s+w+c} = \frac{2 \cdot s \cdot w}{(s+w) \cdot (s+w+c)}$.

    b) $P(\{s;s;w\}) = P(S1 \cap S2 \cap W3) + P(S1 \cap W2 \cap S3) + P(W1 \cap S2 \cap S3)$ =
    $\frac{3 \cdot w \cdot s \cdot (s+c)}{(s+w) \cdot (s+w+c) \cdot (s+w+2c)}$.

III-18 Seite 82-84

18 Unabhängigkeit von Ereignissen

18.1 Unabhängigkeit bei zwei Ereignissen

S.82   1 $\frac{837}{1194} \approx \frac{335}{477}$; die beiden Ereignisse "Auswärtiger Schüler" und "Junge" beeinflussen sich nicht gegenseitig.

S.83   2   a) $P(A) = \frac{1}{6} = P(B)$; $P(A \cap B) = \frac{1}{36}$; A,B unabhängig.

            $P(C) = \frac{1}{6}$; $P(D) = \frac{1}{2}$; $P(C \cap D) = 0$; C,D abhängig.

        b) $P(A \cap C) = \frac{1}{36}$; A,C unabhängig.

            $P(E) = \frac{1}{2}$; $P(C \cap E) = \frac{1}{6}$; C,E abhängig.

            $P(B \cap D) = \frac{1}{12}$; B,D unabhängig.

   3    $P(A) = P(B) = 0{,}5$; $P(A \cap B) = 0{,}3$; A,B abhängig.

   4   A,B unabhängig; A,C abhängig; B,C unabhängig.

   5   Unabhängig voneinander sind: A,B ; A,C ; C,D .

   6   Je zwei der Ereignisse sind voneinander abhängig.

   7   Die Ereignisse unter a) - c) sind voneinander abhängig. Gäbe es die Null nicht, wären die Ereignisse unter a) und b) voneinander unabhängig.

   8   Die Unterschiede der zu berechnenden Wahrscheinlichkeiten sind derart gering, daß man praktisch annehmen kann, Geschlecht und Blutgruppe sind voneinander unabhängig.

S.84   9   A und B sind voneinander abhängig.

   10   A und B sind praktisch voneinander unabhängig.

   11   Mit Zurücklegen: A,B voneinander unabhängig.
( ): Ohne Zurücklegen: A,B voneinander abhängig.

   12   Es sind die Lösungen der Gleichung $\frac{1+n}{2^n} = \frac{n}{2^n - 2}$ gleichbedeutend mit $(1+n) = 2^{n-1}$ zu bestimmen. Nur für n = 3 sind A und B voneinander unabhängig. Für $n \geq 4$ ist $2^{n-1} > (1+n)$.

18.2 Unabhängigkeit mehr als zwei Ereignissen

   13   Es ergibt sich:
$P(A) = P(B) = P(C) = 0{,}5$; $P(A \cap B) = P(A \cap C) = P(B \cap C) = 0{,}25$; $P(A \cap B \cap C) = 0{,}25$. Damit erhält man: Die Ereignisse sind paarweise voneinander unabhängig, aber $P_C(A \cap B) \neq P(A \cap B)$, d.h.

C und $A \cap B$ sind voneinander abhängig. Die Unabhängigkeit dreier Ereignisse muß neben der paarweisen Unabhängigkeit sinnvollerweise auch die Unabhängigkeit eines Ereignisses von dem Schnitt der beiden anderen Ereignissen einschließen.

S.85 14 C und D sind voneinander unabhängig. Es ergibt sich jedoch:
$P_{A\cap B\cap D}(C) = 0$, $P(C) = 0,25$ oder $P_{B\cap C}(A) = 0$, $P(A) = 0,5$.
Die vier Ereignisse A,B,C,D sind daher voneinander abhängig.
Dieses Ergebnis hätte man auch direkt aus der Tatsache
schließen können, daß mit vier Ereignissen auch je drei
voneinander unabhängig sein müssen. (In Beispiel 2, S.85 des
Lehrbuchs, wurde schon gezeigt, daß A,B,C voneinander
abhängig sind).

15 $P(A) = P(B) = P(C) = 0,5$; $P(A\cap B) = P(A\cap C) = P(B\cap C) = 0,25$;
$P(A\cap B\cap C) = 0,25$. Die Ereignisse sind paarweise unabhängig
aber insgesamt voneinander abhängig, z.B. gilt:
$P_{A\cap B}(C) = 1 \neq P(C)$.

16 a) $P(A) = P(B) = P(C) = 0,5$; $P(A\cap B) = P(A\cap C) = P(B\cap C) = 0,25$;
$P(A\cap B\cap C) = 0,25$. Es ergibt sich paarweise Unabhängigkeit aber
$P_{A\cap B}(C) = 1 \neq P(C)$, also sind A,B,C voneinander abhängig.
b) $P(A) = P(B) = P(C) = 0,5$; $P(A\cap B) = P(A\cap C) = P(B\cap C) = 0,25$;
$P(A\cap B\cap C) = 0,125$. Daraus ergibt sich die Behauptung.

17 Paarweise Unabhängigkeit, da aber $P(A\cap B\cap C) = 0$ sind die
Ereignisse voneinander abhängig.

18 a) $P(A) = \frac{1}{3}$; $P(B) = \frac{1}{4}$; $P(C) = \frac{1}{5}$; $P(A\cap B) = \frac{1}{12}$; $P(A\cap C) = \frac{1}{15}$
$P(B\cap C) = \frac{1}{20}$; $P(A\cap B\cap C) = \frac{1}{60}$. Damit ergibt sich: A,B,C sind
voneinander unabhängig.

b) und c) Die Vielfachmengen sind voneinander unabhängig,
falls die bestimmenden Elemente der Vielfachmengen
teilerfremd zueinander sowie Teiler von 120 sind.

19 a) Siehe Beispiel 2a), S.85 des Lehrbuchs.
b) Wir betrachten das Zufallsexperiment aus Aufgabe 18.
Sei A: Vielfachmenge von 3; B: Vielfachmenge von 5; C:
Vielfachmenge von 6. Da 3 und 5 sowie 5 und 6 teilerfremd
sind, sind A und B sowie B und C voneinander unabhängig. Da 3
und 6 nicht teilerfremd sind, sind A und C voneinander
abhängig ($P_A(C) = 0,5 \neq P(C) = \frac{1}{6}$).

19 DER SPEZIELLE MULTIPLIKATIONSSATZ

19.1 Spezieller Multiplikationssatz für zwei Ereignisse

S.86 1 Mit Zurücklegen: Unabhängigkeit, $P(ww) = 0,25$.
(): Ohne Zurücklegen: Abhängigkeit, $P(ww) = \frac{1}{6}$.

S.87 2 $\frac{1}{16}$; (): $\frac{1}{64}$; $\frac{1}{32}$.

3 Aufgrund der Beschreibung kann Unabhängigkeit vorausgesetzt
werden.
a) $0,06 \cdot 0,08 = 0,0048$; b) $0,94 \cdot 0,92 = 0,8648$.

4   Aufgrund der Beschreibung sind die beiden Ereignisse und
    damit auch deren Gegenereignisse voneinander unabhängig.
    $0,01 \cdot 0,02 = 2 \cdot 10^{-4}$.

5   $0,996 \cdot 0,98 \approx 0,9761$.

6   a) $0,3 \cdot 0,5 = 0,15$; ( ): $0,7 \cdot 0,5 = 0,35$;

    b) $\dfrac{\binom{3}{2} \cdot \binom{5}{2}}{\binom{10}{2} \cdot \binom{10}{2}} \approx 0,0148$; ( ): $\approx 0,1037$.

S.88 7 $10^{-3} \cdot 10^{-3} = 10^{-6}$; ( ): $2 \cdot 0,999 \cdot 10^{-3} = 1,998 \cdot 10^{-3}$.

8   Sei A: 1.Junge trifft; B: 2.Junge trifft.
    $P(A) = 0,3$; $P(B) = 0,5$; $P(A \cap B) = 0,15$;
    P(Dose wird getroffen) = $P(A \cup B) = P(A) + P(B) - P(A \cap B) = 0,65$.

9   P(Mindestens ein Mädchen) = 1-P(Zwei Jungen) = $1 - 0,514^2 \approx 0,7358$

10 $P(A) = 0,25$; also $P(\overline{A}) = 0,75$; $P(B) = 0,4$; also $P(\overline{B}) = 0,6$;
    $P(\overline{A} \cap \overline{B}) = 0,5625$.
    Es ist $P(\overline{A}) \cdot P(\overline{B}) = 0,45 \neq P(\overline{A} \cap \overline{B}) = 0,5625$; also sind $\overline{A}$ und $\overline{B}$
    voneinander abhängig. Nach Satz 2, S.87 des Lehrbuchs, sind
    somit auch A und B voneinander abhängig.

11 a) Der Beweis für $\overline{A}$ und B verläuft analog zum Beweis auf S.87
    des Lehrbuchs: Statt vom Ereignis A geht man vom Ereignis B aus;
    im Beweis ist überall A durch B bzw. B durch A zu ersetzen.
    Zu $\overline{A}$ und $\overline{B}$: $P(\overline{A}) \cdot P(\overline{B}) = (1 - P(A)) \cdot (1 - P(B)) =$
    $1 - (P(A) + P(B) - P(A) \cdot P(B)) = 1 - (P(A) + P(B) - P(A \cap B)) =$
    $1 - P(A \cup B) = P(\overline{A \cup B})$.
    (Bemerkung: Beide Behauptungen folgen bereits aus formal-
    logischen Überlegungen direkt aus dem Beweis des Lehrbuchs.)
    b) Aus den Voraussetzungen folgt $P(A \cap B) \neq P(A) \cdot P(B) > 0$, also
    sind A und B voneinander abhängig.
    c) Nach Voraussetzung gilt: $P(A \cap B) = P(A) \cdot P(B) > 0$, daher
    muß $A \cap B \neq 0$ gelten.

12 a) $P(A \cup B) = P(A) + P(B) - P(A \cap B) = P(A) + P(B) - P(A) \cdot P(B) =$
    $P(A) \cdot (1 - P(B)) + P(B) = P(A) \cdot P(\overline{B}) + P(B) =$
    $P(A) \cdot P(\overline{B}) + 1 - P(\overline{B}) = P(\overline{B}) \cdot (P(A) - 1) + 1 =$
    $1 - P(\overline{A}) \cdot P(\overline{B})$.
    b) Sei A: 1.Wurf eine Sechs; B: 2.Wurf eine. Nach a) folgt:
    $P(A \cup B) = 1 - \dfrac{5}{6} \cdot \dfrac{5}{6} = \dfrac{11}{36}$.

13 Mit Hilfe der Anleitung erhält man: $P(B) = 0,5$. Man kann nun zum
    Nachweis der Unabhängigkeit den Multiplikationssatz anwenden.
    Es ergibt sich damit:
    A_1 und B sind voneinander abhängig ; A_2, B sind abhängig ;
    A_3, B sind abhängig ; A_4 und B sind voneinander unabhängig.

19.2 Spezieller Multiplikationssatz für mehr als zwei Ereignisse

14 P(Das Gerät fällt aus) = $1 - 0,95 \cdot 0,9 \cdot 0,85 = 0,27325$.
( ): P(Genau ein Bauteil fällt aus) = $0,24725$.

15 $\binom{5}{3} \cdot 0,4^3 \cdot 0,6^2 = 0,2304$.

16 a) $p = 0,4^5 = 0,01024$; b) $p = 0,4 \cdot 0,6 \cdot 0,4 \cdot 0,6 \cdot 0,6 = 0,03456$;
c) $p = 0,4^3 \cdot 0,6^2 = 0,02304$; d) $p = 0,4^3 = 0,064$;
e) $p = \binom{5}{3} \cdot 0,6^3 \cdot 0,4^2 = 0,3456$; f) $p = 0,4^3 \cdot 0,6^2 + 0,4^2 \cdot 0,6^3 = 0,0576$; g) $p = 0,6^4 \cdot 0,4 = 0,05184$.

17 a) $P(A) = 0,01$; $P(B) = 0,125$; $P(C) = 0,72$; $P(D) = 0,006$.
b) $1 - 0,9^n \geq 0,95$ liefert $n \geq 29$.

18 $n \geq 45$; ( ): $n \geq 77$.

19 a) $1 - 0,95^5 = 0,2262$. Das Gerät fällt mit ca 23%-iger Wahrscheinlichkeit aus.
b) Aus $p^5 \geq 0,95$ folgt $p \geq 0,9878$.

20 Der Spieler verliert sein Kapital in folgenden Fällen (N: Niederlage; S: Sieg): N ; SNN ; SSNNN ; SNSNN .
Die Wahrscheinlichkeit hierfür beträgt:
$0,4 + 0,6 \cdot 0,4 \cdot 0,4 + 2 \cdot 0,6^2 \cdot 0,4^3 = 0,54208$.
( ): Der Spieler hat in folgenden Fällen nach 5 Spielen 3 DM hinzugewonnen : SSSSN ; SSSNS ; SSNSS ; SNSSS .
Die Wahrscheinlichkeit hierfür beträgt $4 \cdot 0,6^4 \cdot 0,4 = 0,20736$.

21 Sei A: Spielgewinn von A ; B: Spielgewinn von B .
a) A ist Gesamtsieger bei folgenden Spielausgängen:
AA ; BAA ; ABAA ; BABAA ; ABABA .
Die Wahrscheinlichkeit hierfür beträgt:
$0,6^2 + 0,6^2 \cdot 0,4 + 0,6^3 \cdot 0,4 + 2 \cdot 0,6^3 \cdot 0,4^2 = 0,65952$.
b) B ist schon nach drei Spielen Gesamtsieger in den Fällen:
BB ; ABB . $p = 0,4^2 + 0,6 \cdot 0,4^2 = 0,256$.

22 $P(A) = \left(\frac{5}{6}\right)^2 \cdot \frac{1}{6} = \frac{25}{216} \approx 0,1157$;
$P(B) = P(A) + \frac{5}{6} \cdot \frac{1}{6} + \frac{1}{6} = \frac{91}{216} \approx 0,4213$; $P(C) = \left(\frac{5}{6}\right)^5 \approx 0,4019$
$P(D) = P(C) + \left(\frac{5}{6}\right)^4 \cdot \frac{1}{6} + \left(\frac{5}{6}\right)^3 \cdot \frac{1}{6} \approx 0,5787$.

23 Man vergleiche mit Fig.19.23 :
a) $P(2r) = \left(\frac{1}{45}\right)^3 = \frac{1}{91125} \approx 10^{-5}$;
( ): $P(1r) = \left(\frac{1}{45}\right)^2 \cdot \frac{16}{45} + \frac{1}{45} \cdot \frac{16}{45} \cdot \frac{1}{5} + \frac{16}{45} \cdot \left(\frac{1}{5}\right)^2 = \frac{1456}{91125} \approx 0,016$;
b) Falls im 1. Zug eine rote Kugel gezogen wurde, gilt:
$P(2r) = 0$; ( ): $P(1r) = \frac{1}{25} = 0,04$.

24 P(A gewinnt) = 1 - P(keine Sechs) = 1 - $(\frac{5}{6})^6 \approx 0{,}67$.

P(B gewinnt) = 1 - P(keine Sechs) - P(eine Sechs) =
$$1 - (\tfrac{5}{6})^{12} - 12 \cdot \tfrac{1}{6} \cdot (\tfrac{5}{6})^{11} \approx 0{,}62 \; .$$

P(C gewinnt) = 1 - P(keine Sechs) - P(1xSechs) - P(2xSechs) =
$$1 - (\tfrac{5}{6})^{18} - 18 \cdot \tfrac{1}{6} \cdot (\tfrac{5}{6})^{17} - \binom{18}{2} \cdot (\tfrac{1}{6})^2 \cdot (\tfrac{5}{6})^{16} \approx 0{,}60 \; .$$

Mit diesem Ergebnis wurde das alte Proportionaldenken, nachdem alle drei Wahrscheinlichkeiten hätten gleich sein müssen, als nicht tauglich für wahrscheinlichkeitstheoretische Fragestellungen befunden.

25 Sei P_1: Bei 6 Würfen mindestens einmal Zahl; P_2: Bei 12 Würfen mindestens zweimal Zahl.
$P_1 = 1 - 0{,}5^6 = \frac{63}{64} = \frac{4032}{4096}$; $P_2 = 1 - (0{,}5^{12} + 12 \cdot 0{,}5) = \frac{4086}{4096}$;
also $P_2 > P_1$.

26 a) $P(A \cap B \cap C) = P(A) \cdot P(B) \cdot P(C)$.

b) $P(A) = \tfrac{1}{2}$; $P(B) = \tfrac{1}{2}$; $P(C) = \tfrac{1}{3}$; $P(A \cap B \cap C) = \tfrac{1}{12}$; $P(A \cap B) = \tfrac{1}{6}$; es gilt $P(A \cap B \cap C) = P(A) \cdot P(B) \cdot P(C)$ aber $P(A \cap B) \neq P(A) \cdot P(B)$.

27 a) P(Alle drei Münzen zeigen nicht dieselbe Seite) =
$1 - P(ZZZ) - P(WWW) = 1 - 2 \cdot \tfrac{1}{8} = \tfrac{3}{4} = 0{,}75$.

b) Das Spiel wird fortgesetzt falls dreimal Zahl oder dreimal Wappen auftritt. Die Wahrscheinlichkeit hierfür ist $\tfrac{1}{4} = 0{,}25$.
Das Spiel ist nach dem 2. oder 4. oder ... oder $2 \cdot n$ oder ... Spiel beendet, mit der Wahrscheinlichkeit:
$$0{,}25 \cdot 0{,}75 + 0{,}25 \cdot 0{,}25 \cdot 0{,}25 \cdot 0{,}75 + \ldots + 0{,}25^{2n-1} \cdot 0{,}75 + \ldots =$$
$$3 \cdot 0{,}25^2 + 3 \cdot 0{,}25^4 + \ldots 3 \cdot 0{,}25^{2n} + \ldots =$$
$$3 \cdot \sum_{n=1}^{\infty} 0{,}25^{2n} = 3 \cdot \frac{1}{1 - 0{,}25^2} - 3 = 0{,}2 \; .$$

c) Die Wahrscheinlichkeit, daß alle Münzen dieselbe Seite zeigen beträgt: $a = 2 \cdot 0{,}5^n$;
die Wahrscheinlichkeit, daß das Spiel nach der ersten Runde beendet ist, beträgt: $b = 1 - 2 \cdot 0{,}5^n$.

Das Spiel ist nach dem 2. oder 4. oder ... oder 2n., oder ... Spiel beeendet, mit der Wahrscheinlichkeit:
$$a \cdot b + a^3 \cdot b + \ldots + a^{2n-1} \cdot b + \ldots = \tfrac{b}{a} \cdot \sum_{n=1}^{\infty} a^{2n} - \tfrac{b}{a} =$$
$$(2^{n-1} - 1) \frac{1}{1 - a^2} - (2^{n-1} - 1) = \frac{1}{2^{n-1} + 1} \; .$$

20 Verbindung von Additionssatz und Multiplikationssatz

S.91   1   Additionssatz für zwei beliebige und für zwei sich ausschließende Ereignisse: siehe Lehrbuch S.72. Multiplikationssatz für zwei abhängige Ereignisse: siehe Lehrbuch S.79; Multiplikationssatz für zwei unabhängige Ereignisse: siehe Lehrbuch S.86.

S.92   2 $P(A_1 \cup \ldots \cup A_n) = 1 - 0,3^n$. Für $n = 2$ ergibt sich $p = 0,91$; ( ): Für $n = 5$ ergibt sich $p = 0,99757$.

      3   Die Ausfallwahrscheinlichkeit beträgt:
$P(\overline{T}_1 \cap (\overline{T}_2 \cup \overline{T}_3)) = 1 - P(T_1 \cup (T_2 \cap T_3)) = 0,019$, mit $P(T_i) = 0,9$.

      4   $p = 0,75 + 0,85 - 0,75 \cdot 0,85 = 0,9625$.

S.93   5 $P(A) = 0,98 \cdot 0,98 \cdot 0,99 = 0,950796$; $P(B) = 0,98 \cdot 0,98 = 0,9604$;
$P(C) = 1 - P(A) = 0,049204$; $P(D) = 0,01$;
$P(E) = 0,98 \cdot 0,98 \cdot 0,01 = 0,009604$;
$P(F) = 0,02 \cdot 0,98 \cdot 0,99 + 0,98 \cdot 0,02 \cdot 0,99 + 0,98 \cdot 0,98 \cdot 0,01 + 0,98 \cdot 0,98 \cdot 0,99 = 0,999208$; $P(G) = P(F) - P(A) = 0,048412$;
$P(H) = 1 - 0,02 \cdot 0,02 \cdot 0,01 = 0,9996$;
$P(I) = 0,02 \cdot 0,02 = 0,0004$; $P(K) = 0,02 \cdot 0,02 \cdot 0,99 = 0,000396$;
$P(L) = 0,02 \cdot 0,02 \cdot 0,01 = 0,000004$; $P(M) = 0,99$;
$P(N) = P(K) = 0,000396$.

      6   Man notiert die Ausgänge des Zufallsexperiments als Tupel, wobei die erste Komponente die Kästchennummer der 1.Kugel, die zweite Komponente die Kästchennummer der zweiten Kugel angibt. Es gibt 16 mögliche Ausgänge; 12, 21, 23, 32, 34, 43 sind günstige Ausgänge. Die gesuchte Wahrscheinlichkeit beträgt somit: $\frac{3}{8}$.

      7   $1 - 0,5^n \geq 0,99$ liefert $n \geq 7$; ( ) : $n > 4$.

      8   A: Ausschuß; B: Beide Bauteile arbeiten fehlerhaft; C: Bedienungsfehler; D: Ein Bauteil arbeitet fehlerhaft und kein Bedienungsfehler.

          a) $P(A) = P(B \cup C) = P(B) + P(C) - P(B \cap C) = 0,05 \cdot 0,08 + 0,02 - 0,05 \cdot 0,08 \cdot 0,02 = 0,02392$.

          b) $P(D) = P(\overline{B} \cap \overline{C}) = P(\overline{B}) \cdot P(\overline{C}) = (1 - P(B)) \cdot (1 - P(C)) = (1 - 0,05 \cdot 0,08) \cdot (1 - 0,02) = 0,97608$.

      9   Es gibt $\binom{30}{8} = 5852925$ mögliche Ergebnisse.
Anzahl der günstigen Ergebnisse:
$\binom{10}{5} \cdot \binom{20}{3} + \binom{10}{6} \cdot \binom{20}{2} + \binom{10}{7} \cdot \binom{20}{1} + \binom{10}{8} = 329625$.
Die gesuchte Wahrscheinlichkeit beträgt somit $\approx 0,0563$.

    10   Die Wahrscheinlichkeit für ein defektes Gerät ist 0,1 (Druckfehler in der Auflage 1^1).
D: Gerät defekt; A: Gerät wird ausgeschieden.
Es gilt: $P(D) = 0,1$; $P_D(A) = 0,8$; $P_{\overline{D}}(A) = 0,05$.

a) $P(A) = 0{,}1 \cdot 0{,}8 + 0{,}9 \cdot 0{,}05 = 0{,}125$.

b) $P(D \cap \overline{A}) = P(D) \cdot P_D(\overline{A}) = 0{,}1 \cdot 0{,}2 = 0{,}02$.

c) $P(\overline{D} \cap A) = P(\overline{D}) \cdot P_{\overline{D}}(A) = 0{,}9 \cdot 0{,}05 = 0{,}045$.

11   $P(A) = 0{,}75 \cdot 0{,}4 = 0{,}3$; $P(B) = 0{,}75 + 0{,}4 - 0{,}75 \cdot 0{,}4 = 0{,}85$;
$P(C) = 0{,}75 \cdot 0{,}6 + 0{,}25 \cdot 0{,}4 = 0{,}55$; $P(D) = 1 - P(A) = 0{,}7$.

12   $p = \dfrac{4}{200} + \dfrac{3}{200} \cdot \dfrac{2}{200} - \dfrac{4 \cdot 3 \cdot 2}{200 \cdot 200 \cdot 200} \approx 0{,}02$. An etwa 2 von 100 Tagen muß der Reservegenerator zugeschaltet werden.

13   Sei A: Paul trifft 0-mal und Emil 1-mal;
      B: Paul trifft 0-mal und Emil 2-mal;
      C: Paul trifft 1-mal und Emil 2-mal.
$P(A) = 0{,}4 \cdot 0{,}4 \cdot (2 \cdot 0{,}7 \cdot 0{,}3) = 0{,}0672$. Analog berechnen sich die Wahrscheinlichkeiten $P(B)$ und $P(C)$. Damit gilt:

$P(A \cup B \cup C) = P(A) + P(B) + P(C) = 0{,}0672 + 0{,}0784 + 0{,}2352 = 0{,}3808$

14   Sei A_i: Das i-te Observatorium entdeckt den Kometen im Zeitraum von einer Stunde. Es gilt: $P(A_i) = (1-p)^5$.
Die gesuchte Wahrscheinlichkeit beträgt somit:

$P(A_1 \cup A_2 \cup A_3) = 1 - P(\overline{A}_1 \cap \overline{A}_2 \cap \overline{A}_3) = 1 - (1-p)^{15}$.

S.94   15   a) p^n ; ( ): $1 - (1-p)^n$.

        b) $1 - 0{,}15^n \geq 0{,}9999$ ergibt: $n \geq 5$.

16   a) Wird das ganze System verdoppelt, so hat das neue System die Zuverlässigkeit $P(A) = 1 - (1-p^2)^2 = 2p^2 - p^4$.
Wird jedes Bauteil verdoppelt, so ergibt sich die Zuverlässigkeit $P(B) = \left[1 - (1-p)^2\right]^2 = 4p^2 - 4p^3 + p^4$.
Da $P(B) - P(A) = 2p^2(1-p)^2 > 0$, ($p \neq 1$), ist die Verdopplung jedes Bauteils wirksamer.

b) Analog zu a) ergibt sich:
$P(A) = 1 - (1-p^n)^2 = 2p^n - p^{2n} = p^n \cdot (2 - p^n)$.
$P(B) = \left[1 - (1-p)^2\right]^n = (2p - p^2)^n = p^n \cdot (2-p)^n$.
Wie unter a) gilt auch hier $P(B) > P(A)$, ($n \geq 2$, $p \neq 1$):
Zu zeigen ist:

(1): $(2-p)^n > (2 - p^n)$.
Wir ersetzen p durch $(1-q)$.

(2): $(2-p)^n = (1+q)^n = 1 + n \cdot q + \binom{n}{2} \cdot q^2 + \ldots + q^n$

(3): $2 - p^n = (2 - (1-q)^n) = 1 + n \cdot q - \binom{n}{2} \cdot q^2 + \ldots - (-1)^n \cdot q^n$

Entsprechende Summanden der rechten Seiten von (2) und (3) sind betragsmäßig gleich. Da $1-q > 0$ sind die Summanden von (2) alle positiv, da $n \geq 2$ gibt es bei (3) auch negative Summanden. Damit ist (1) bewiesen.

17 a) Es genügt, den Zustand einer der beiden Kammern zu
    betrachten. Mit Hilfe eines Baumdiagramms (siehe Fig.20.17;
    Fig40,S.121) ergibt sich für die gesuchte Wahrscheinlichkeit:
    $4 \cdot (\frac{1}{4})^4 + 2 \cdot \frac{1}{4} = \frac{3}{4}$.
    b) Analog zu a) entwirft man ein Baumdiagramm. Es ergeben
    sich vier günstige Pfade. Alle vier Pfade sind gleichwahr-
    scheinlich. Für die Wahrscheinlichkeit, daß sich nach vier
    Sekunden die Teilchen der Kammern ausgetauscht haben, ergibt
    sich damit: $4 \cdot (\frac{1}{3})^3 \cdot (\frac{2}{3})^3 \approx 0,0439$.

18 Die Linke Kammer sei die Urne U_1, die rechte Kammer die Urne
    U_2. Für die Anzahl der Kugeln in U_2 zeichnet man ein Baum-
    diagramm mit den entsprechenden Wahrscheinlichkeiten (vgl.
    Fig.20.18). Die Urne U_1 ist nach vier Ziehungen leer, d.h. in U_2
    befinden sich vier Kugeln, mit der Wahrscheinlichkeit:
    $1 \cdot \frac{3}{4} \cdot \frac{1}{2} \cdot \frac{1}{4} = \frac{3}{32}$. (): Die Wahrscheinlichkeit, daß sich nach
    sechs Ziehungen in jeder Urne zwei Kugeln befinden, beträgt:
    $4 \cdot \frac{9}{128} + 4 \cdot \frac{27}{256} + \frac{3}{64} = \frac{48}{64} = \frac{3}{4}$.

21 TOTALE WAHRSCHEINLICHKEIT. DER SATZ VON BAYES

21.1 Totale Wahrscheinlichkeit

S.95 1 Zum Baumdiagramm: siehe Fig.21.1; hierin bedeutet J: Junge,
         M: Mädchen, k: katholisch.
         P(Schüler ist katholisch) = 0,6·0,3 + 0,4·0,25 = 0,28 .

S.96 2 P(Schüler kommt mit dem Fahrrad) =
         0,45·0,32 + 0,3·0,28 + 0,25·0,05 = 0,2405 .

      3 a) $\frac{b}{a+b}$; b) $\frac{a}{a+b} \cdot \frac{b}{a+b-1} + \frac{b}{a+b} \cdot \frac{b-1}{a+b-1}$.
         Sei A: 1.Ziehung ergibt schwarz; B: 2.Ziehung ergibt weiß.
         Bei a) ist die 2.Ziehung von der ersten unabhängig. In diesem
         Fall besagt Satz1, S.95 des Lehrbuchs, lediglich P(B)=P(B).
         Im Fall b) ist die zweite von der ersten Ziehung abhängig.
         Wendet man nun Satz 1 an, so ergibt sich das Ergebnis unter b).

      4 76%

      5 A: Die nach U_2 gelegte Kugel ist weiß; $\overline{A}$: Die nach U_2 gelegte
         Kugel ist schwarz; B: Die aus U_2 gezogene Kugel ist weiß.
         $P(A)=0,4$; $P(\overline{A})=0,6$; $P_A(B)=0,6$; $P_{\overline{A}}(B)=0,5$; damit $P(B)=0,54$.

      6 A: Gerät einwandfrei; B: Gerät wird als fehlerhaft eingestuft
         $P(A) = 0,95$; $P(\overline{A}) = 0,05$; $P_A(B) = 0,03$; $P_{\overline{A}}(B) = 0,96$;
         damit: $P(B) = 0,0765$.

S.97 7 45,4%

8 Im Satz von der totalen Wahrscheinlichkeit muß nach der nicht vorgegebenen bedingten Wahrscheinlichkeit aufgelöst werden. Von der dritten Gruppe sind danach 58,8% berufstätig.

9 Gemäß der Anleitung ergibt sich $p_3 = \frac{2}{5}$. Da Spieler A mit 3 DM beginnt, ist dies die gesuchte Wahrscheinlichkeit.

21.2 Der Satz von Bayes

10 a) Anteil der Leichtathletinnen unter den Mitgliedern:
$h(F \cap L) = h_L(F) \cdot h(L) = \frac{2}{5} \cdot \frac{1}{4} = \frac{1}{10}$. Anteil der Leitathletinnen unter den Frauen: $h_F(L) = h(F \cap L) : h(F) = \frac{1}{10} : \frac{1}{3} = 0,3$.

b) $h_F(L) : h_L(F) = h(L) : h(F)$.

S.98 11 $P_B(A_2) = \frac{0,25 \cdot 0,9}{0,8} = 0,28125 = P_B(A_3)$.

12 A: Schalter wurde von H montiert; B: Schalter arbeitet einwandfrei.
Es gilt: $P(A) = 0,4$; $P(B) = 0,95$; $P_A(B) = 0,9$.
Gesucht $P_{\overline{B}}(A)$. $P_{\overline{B}}(A) = \frac{P(A)}{P(\overline{B})} \cdot P_A(\overline{B}) = \frac{P(A) \cdot (1 - P_A(B))}{1 - P(B)} = 0,8$.

13 Sei U: Urne 1 wird gewählt; W: Gezogene Kugel ist weiß.
$P(U) = P(\overline{U}) = 0,5$; $P_U(W) = \frac{2}{7}$; $P_{\overline{U}}(W) = 0,5$.

$P_W(U) = \dfrac{P(U) \cdot P_U(W)}{P(U) \cdot P_U(W) + P(\overline{U}) \cdot P_{\overline{U}}(W)} = \frac{4}{11}$;

(): $P_W(\overline{U}) = \frac{7}{11}$.

14 Sei A: Glühbirne stammt aus Werk W_1; B: Glühbirne ist fehlerhaft. $P(A) = 0,6$; $P_A(B) = 0,03$; $P_{\overline{A}}(B) = 0,05$.
Damit $P_B(A) = \dfrac{0,6 \cdot 0,03}{0,6 \cdot 0,03 + 0,4 \cdot 0,05} = \frac{9}{19} \approx 0,47$.
(): $P_B(\overline{A}) = \frac{10}{19} \approx 0,53$.

S.99 15 Sei A: Fahrt mit der Bahn; B: Pünktliche Ankunft.
$P(A) = 0,8$; $P(B) = 0,6$; $P_A(B) = \frac{2}{3}$. Damit $P_B(A) = \frac{0,8}{0,6} \cdot \frac{2}{3} = \frac{8}{9}$

16 $\frac{9}{37}$

17 Sei A: Schulabschluß erreicht; B: Negatives Testergebnis.
$P(A) = 0,65$; $P(\overline{A}) = 0,35$; $P_{\overline{A}}(B) = 0,85$; $P_A(B) = 0,02$.
Damit $P_B(\overline{A}) \approx 95,8\%$.

18 Sei A: Säugling hat Stoffwechselkrankheit ; B: Erkrankung diagnostiziert.
$P(A) = \frac{1}{11000}$; $P(\bar{A}) = \frac{10999}{11000}$; $P_A(B) = 0{,}9999$; $P_{\bar{A}}(B) = 0{,}001$.
Damit $P_B(A) \approx 8{,}3\%$.

19 $\dfrac{p_2}{p_1 + p_2 + p_3}$

20 Sei A: Glättebildung ; B: Unfall. $P(A) = 0{,}088$; $P(B) = 10^{-6}$; $P_A(B) = 5 \cdot 10^{-6}$. Damit $P_B(A) = 0{,}4$.

21 $\frac{2}{3}$; ( ): 0 ; $\frac{1}{3}$.

22 Sei A: Erkrankt ; B: Erkrankung diagnostiziert.
$P(A) = p$; $P_A(B) = 0{,}98$; $P_{\bar{A}}(B) = 0{,}05$. Damit:

a) $P_B(A) = \dfrac{0{,}98 \cdot p}{p \cdot 0{,}98 + (1-p) \cdot 0{,}05} = \dfrac{98 \cdot p}{93 \cdot p + 5}$;

b) $p = 0{,}005$: $P_B(A) \approx 0{,}0897$;
   $p = 0{,}01$: $P_B(A) \approx 0{,}1653$;
   $p = 0{,}05$: $P_B(A) \approx 0{,}5078$;
   $p = 0{,}1$: $P_B(A) \approx 0{,}6853$.

Auch wenn eine Erkrankung aufgrund dieses Tests diagnostiziert wurde, ist die Wahrscheinlichkeit, daß man diese Krankheit tatsächlich hat, je nach dem Verbreitungsgrad der Krankheit relativ niedrig.

23 Si: Die Urne enthält i schwarze Kugeln ; $P(Si) = 0{,}2$; $0 \leq i \leq 4$.
W: Es werden zwei weiße Kugeln gezogen.
Zu berechnen ist $P_W(Si)$: $P_W(Si) = \dfrac{P_{Si}(W)}{P_{S0}(W) + \ldots + P_{S4}(W)}$.

a) $P_{S0}(W) = 1$; $P_{S1}(W) = \frac{9}{16}$; $P_{S2}(W) = \frac{1}{4}$;
$P_{S3}(W) = \frac{1}{16}$; $P_{S4}(W) = 0$. Damit:
$P_W(S0) = \frac{8}{15}$; $P_W(S1) = \frac{3}{10}$; $P_W(S2) = \frac{2}{15}$;
$P_W(S3) = \frac{1}{30}$; $P_W(S4) = 0$.

b) $P_{S0}(W) = 1$; $P_{S1}(W) = \frac{1}{2}$; $P_{S2}(W) = \frac{1}{6}$; $P_{S3}(W) = P_{S4}(W) = 0$.
Damit: $P_W(S0) = \frac{3}{5}$; $P_W(S1) = \frac{3}{10}$;
$P_W(S2) = \frac{1}{10}$; $P_W(S3) = P_W(S4) = 0$.

22 Vermischte Aufgaben

1 $E_1 = \bar{G}$; $E_2 = G \cap \bar{L} \cap M$; $E_3 = (G \cap \bar{L} \cap M) \cup (\bar{G} \cap L \cap \bar{M}) \cup (\bar{G} \cap \bar{L} \cap M)$;
$E_4 = G \cup L \cup M$; $E_5 = E_3$.

2 $D = B \cup C$; $E = \bar{A} \cap C$; $F = (B \cap \bar{C}) \cup (\bar{B} \cap C)$; $G = A \cup B$; $H = \overline{A \cup B}$.

3 $E_1 = \{1;2;4;5\}$; $E_2 = \{3;6\}$; $E_3 = \{1;2;5\}$; $E_4 = \{4;5\}$;
$E_5 = \emptyset$; $E_6 = \emptyset$; $E_7 = \{6\}$; $E_8 = \{1;2;4;5\} = E_1$.

4 P("Pasch" oder "AS>9") = $\frac{6}{36} + \frac{6}{36} - \frac{2}{36} = \frac{5}{18}$;
( ): P("Pasch" oder "AS≤7") = $\frac{6}{36} + \frac{21}{36} - \frac{3}{36} = \frac{2}{3}$.

5 Sei A: Zahl ist durch 5 teilbar; B: Zahl ist durch 7 teilbar.
$P(A \cup B) = \frac{20}{100} + \frac{14}{100} - \frac{2}{100} = 0,32$; ( ): $P(A \cup B) = 0,2$.

6 P(As oder König) = $\frac{4}{32} + \frac{4}{32} = \frac{1}{4}$; ( ): P(Rot oder Zehn) = $\frac{9}{16}$;
P(Karo oder Neun) = $\frac{11}{32}$.

7 a) P(wwwww) + P(rrrrr) = $(\frac{1}{2})^5 + (\frac{1}{6})^5 = \frac{244}{7776} \approx 0,0314$.
b) A: 5mal nicht weiß ; B: 2mal rot .
$P(A) = (\frac{1}{2})^5$; $P(B) = \binom{5}{2} \cdot (\frac{1}{6})^2 = \frac{5}{18}$; $P(A \cap B) = \binom{5}{2} \cdot (\frac{1}{6})^2 \cdot (\frac{1}{2})^3$;
damit $P(A \cup B) = \frac{79}{288} \approx 0,2743$.

8 Aufgrund der Einteilung des Glücksrades gilt:
$P(0) = \frac{1}{4}$; $P(1) = P(2) = \frac{1}{8}$; $P(3) = P(4) = P(5) = \frac{1}{6}$.
Da beide Drehungen des Glücksrades voneinander unabhängig sind, lassen sich durch Multiplikation entsprechender Wahrscheinlichkeiten alle Wahrscheinlichkeiten der 36 möglichen Ausgänge berechnen.
Durch Aufsummierung der günstigen Ergebnisse erhält man:
a) $\frac{19}{32} = 0,59375$; b) $\frac{53}{96} = 0,5521$.

9 a) $P_1 = \frac{1}{10} \cdot \frac{9}{10} + \frac{1}{10} \cdot \frac{8}{10} + \ldots + \frac{1}{10} \cdot \frac{1}{10} = \frac{1}{100} \cdot (9+8+\ldots+1) = 0,45$.
( ): $P_1 = \frac{1}{90} \cdot (9+8+\ldots+1) = 0,5$.
b) Wie in Teil a) kann man das Zufallsexperiment durch ein Baumdiagramm beschreiben. Man addiert die Wahrscheinlichkeiten der günstigen Pfade. Damit erhält man:
$P_2 = 0,3$; ( ): $P_2 = \frac{29}{90} \approx 0,32$.
c) Man kennzeichnet unter den 100 (bzw. 90) möglichen Ergebnissen die günstigen. Damit erhält man:
$P_3 = \frac{14}{100} = 0,14$; ( ): $P_3 = \frac{12}{90} \approx 0,13$.

d) Sei A: Erste Ziffer größer als zweite; B: Ziffernsumme durch 3 teilbar. P(A) ergibt sich nach Teil a). P(B) erhält man wie unter c) durch Abzählen der günstigen Ergebnisse:
P(B) = 0,34 ; ( ): P(B) = $\frac{1}{3}$. Ebenfalls durch Abzählen erhält man: P(A∩B) = 0,15 ; ( ): P(A∩B) = $\frac{1}{6}$. Insgesamt ergibt sich:
P(A∪B) = 0,45 + 0,34 - 0,15 = 0,64 ; ( ): P(A∪B) = $\frac{2}{3}$ ≈ 0,67 .

10 Da A∩B ⊆ A folgt aufgrund der Definition der Wahrscheinlichkeiten von Ereignissen (vgl. S.21 des Lehrbuchs) :
P(A∩B) ≤ P(A) .
Da A ⊆ A∪B gilt ebenso: P(A) ≤ P(A∪B) .
P(A∪B) = P(A) + P(B) - P(A∩B) ≤ P(A) + P(B) (da P(A∩B) ≥ 0).

S.101 11 Sei A: AS gerade; B: AS<7; C: AS=4. P(A) = $\frac{1}{2}$; P(B) = $\frac{13}{16}$;
P(A∩C) = P(C) = $\frac{3}{16}$; P(B∩C) = P(C) . Damit:
$P_A(C) = \frac{3}{8}$; ( ): $P_B(C) = \frac{3}{13}$.

12 Sei A: Blonde Haare; B: Blaue Augen.
P(A∩B) = 1 - P($\overline{A∪B}$) = 1 - P($\overline{A}$) - P($\overline{B}$) + P($\overline{A}∩\overline{B}$). P($\overline{A}∩\overline{B}$) = 0,8.
Damit P(A∩B) = 1 - 0,85 - 0,88 + 0,8 = 0,07. Also
$P_B(A) = \frac{0,07}{0,12} = \frac{7}{12}$ ≈ 0,5833 .

13 a) $\frac{5}{6}$; b) 0,15 ; c) $\frac{3}{13}$; ( ): $\frac{10}{13}$.

14 a) $p_3 : p_1$; b) $p_3 : p_2$; c) $(p_2 - p_3) : (1 - p_1)$ $[:= p_4]$; c) $1 - p_4$.

15 a) p_a = P(rsw) = $\frac{5 \cdot 6 \cdot 7}{18 \cdot 17 \cdot 16} = \frac{35}{816}$ ≈ 0,0429 .
b) $1 - 6 \cdot p_a$ ≈ 0,7426.

16 Die Sendung wird angenommen, wenn alle 5 Gläser einwandfrei sind. Die Wahrscheinlichkeit hierfür beträgt:
p = $\frac{450 \cdot 449 \cdot 448 \cdot 447 \cdot 446}{500 \cdot 499 \cdot 498 \cdot 497 \cdot 496}$ ≈ 0,5892 .

17 Sei A_i: In der i-ten Gruppe ist genau eine Dame; 1 ≤ i ≤ 4.
$$P(A_1 \cap A_2 \cap A_3 \cap A_4) = \frac{\binom{4}{1}\binom{8}{2}}{\binom{12}{3}} \cdot \frac{\binom{3}{1}\binom{6}{2}}{\binom{9}{3}} \cdot \frac{\binom{2}{1}\binom{4}{2}}{\binom{6}{3}} \cdot \frac{\binom{1}{1}\binom{2}{2}}{\binom{3}{3}} = \frac{9}{55} \approx 0,16.$$

18 0,78

19 A_i: i-te Zahl wird richtig gelesen; 1 ≤ i ≤ 4 . $P(A_i)$ = 0,9 .
P(A) = $P(A_1 \cap A_2 \cap A_3 \cap \overline{A_4})$ = $0,9^3 \cdot 0,1$ = 0,0729 .
P(B) = $P(A_1 \cap \overline{A_3}) + P(\overline{A_1} \cap A_3)$ = $2 \cdot 0,9 \cdot 0,1$ = 0,18 .
P(C) = $P(A_2) + P(A_4) - P(A_2 \cap A_4)$ = $2 \cdot 0,9 - 0,9 \cdot 0,9$ = 0,99 .

S.102 20 0,855 ; ( ): 0,005 ; 0,14 ; 0,145 .

21 a) $\frac{31}{105}$; b) $\frac{2}{3}$; c) $\frac{17}{35}$.

22 Sei B_i: Bauteil Nr.i fällt aus ; S: System fällt aus.
a) $P(S) = P((B_1 \cup B_2) \cap B_3) = P(B_1 \cup B_2) \cdot P(B_3) =$
$(P(B_1) + P(B_2) - P(B_1 \cap B_2)) \cdot P(B_3) = 0,0126.$
b) Gesucht $n \in \mathbb{N}$ mit:
$P(S) = P((B_1 \cup B_2) \cap \underbrace{B_3 \cap B_3 \cap \ldots \cap B_3}_{n\text{-mal}}) = 0,0126 \cdot P(B_3)^n \leq 2 \cdot 10^{-4}$.

D.h. $0,0126 \cdot 0,1^n \leq 2 \cdot 10^{-4}$.
Durch Logarithmieren erhält man $n \geq 1,7$. Das Dazuschalten von 2 weiteren Elementen B_3 genügt.

23 Sei X: Anzahl der Automaten mit 5% Ausschuß.
a) $P(X \leq 3) = 1 - P(X=4) = \frac{13}{14}$; b) $P(X \leq 2) = 1 - P(X \geq 3) = \frac{1}{2}$.

24 Im ungünstigsten Fall gilt sind 5 der 100 Birnen defekt.
Sei X: Anzahl der defekten Birnen.
$P(X \geq 1) = 1 - P(X=0) = 1 - \frac{95}{100} \cdot \frac{94}{95} \approx 0,107$.
In mehr als 10% aller Entscheidungen weist der Händler eine Sendung irrtümlich zurück.

25 $1-(1-p)^5$; ( ): $1-[(1-p)^5 + (1-p)^4 \cdot p \cdot 5] = 1-(1-p)^4 \cdot (4p-1)$.

26 Aus Symmetriegründen ist die Wahrscheinlichkeit für den Gesamtsieg für A und B gleich. Es genügt also, die Gewinnwahrscheinlichkeit für C zu berechnen.
C kann nur im 3., 6., 9., ... 3n., ... Spiel gewinnen. Das 1.Spiel zwischen A und B ist für den Gesamtsieg von C unerheblich. Die Wahrscheinlichkeit für C im 3n-ten Spiel zu gewinnen, beträgt: $(\frac{1}{2})^{3n-1}$. Damit ergibt sich für C die Gewinnwahrscheinlichkeit: $\sum_{n=1}^{\infty} (\frac{1}{2})^{3n-1} = \frac{2}{7}$. Die Gewinnwahrscheinlichkeit für A und für B beträgt damit: $\frac{1}{2} \cdot (1-\frac{2}{7}) = \frac{5}{14}$.

27 a) Zum Baumdiagramm: siehe Fig.22.27; angegeben ist das jeweilige vorhandene Kapital.

b) Die Wahrscheinlichkeit eines Ruins von A ergibt sich mit Hilfe des Baumdiagramms zu: $3 \cdot \frac{1}{4} \cdot \sum_{n=0}^{\infty} (\frac{1}{2})^{4n} = \frac{4}{5}$.

S.103 28 Sei A: Spieler A gewinnt; B: Spieler B gewinnt. Das Spiel ist beendet falls das Kapital von B 4 DM oder 0 DM beträgt.
a) Zur Simulation siehe Lösung zur Aufgabe 22, Abschnitt 7, S. 45 Lehrbuchs.
b) Zum Baumdiagramm: siehe Fig.22.28; angegeben ist das jeweilige Kapital von B.

c) Die Gewinnwahrscheinlichkeiten lassen sich auf
unterschiedliche Art und Weisen ermitteln:
- anschaulich: A fehlen drei Siege, B fehlt ein Sieg zum
  Gesamtgewinn. Also P(A) : P(B) = 1 : 3. Somit
  $P(A) = \frac{1}{4}$; $P(B) = \frac{3}{4}$.
- mit Hilfe der Anleitung zur Aufgabe 9, Abschnitt 21.1, S.97
  des Lehrbuchs.(Die Wahrscheinlichkeit für einen Ruin =
  1 - Wahrscheinlichkeit für einen Gewinn.)
- anhand des Baumdiagramms ergibt sich
  $P(B) = \frac{1}{2} + (\frac{1}{2})^3 + 2 \cdot (\frac{1}{2})^5 + 4 \cdot (\frac{1}{2})^7 + 8 \cdot (\frac{1}{2})^9 + \ldots =$
  $\frac{1}{2} + (\frac{1}{2})^3 + (\frac{1}{2})^4 + (\frac{1}{2})^5 + (\frac{1}{2})^6 + \ldots = \sum_{n=0}^{\infty} (\frac{1}{2})^n - \frac{5}{4} = \frac{3}{4}$.
  $P(A) = 1 - P(B) = \frac{1}{4}$.

29 Die Gewinnwahrscheinlichkeit für A beträgt:
$P(A) = p_1 + (1-p_1) \cdot (1-p_2) \cdot p_1 + (1-p_1)^2 \cdot (1-p_2)^2 \cdot p_1 + \ldots =$
$p_1 \cdot \sum_{n=0}^{\infty} (1-p_1)^n \cdot (1-p_2)^n = p_1 \cdot \frac{1}{1 - (1-p_1) \cdot (1-p_2)}$.
Analog ergibt sich die Gewinnwahrscheinlichkeit für B:
$P(B) = (1-p_1) \cdot p_2 \cdot \frac{1}{1 - (1-p_1) \cdot (1-p_2)}$. Damit A und B gleiche
Gewinnchancen haben, muß gelten: $p_1 = \frac{p_2}{p_2 + 1}$.

b) Die Funktion $f: x \longmapsto \frac{x}{x+1}$ ist monoton steigend.
Da $p_2 \leq 1$ gelten muß, nimmt p_1 für $p_2 = 1$ sein Maximum an.
Daraus folgt p_1 kann höchstens den Wert 0,5 annehmen.

30 $p = 0,4 \cdot 0,3 + 0,6 \cdot 0,7 = 0,54 = 54\%$.

31 $p = \frac{1}{4} + \frac{1}{4} \cdot \frac{1}{2} + \frac{1}{4} \cdot \frac{2}{3} = \frac{13}{24} \approx 54\%$.

32 A_1: Links werden drei Markstücke gezogen;
A_2: Links werden zwei Markstücke und ein 50-Pf-Stück;
A_3: Links werden ein Markstück und zwei 50-Pf-Stücke gezogen;
B : Rechts wird ein Markstück gezogen.
$P(A_1) = 0,1$; $P_{A_1}(B) = 0,5$; $P(A_2) = 0,6$; $P_{A_2}(B) = 0,2$;
$P(A_3) = 0,3$; $P_{A_3}(B) = 0,3$. Daraus folgt: $P(B) = 0,38$.

33 ≈ 99%

34 A: Urne U_1 wird gewählt; B: Urne U_2 wird gewählt;
C: Alle drei gezogenen Kugel sind schwarz.
$P(A) = P(B) = \frac{1}{2}$; $P_A(C) = \frac{15}{126} \approx 0,1190$; $P_B(C) = \frac{35}{286} \approx 0,1224$.
a) $P(C) = P(A) \cdot P_A(C) + P(B) \cdot P_B(C) \approx 0,1207$.
b) $P_C(A) \approx 0,4926$; ( ) $P_C(B) \approx 0,5070$.

35 A: Bauteil 1 funktioniert ; B: Bauteil 2 funktioniert ;
    S: System funktioniert nicht.

    $P(A) = P(B) = p$; $P(S) = 1 - p^2$; $\overline{A} \subseteq S = \overline{A} \cup \overline{B}$; damit folgt:

    $P_S(\overline{A} \cap B) = P(\overline{A} \cap B \cap S) : P(S) = P(\overline{A} \cap B) : P(S) = \frac{p}{1+p}$; ( ) $P_S(\overline{A} \cup \overline{B}) = 1$.

IV ZUFALLSVARIABLEN UND IHRE WAHRSCHEINLICHKEITSVERTEILUNG

23 Die Wahrscheinlichkeitsverteilung einer Zufallsvariablen

S.104 1 $X = 2 : \{ 22;26;30 \}$; ( ): $X \geq 2 : \{ 22;23;26;27;30 \}$.

S.105 2 Es gibt 20 gleichwahrscheinliche Elementarereignisse.

x_i	6	7	8	9	10	11	12	13	14	15
$P(X=x_i)$	0,05	0,05	0,1	0,15	0,15	0,15	0,15	0,1	0,05	0,05

S.106 3 $P(X=0) = P(X=3) = 0,125$; $P(X=1) = P(X=2) = 0,375$.
          $P(Y=0) = 0,25$; $P(Y=2) = 0,75$.

4 X: Anzahl der grünen Tomaten.
   $P(X=0) = \frac{3}{14}$; $P(X=1) = \frac{4}{7}$; $P(X=2) = \frac{3}{14}$.

5 X: Anzahl der Ausschußstücke. $P(X=0) = 0,343$; $P(X=1) = 0,441$;
   $P(X=2) = 0,189$; $P(X=3) = 0,027$.

6 X: Anzahl der Richtigen.

   $P(X=i) = \dfrac{\binom{7}{i} \cdot \binom{31}{7-i}}{\binom{38}{7}}$, ($1 \leq i \leq 7$). Damit ergibt sich:

   $P(X=0) \approx 0,21$; $P(X=1) \approx 0,41$; $P(X=2) \approx 0,28$;
   $P(X=3) \approx 0,09$; $P(X=4) \approx 0,01$; $P(X=5) \approx 7,7 \cdot 10^{-4}$;
   $P(X=6) \approx 1,7 \cdot 10^{-5}$; $P(X=7) \approx 7,9 \cdot 10^{-8}$.

7 a) $P(X=0) = \frac{3}{8}$; $P(X=2) = P(X=3) = P(X=4) = P(X=10) = P(X=11) = \frac{1}{8}$.

   b) Es gibt $\binom{32}{4} = 496$ Möglichkeiten, zwei aus 32 Karten zu
   ziehen. Die Anzahl der günstigen Ergebnisse ergeben sich
   ebenfalls aufgrund kombinatorischer Überlegungen. Auf 2
   Dezimalen gerundet ergeben sich:

   $P(Y=0) = 0,13$; $P(Y=2) = P(Y=3) = 0,10$; $P(Y=4) = 0,11$;
   $P(Y=5) = 0,03$; $P(Y=6) = 0,04$; $P(Y=7) = 0,03$ $P(Y=8) = 0,01$;
   $P(Y=10) = P(Y=11) = 0,10$; $P(Y=12) = 0,03$; $P(Y=13) = 0,06$;
   $P(Y=14) = 0,06$; $P(Y=15) = 0,03$; $P(Y=20) = 0,01$;

P(Y=21) = 0,03 ; P(Y=22) = 0,01 .
P(Y≤7) = 0,54 ; P(Y>10) = 0,35 .

8

x_i	3	4	5	6	7	8	9
$P(X=x_i)$	0,1	0,1	0,2	0,2	0,2	0,1	0,1

Damit P(X≥7) = 0,4 .

9 a)

x_i	6	7	8	9	10	11	12	13	14	15
$P(X=x_i)$	0,05	0,05	0,1	0,15	0,15	0,15	0,15	0,1	0,05	0,05

b) P(X≤8) = 0,2 und P(X≤9) = 0,35 also g = 8 ; c) g = 14 .

10 Sei X: Gewinn in US-Dollar.

x_i	-1	1	2	3
$P(X=x_i)$	$(\frac{5}{6})^3$	$3 \cdot (\frac{1}{6}) \cdot (\frac{5}{6})^2$	$3 \cdot (\frac{1}{6})^2 \cdot (\frac{5}{6})$	$(\frac{1}{6})^3$

11 Sei X: Gewinn in DM.

x_i	1	0,25	0,20	-1
Farben	ww	rr	wr;rw	sr;rs;ws;sw
$P(X=x_i)$	$\frac{3}{10} \cdot \frac{2}{9} = \frac{1}{15}$	$\frac{1}{3}$	$\frac{2}{5}$	$\frac{1}{5}$

12 Sei X: Anzahl der Züge bis eine weiße Kugel erscheint.
$P(X=n) = (\frac{s}{s+w})^{n-1} \cdot \frac{n}{s+w}$.

24 Der Erwartungswert einer Zufallsvariablen

S.107   **1**   Zahl der Spiele: 100. Damit ergibt sich ein durchschnittlicher Gewinn von DM 0,047 ≈ 5 Pf.

S.108   **2**   a) $E(X) = 3,5$. b) $E(Y) = 7$; $E(Z) = 12,25$.

S.109   **3**   Für W_1 gilt: $\bar{x} = 3,55$; für W_2 gilt: $\bar{x} = 3,61$.

      4   Für die mittlere Milchmenge (in Liter) erhält man: $\bar{M} \approx 22,7$. Für den mittleren Fettgehalt (in Prozent) berechnet man zunächst die von jeder Kuh erzeugte Fettmenge. Man addiert diese und dividiert durch die Gesamtmilchmenge. Man erhält so $\bar{F} \approx 4,2\%$.

      5   Es gibt zwei Möglichkeiten der Berechnung:
(1): man bildet die mittlere Zeilenzahl pro Seite und die mittlere Wörterzahl pro Zeile;
(2): man berechnet die Wörterzahl pro Seite und bildet deren Mittelwert.
Nach beiden Methoden ergeben sich ca. 0,387 Millionen Wörter im gesamten Roman.

      6 $E(X) = 1,5$.

      7

Bauteil i ist defekt	1	2	3	4	5	6	7	8
Anzahl der Tests nach (I)	1	2	3	4	5	6	7	8
nach (II)	2	3	4	4	2	3	4	4
nach (III)	2	2	3	3	4	4	4	4

Die Wahrscheinlichkeit, daß eines der Bauteile defekt ist, soll für alle Bauteile gleich sein ($\frac{1}{8}$). Mit X: "Anzahl der Tests" ergibt sich: $E_I(X) \approx 4,4$; $E_{II}(X) = E_{III}(X) \approx 3,3$.
Auf lange Sicht testet man am besten mit II oder III.

      8   Sei z der gesuchte Preis; dann gilt für den Gewinn G in DM: $G = 0,95 \cdot (z-1) + 0,05 \cdot (z-2) = 0,1$; daraus $z = 1,15$.

      9   X: Trefferzahl in einer Dreierserie. $E(X) = 1,8$.

    10   Die Wahrscheinlichkeit für "Gewinn" beträgt $\frac{5}{12}$ (beachte: zwei weiße Kugeln bedeutet *genau* zwei weiße Kugeln). Damit ergibt sich für den Erwartungswert des "Gewinns": DM 1,25 . Das Spiel lohnt sich auf lange Sicht.

    11   Es müssen durchschnittlich 4,125 Spiele gespielt werden.

    12   1,75 ; (): 3,5.

S.110 **13**   Man berechnet die Bilanz (X in DM) des Händlers in Abhängigkeit der verkauften Exemplare und erhält:
$E(X) = 0,1 \cdot (-4,5) + 0,4 \cdot (-1,7) + 0,3 \cdot 1,1 + 0,2 \cdot 3,9 = -0,02$.
Auf lange Sicht verliert der Händler 2Pf. pro Woche.

    14   Den Gewinn (in DM) pro Spiel erhält man als Erwartungswert:
$0,2 \cdot 0,1 + 0,5 \cdot 0,05 + 1 \cdot 0,03 + 2 \cdot 0,01 = 0,095$ (DM).

60% des Einsatzes sind 0,6·0,2 = 0,12 (DM). Die Vorschriften sind daher nicht erfüllt.

15 Die Wahrscheinlichkeit zu gewinnen, d.h. (Auszahlung minus Einzahlung) größer 0, beträgt $\frac{22}{36}$. Die Wahrscheinlichkeit zu verlieren beträgt $\frac{12}{36}$; die Wahrscheinlichkeit weder etwas zu gewinnen noch etwas zu verlieren beträgt $\frac{2}{36}$.
Sei X: Gewinn (Auszahlung - Einzahlung) in DM.
Der Ausgang des Zufallsexperiments kann als Paar notiert werden. Jedes Paar hat die Wahrscheinlichkeit $\frac{1}{36}$.
E(X) = 0 . Das Spiel ist fair.

16 Alle 27 Ergebnisse des Zufallsexperiments sind gleichwahrscheinlich. Aufgrund der Tabellierung der Zufallsvariablen X, welche den Gewinn angibt (vgl. Lösung der Aufgabe), ergibt sich:
$E(X) = -0,1 \cdot \frac{10}{27} + 0,1 \cdot \frac{1}{27} + 0,2 \cdot \frac{5}{27} + 0,3 \cdot \frac{3}{27} + 0,4 \cdot \frac{2}{27} \approx 7$Pf.
Das Spiel lohnt sich auf lange Sicht.

17 E(D) = 0,1·0 + 0,18·1 + 0,16·2 + 0,14·3 + 0,12·4 + 0,1·5 + 0,08·6 + 0,06·7 + 0,04·8 + 0,02·9 = 3,3 .
Die Simulation mit Hilfe der Paare aus den Spalten 49 und 50 der Zufallsziffern auf S.258 ergibt als Mittelwert 3,56.

18 X kann nur die Werte 2 oder 3 annehmen. Sei Y: Anzahl der Paare in den drei gezogenen Kugeln. P(X=2) = P(Y=0) ; P(X=3) = P(Y=1).
a) Die schwarzen Kugeln werden mit den Zufallsziffern 1,2,3,4,5, die weißen mit den Zufallsziffern 6,7,8,9,0 simuliert. Die Ziffer 1 und 6, 2 und 7, ... , 5 und 0 bilden die Kugelpaare gleicher Nummern. Es werden 50 Dreier-Blöcke mit Überlesen gezogen. Beginnend mit der 1.Spalte erhält man:
h(X=2) = h(Y=0) = $\frac{32}{50}$ = 0,64 ; h(X=3) = h(Y=1) = $\frac{18}{50}$ = 0,36 .
Im Mittel bleiben 2·0,64 + 3·0,36 = 2,36 Kugelpaare übrig.
b) P(X=2) = P(Y=0) = $\frac{2}{3}$; P(X=3) = P(Y=1) = $\frac{1}{3}$; E(X) = $\frac{7}{3}$ ≈ 2,33.

19 Zu X_1: $P(X_1=1) = 1$; $E(X_1) = 1$.
Zu X_2: $P(X_2=0) = \frac{1}{4}$; $P(X_2=\sqrt{2}) = \frac{1}{2}$; $P(X_2=2) = \frac{1}{4}$.
$E(X_2) = \frac{\sqrt{2}+1}{2} \approx 1,21$.
Zu X_3: $P(X_3=1) = \frac{9}{16}$; $P(X_3=\sqrt{5}) = \frac{3}{8}$; $P(X_3=3) = \frac{1}{16}$.
$E(X_3) = \frac{6 + 3 \cdot \sqrt{5}}{8} \approx 1,59$.
Zu X_4: $P(X_4=0) = \frac{9}{64}$; $P(X_4=\sqrt{2}) = \frac{24}{64}$; $P(X_4=2) = \frac{16}{64}$;
$P(X_4=\sqrt{8}) = \frac{6}{64}$; $P(X_4=\sqrt{10}) = \frac{8}{64}$; $P(X_4=4) = \frac{1}{64}$.
$E(X_4) = \frac{9 + 9 \cdot \sqrt{2} + 2 \cdot \sqrt{10}}{16} \approx 1,75$.
Anmerkung: Es gilt: $E(X_i) \leq \sqrt{n}$ und $E(X_i^2) = n$.

20 a) $E(X) = \sum_{n=1}^{\infty} n \cdot 0,5^n = 2$; b) $E(X) = \sum_{n=1}^{\infty} (n+1) \cdot 0,5^n = 3$.

21 $E(X) = \frac{1}{6} \cdot \sum_{n=1}^{\infty} n \cdot (\frac{5}{6})^{n-1} = 6$.

25 Die Varianz einer Zufallsvariablen

25.1 Definition

S.111 1 Bei A liegen mehr Stifte bzgl. ihrer Länge in der Nähe des Mittelwertes als bei B; die Streuung ist geringer.

S.112 2 $\mu_X = -0,2$; $\sigma_X^2 = 4,36$; $\sigma_X \approx 2,09$.

$\mu_Y = -0,4$; $\sigma_Y^2 = 2,04$; $\sigma_Y \approx 1,43$.

3 a) $\mu_X = 3,5$; $\sigma_X^2 \approx 2,92$; $\sigma_X \approx 1,71$.

b) $\mu_X = 7$; $\sigma_X^2 \approx 5,83$; $\sigma_X \approx 2,42$.

c) $\mu_X = 3$; $\sigma_X^2 = 1,5$; $\sigma_X \approx 1,22$

4 Bei der Maschine A gilt $\sigma^2 \approx 4,8$; bei der Maschine B gilt $\sigma^2 \approx 4,6$. Maschine B hält den Sollwert wegen der geringeren Streuung besser ein.

5 $\mu = 3$, $\sigma^2 = 2$, $\sigma \approx 1,41$.

6 $\mu = 1,875$, $\sigma^2 = 0,502$, $\sigma \approx 0,71$.

7 Die Summe der Wahrscheinlichkeiten muß 1 ergeben, daraus ergibt sich $a = \frac{1}{6}$. $\mu = \frac{19}{9}$, $\sigma^2 = \frac{240}{243} \approx 0,99$.

8 $E(X) = \frac{1}{n} \cdot (1 + 2 + \ldots + n) = \frac{n+1}{2}$.

$V(X) = \frac{1}{n} \cdot [1^2 + 2^2 + \ldots + n^2 - (2 \cdot 1 \cdot \frac{n+1}{2} + \ldots 2 \cdot n \cdot \frac{n+1}{2}) + n \cdot (\frac{n+1}{2})^2] =$

$= \frac{n^2 - 1}{12}$.

25.2 Die Ungleichung von Tschebyscheff

S.113 9 a) $\mu_X = 9,86$; $\sigma_X^2 \approx 1,48$; $\sigma_X \approx 1,22$.

b) $P(|X-9,86| > 1,22) = P(X \leq 8) + P(X \geq 12) = 0,2$.

$P(|X-9,86| > 2,44) = P(X=7) + P(X=13) = 0,06$.

S.114 10 Gesucht ist c mit $P(|X-4,5| \geq c) \leq 0,1$. Man erhält: $c \geq 0,26$. Der Toleranzbereich ist damit $[4,24 ; 4,76]$.

S.115 11 a) $p \leq \frac{1}{4}$; b) $\geq \frac{7}{16}$; c) $p \geq \frac{8}{9}$; d) $p \leq \frac{36}{121} \approx 0,3$.

12 a) $c \geq 18{,}75$; b) $d \geq 12{,}5$.

13 $\mu_X = 3{,}5$; $\sigma_X \approx 1{,}71$.

	$1{,}25 \cdot \sigma_X$	$1{,}5 \cdot \sigma_X$	$1{,}75 \cdot \sigma_X$
exakt	$\frac{1}{3}$	0	0
abgeschätzt	$\leq \frac{16}{25}$	$\leq \frac{8}{9}$	$\leq \frac{16}{49}$

14 a) $\mu_X = 7$; $\sigma_X \approx 2{,}42$.

   b) $p = \frac{1}{18}$.

   c) $p \leq 0{,}23$; die Abschätzung trifft zu, ist aber sehr grob.

15 a) $\mu_X = 2{,}22$; $\sigma_X^2 = 1{,}1716$; $\sigma_X \approx 1{,}08$.

   b) $p = 0{,}06$; mit Tschebyscheff: $p \leq 0{,}25$.

16 $P(|X-70| \geq 5) \leq \frac{9}{25} = 0{,}36$.

17 Aus $P(|X-7{,}5| \geq c) \leq 0{,}1$ folgt $c \geq 0{,}09$. Die Firma muß
    mindestens 0,09 g zulassen, um höchstens 10% Ausschuß zu
    erhalten.

18 a) $p = P(X=0) = \frac{2}{9}$; $\mu_X = \frac{2}{9}$; $\sigma_X^2 \approx 2{,}28$; $\sigma_X \approx 1{,}51$.

   b) $P(|X-\mu_X| \geq \frac{2}{3} \cdot \sigma_X) = P(X \leq -3 \text{ oder } X \geq 3) = \frac{1}{9}$;
   mit Tschebyscheff: $p \leq \frac{4}{9}$.

19 a) Die Verteilung von X ist die gleiche wie die in der
    Aufgabe 8, S.112 des Lehrbuchs.
    $\mu_X = 5{,}5$; $\sigma_X^2 = 8{,}25$; $\sigma \approx 2{,}87$.

   b) $P(|X-\mu_X| < \frac{2}{3} \cdot \sigma_X) = 1-P(X=1)-P(X=10) = 0{,}8$;
   mit Tschebyscheff: $p \geq 0{,}56$.

20 a) Sei W der Wertebereich der Zufallsvariablen X und
    $A = \{ x \mid x \in W \text{ und } x < a \}$, $B = \{ x \mid x \in W \text{ und } x \geq a \}$.

   $$E(X) = \sum_{x \in A \cup B} x \cdot P(X=x) \geq \sum_{x \in B} x \cdot P(X=x) \geq a \cdot \sum_{x \in B} P(X=x) = a \cdot P(X \geq a) .$$

   Hieraus folgt die Behauptung.

   b) Es gilt $V(X) = E[(X-\mu)^2]$ (siehe 28.3, S.124 des Lehrbuchs).
   Für $a \geq 0$ gilt: $|X-\mu| \geq a \Longleftrightarrow (X-\mu)^2 \geq a^2$.
   Wendet man die Ungleichung aus Teil a) auf $Y := (X-\mu)^2$ und a^2
   ($a \geq 0$) an, so erhält man:
   $$P(|X-\mu| \geq a) = P((X-\mu)^2 \geq a^2) = \frac{E(Y)}{a^2} = \frac{V(X)}{a^2} .$$

26 Unabhängigkeit von Zufallsvariablen

S.116   1   "X=4 und Y=4" = $\{(2;2)\}$. $P(X=4) = \frac{1}{12}$; $P(Y=4) = \frac{1}{12}$;

$P(X=4) \cdot P(Y=4) = \frac{1}{144} \neq \frac{1}{36} = P(X=4 \text{ und } Y=4)$.

S.117   2   Die Zufallsvariablen sind voneinander abhängig. So gilt z.B.
$P(X=6;Y=9) = \frac{2}{37} \neq \frac{24}{37 \cdot 37} = P(X=6) \cdot P(Y=9)$.

S.118   3   a) $P(X = -1) = \frac{7}{18}$; $P(X = 0) = \frac{2}{9}$; $P(X = 1) = \frac{7}{18}$.

$P(Y = -2) = P(Y = 0) = P(Y = 1) = P(Y = 2) = \frac{1}{6}$;
$P(Y = -1) = \frac{1}{18}$; $P(Y = 3) = \frac{5}{18}$.

b) Nein; z.B. ist $P(X=0;Y=-2) = 0 \neq \frac{1}{27} = P(X=0) \cdot P(Y=-2)$.

c) $P(X \geq 0;Y=1) = P(X=0;Y=1) + P(X=1;Y=1) = \frac{1}{9} + \frac{1}{18} = \frac{1}{6}$.

4

y_i \ x_i	-2	-1	0	1	2	$P(Y=y_i)$
0	0,06	0,09	0,09	0,03	0,03	0,30
1	0,04	0,06	0,06	0,02	0,02	0,20
2	0,04	0,06	0,06	0,02	0,02	0,20
3	0,06	0,09	0,09	0,03	0,03	0,30
$P(X=x_i)$	0,20	0,30	0,30	0,10	0,10	1

5   X nimmt die Werte 1 und -1 an; Y nimmt die Werte 2 und -1 (jeweils in DM).
$P(X=1) = \frac{1}{3}$; $P(X=-1) = \frac{2}{3}$; $P(Y=2) = \frac{2}{3} \cdot \frac{1}{2} = \frac{1}{3}$; $P(Y=-1) = \frac{2}{3}$.
$P(X=1;Y=2) = 0$; $P(X=1;Y=-1) = \frac{1}{3}$; $P(X=-1;Y=2) = \frac{1}{3}$;
$P(X=-1;Y=-1) = \frac{1}{3}$. X und Y sind voneinander abhängig, z.B. gilt: $P(X=1) \cdot P(Y=2) \neq P(X=1) \cdot P(Y=2)$.

6   a) Für $1 \leq i \leq 6$ gilt:
$P(X=i) = P(Y=i) = \frac{1}{6}$ und $P(X=i;Y=i) = \frac{1}{36}$. Die beiden Zufallsvariablen sind voneinander unabhängig; dieses Ergebnis ist natürlich nicht verwunderlich, da die Unabhängigkeit von Zufallsvariablen über die Unabhängigkeit der beschriebenen Ereignisse definiert wurde
b) $P(X < Y) = P(X=1;Y>1) + P(X=2;Y>2) + P(X=3;Y>3) + P(X=4;Y>4) + P(X=5;Y>5) = \frac{15}{36}$ (vgl. Abschnitt 4, Aufgabe 12, S.27 des Lehrbuchs).

7   Sei X: Anzahl der Teile 1.Wahl unter zwei Teilen; Y: Anzahl der Teile nicht 1.Wahl unter zwei Teilen.
$P(X=1;Y=1) = 0,32$.

8 Sei X nimmt den Wert 1 an, falls der 1.Block ausfällt, den
   Wert 0 sonst; Y nimmt den Wert 1 an, falls der 2.Block
   ausfällt, den Wert 0 sonst; Z: Gesamtreparaturkosten
   innerhalb eines Jahres, (in DM).
   $E(Z) = 200 \cdot P(X=1;Y=0) + 150 \cdot P(X=0;Y=1) + 350 \cdot P(X=1;Y=1) =$
   $= 200 \cdot 0,05 \cdot 0,9 + 150 \cdot 0,95 \cdot 0,1 + 350 \cdot 0,05 \cdot 0,1 = 25.$
   Die mittleren Reparaturkosten betragen DM 25,- .

9 X und Y sind voneinander unabhängig.

$y_i \backslash x_i$	0	1	2	3	$P(Y=y_i)$
0	$\frac{5}{1568}$	$\frac{75}{1568}$	$\frac{150}{1568}$	$\frac{50}{1568}$	$\frac{10}{56}$
1	$\frac{15}{1568}$	$\frac{225}{1568}$	$\frac{450}{1568}$	$\frac{150}{1568}$	$\frac{30}{56}$
2	$\frac{15}{3136}$	$\frac{225}{3136}$	$\frac{450}{3136}$	$\frac{150}{3136}$	$\frac{15}{56}$
3	$\frac{1}{3136}$	$\frac{15}{3136}$	$\frac{30}{3136}$	$\frac{10}{3136}$	$\frac{1}{56}$
$P(X=x_i)$	$\frac{1}{56}$	$\frac{15}{56}$	$\frac{30}{56}$	$\frac{10}{28}$	1

b) $P(X+Y = 2) = \frac{765}{3136} \approx 0,2439$.

10 a) Es ergibt sich: $P(X=i;Y=j) = \frac{1}{6 \cdot i}$, für $1 \leq j \leq i \leq 6$.

   Es gilt: $P(X=i) = \frac{1}{6}$, für $1 \leq i \leq 6$.

   Da z.B $P(X=3);Y=2) = \frac{1}{18} \neq \frac{1}{6} \cdot \frac{87}{360} = P(X=3) \cdot P(Y=2)$, sind X und Y
   voneinander abhängig.

   b) Mit gemeinsamer Verteilung (siehe a)) und der Definition
   der bedingten Wahrscheinlichkeit: $P_{X=5}(Y=3) = \frac{1}{30} : \frac{1}{6} = \frac{1}{5}$.
   Ohne gemeinsame Verteilung: Ergibt der 1. Zug 5, so sind im
   2.Zug die Ergebnisse 1, 2, 3, 4, 5 möglich;
   alle sind gleichwahrscheinlich; daher: $P_{X=5}(Y=3) = \frac{1}{5}$.

27 DIE ZUFALLSVARIABLE $A \cdot X + B$

1 Durchschnittl. monatl. Gesamtverdienst (in DM): $300 \cdot X + 1000$.

2 $E(X) = 1,7$; $V(X) = 0,81$; damit :
   $E(4 \cdot X-7) = -0,2$; $V(4 \cdot X-7) = 12,96$.

3 a) $E(-2X+0,7) = -4,3$; $V(0,5X-1,3) = 0,075$;
   $E(0,9X-0,5) = 1,75$; $V(1,8X+0,5) = 0,972$; $E(-0,1X-5) = -5,25$
   $V(\frac{2}{3}x - \frac{1}{4}) = \frac{2}{15}$

   b) $X^* = \frac{X - 2,5}{0,3}$.

4 a) $E(X) = 0,7$; $V(X) = 2,01$; $E(5X+2) = 5,5$; $V(-3X-8) = 18,09$.

b) $\sigma_X \approx 1{,}41$; damit: $X^* = \dfrac{X - 0{,}7}{1{,}41}$.

x_i	-1,91	-1,21	-0,50	0,21	0,92	1,63
$P(X^*=x_i)$	0,1	0,1	0,2	0,3	0,2	0,1

5   DM 586,30

6   $P(X=-200) = 0{,}05$; $P(X=100) = 0{,}95$. $E(X) = 85$; $E(20 \cdot X) = 1700$.
Der zu erwartende Gewinn beträgt DM 1700.

7   a)

y_i	-4	-2	0	2	4	6	8
$P(Y=y_i)$	0,1	0,2	0,3	0,1	0,1	0,1	0,1

$E(Y) = 1{,}2$; $V(Y) = 12{,}96$. Da $X = 50Y + 20$, gilt $E(X) = 80$ und $V(X) = 32400$.

b) $X^* = \dfrac{X - 80}{180}$, damit

x_i	$-\dfrac{13}{9}$	$-\dfrac{8}{9}$	$-\dfrac{3}{9}$	$\dfrac{2}{9}$	$\dfrac{7}{9}$	$\dfrac{12}{9}$	$\dfrac{17}{9}$
$P(X^*=x_i)$	0,1	0,2	0,3	0,1	0,1	0,1	0,1

28 Die Zufallsvariable X + Y

28.1 Definition und Wahrscheinlichkeitsverteilung

1   Die Gesamttagesleistung kann 18, 19, 20, 21 oder 22 betragen.

2

z_i	-3	-2	0	2	3	4	6
$P(Z=z_i)$	0,05	0,05	0,20	0,10	0,20	0,20	0,20

3

z_i	-3	-2	-1	0	1	2
$P(Z=z_i)$	0,05	0,10	0,15	0,35	0,20	0,15
w_i	-2	-1	0	1	2	
$P(W=w_i)$	0.05	0,25	0,45	0,20	0,05	

4   Man ermittelt zunächst die gemeinsame Wahrscheinlichkeitsverteilung; aufgrund der Unabhängigkeit gilt nämlich:
$P(X=x_i ; Y=y_i) = P(X=x_i) \cdot P(Y=y_i)$.

z_i	3	4	5	6	7	8	9	10	11	12
$P(Z=z_i)$	0,02	0,04	0,11	0,23	0,09	0,23	0,06	0,14	0,02	0,06
w_i	2	4	6	8	12	16	18	24	32	
$P(W=w_i)$	0,02	0,14	0,05	0,27	0,13	0,23	0,02	0,08	0,06	

5 Der Wertebereich von X + X ist $\{2;3;4;5;6;7;8\}$. Der Wertebereich von $2\cdot X$ ist $\{2;4;6;8\}$.

6 Die Wertebereiche von Y + Y und $2\cdot Y$ sind verschieden: Y+Y kann die Werte 0, 1 oder 2 annehmen, $2\cdot Y$ dagegen nur die Werte 0 oder 2. Die Wertebereiche von $Y\cdot Y$ und Y sind gleich.

7

z_i	0	1	2
$P(Z_1+Z_2=z_i)$	p^2	$2p(1-p)$	$(1-p)^2$

z_i	-1	0	1
$P(Z_1-Z_2=z_i)$	$p(1-p)$	$p^2+(1-p)^2$	$p(1-p)$

z_i	0	1
$P(Z_1\cdot Z_2=z_i)$	$2p-p^2$	$(1-p)^2$

8 $k = \frac{1}{18}$

z_i	2	3	4	5
$P(X+Y=z_i)$	$\frac{1}{18}$	$\frac{4}{18}$	$\frac{7}{18}$	$\frac{6}{18}$

z_i	1	2	3	4	6
$P(X\cdot Y=z_i)$	$\frac{1}{18}$	$\frac{4}{18}$	$\frac{3}{18}$	$\frac{4}{18}$	$\frac{6}{18}$

9 $P(X_1=1) = P(X_1=2) = \ldots = P(X_1=6) = \frac{1}{6}$. Sei $Z = X_1+X_2$:

z_i	2	3	4	5	6	7	8	9	10	11	12
$P(Z=z_i)$	$\frac{1}{36}$	$\frac{2}{36}$	$\frac{3}{36}$	$\frac{4}{36}$	$\frac{5}{36}$	$\frac{6}{36}$	$\frac{5}{36}$	$\frac{4}{36}$	$\frac{3}{36}$	$\frac{2}{36}$	$\frac{1}{36}$

Sei $W = X_1+X_2+X_3$:

w_i	3	4	5	6	7	8	9	10	11	12
$216\cdot P(W=w_i)$	1	3	6	10	15	21	25	27	27	25

w_i	13	14	15	16	17	18
$216\cdot P(W=w_i)$	21	15	10	6	3	1

Zu den Stabdiagrammen: siehe Lehrbuch S.180, Fig. 180.1 - 3.

10 Die Verteilung von Z kann einerseits über kombinatorische Überlegungen ("Anzahl der günstigen" durch "Anzahl der möglichen Ergebnissen"), andererseits über die gemeinsame Verteilung der Zufallsvariablen Z_1:"Anzahl der Fehlerhaften im 1.Zug" und Z_2:"Anzahl der Fehlerhaften im 2.Zug" ermittelt werden; es gilt dann $Z = Z_1+Z_2$. Man erhält damit:

Mit Zurücklegen: $P(Z=0) = \frac{49}{100}$; $P(Z=1) = \frac{42}{100}$; $P(Z=2) = \frac{9}{100}$;

ohne Zurücklegen: $P(Z=0) = \frac{7}{15}$; $P(Z=1) = \frac{7}{15}$; $P(Z=2) = \frac{1}{15}$.

11 Es handelt sich um dreimaliges Ziehen ohne Zurücklegen.
Sei X: Kleinste gezogene Zahl; Y: Größte gezogene Zahl.
Z = Y-X. Als gemeinsame Verteilung von X und Y ergibt sich: *)

Y\	1	2	3	4	5	6	7	8	9	10
1	0	0	6	12	18	24	30	36	42	48
2	0	0	0	6	12	18	24	30	36	42
3	0	0	0	0	6	12	18	24	30	36
4	0	0	0	0	0	6	12	18	24	30
5	0	0	0	0	0	0	6	12	18	24
6	0	0	0	0	0	0	0	6	12	18
7	0	0	0	0	0	0	0	0	6	12
8	0	0	0	0	0	0	0	0	0	6
9	0	0	0	0	0	0	0	0	0	0
10	0	0	0	0	0	0	0	0	0	0

*): Die Wahrscheinlichkeiten ergeben sich durch Division
mit 720 = 10*9*8)

Damit erhält man:

z_i	2	3	4	5	6	7	8	9
$P(Z=z_i)$	$\frac{4}{60}$	$\frac{7}{60}$	$\frac{9}{60}$	$\frac{10}{60}$	$\frac{10}{60}$	$\frac{9}{60}$	$\frac{7}{60}$	$\frac{4}{60}$

28.2 Der Erwartungswert von X+Y

12 $E(Z) = 3{,}6$; $E(X) = 2{,}6$; $E(Y) = 1$; es gilt $E(X+Y)=E(X)+E(Y)$.

13 Sei $X_i = \begin{cases} 0, \text{ falls im i. Wurf Zahl} \\ 1, \text{ sonst} \end{cases}$;

$E(X_i) = 0{,}6$; $1 \le i \le 50$.

$E(X) = E(X_1 + \ldots + X_{50}) = E(X_1) + \ldots + E(X_{50}) = 30$.

14 $E(X) = 1{,}9$; $E(Y) = 0{,}6$; $E(X+Y) = 2{,}5$.

15 Sei X_i: Ergebnis des i.Wurfs; $1 \le i \le 5$; $E(X_i) = 2{,}5$.

$E(X) = E(X_1 + \ldots + X_4) = 5 \cdot 2{,}5 = 12{,}5$.

16 Sei X: Summe aus beiden Ziehungen; X_1: Zahl im 1.Zug;
X_2: Zahl im 2.Zug. $X = X_1 + X_2$.
Mit Zurücklegen: $E(X) = 6$.
Ohne Zurücklegen: $E(X) = 6$.

17 $E(X) = 5 \cdot 4{,}5 = 22{,}5$.
Spalte 30 und 31 der Zufallsziffertabelle ergibt: 22,55.

S.124   18   a) Sei $Y := X_1+X_2$; $W := X_1+X_2+X_3$; $Z := X_1+X_2+X_3+X_4$.

y_i	2	3	4
$P(Y=y_i)$	0,25	0,5	0,25

w_i	3	4	5	6
$P(W=w_i)$	0,125	0,375	0,375	0,125

z_i	4	5	6	7	8
$P(Z=z_i)$	0,0625	0,25	0,375	0,25	0,0625

b) $E(X_1) = 1,5$; $E(Y) = 3$; $E(W) = 4,5$; $E(Z) = 6$.

19   $E(X) = 0,5$

20   Sei X_i: Gewinnsumme des Automatenbesitzers beim i.Spiel.
$E(X_i) = 0,042$; $E(X) = n \cdot 0,042$, (z.B. bei n = 1000 kann der Automatenbesitzer mit einem Gewinn von DM 42.- rechnen).

21   a) $P(X=0) = \frac{7}{15}$; $P(X=1) = \frac{7}{15}$; $P(X=2) = \frac{1}{15}$; $E(X) = \frac{3}{5}$.
b) Gemäß Anleitung gilt: $X = X_1+X_2+X_3$.
$P(X_i=0) = \frac{4}{5}$; $P(X_i=1) = \frac{1}{5}$; $E(X_i) = \frac{1}{5}$; $i = 1,2,3$.
$E(X) = 3 \cdot \frac{1}{5}$ (vgl. a)).

28.3 Die Varianz von X+Y

22   $E(X) = 1,6$; $E(Y) = 2,7$; $V(X) = 0,24$; $V(Y) = 0,21$;
$E(X+Y) = 4,3$; $V(X+Y) = 0,61$. Also $V(X+Y) \neq V(X) + V(Y)$.

S.126   23   Wir zerlegen das Zufallsexperiment in fünf voneinander unabhängige Teilexperimente. Analog zu Beispiel 3, S.125, ergibt sich $V(X) = 5 \cdot 1,25 = 6,25$.

24   a) $E(X) = 2,5$; $V(X) = 0,45$; $E(Y) = 0,4$; $V(Y) = 0,64$;
$E(X+Y) = 2,9$; $V(X+Y) = 1,09$.
b) Sei $Z := X+Y$. $V(Z) = 1,09$.

z_i	0	1	2	3	4	5
$P(Z=z_i)$	0,01	0,08	0,24	0,40	0,21	0,06

25   $V(X) \approx 29,17$

26   $V(X) = 5 \cdot 8,25 = 41,25$.

27   $V(X) = 2 \cdot \frac{6}{25} = 0,48$.

28   Man zerlegt das Zufallsexperiment in drei voneinander unabhängige Teilexperimente: Wurf mit 1Pfg.-Münze, Wurf mit 2Pfg.-Münze, Wurf mit 5Pfg.-Münze. Man berechnet den Erwartungswert und die Varianz jedes Teilexperiments. Damit:
$E(X) = 4$ (Pfg.); $V(X) = 0,25 + 1 + 6,25 = 7,5$.

29 Sei Y: Anzahl der gezogenen weißen Kugeln aus der Urne 1;
    Z: Anzahl der gezogenen weißen Kugeln aus der Urne 2.
    Y und Z sind voneinander unabhängig. $X = 4 - Y + Z$.
    $E(Y) = 0,4$; $V(Y) = 0,24$; $E(Z) = 0,3$; $V(Z) = 0,21$.
    $E(X) = 3,9$; $V(X) = 0,24 + 0,21 = 0,45$.

30 $E(X) = 1 + 1 + 0,9 = 2,9$; $V(X) = 49 + 49 + 80,19 = 160,19$;
    $\sigma_X \approx 12,66$.

31 Sei X_i: Auszahlung beim i.Wurf; i=1,2,3. Aufgrund des
    Auszahlungsplans ergibt sich $E(X_i) = 0,23$; $V(X_i) \approx 0,10$.
    Der Gewinn nach drei Würfen kann dann beschrieben werden durch
    die Zufallsvariable $Y = X_1+X_2+X_3-1$. Damit erhält man:
    $E(Y) = -0,31$; $V(Y) \approx 3 \cdot 0,10 = 0,30$; $\sigma_Y \approx 0,55$.

32 Durch Zerlegung in unabhängige Teilexperimente ergibt sich:
    a) $E(X) = 5$; $V(X) = 2,5$.
    b) $E(X) = \frac{20}{6}$; $V(X) = \frac{20 \cdot 101}{216} \approx 9,35$.

29 BERECHNUNG DES ERWARTUNGSWERTES UND DER VARIANZ DURCH ZERLEGUNG EINER ZUFALLSVARIABLEN

S.127 1 a) $P(X=0) = 0,8^3 = 0,512$; $P(X=1) = 3 \cdot 0,8^2 \cdot 0,2 = 0,384$;
          $P(X=2) = 3 \cdot 0,8 \cdot 0,2^2 = 0,096$; $P(X=3) = 0,2^3 = 0,008$; $E(X) = 0,6$.

       b) $X_i = \begin{cases} 1 & \text{falls im i.Wurf die Sechs fiel} \\ 0 & \text{sonst} \end{cases}$; $i = 1,2,3$.
          $X = X_1+X_2+X_3$;
       c) $E(X_i) = 0,2$, also $E(X) = 0,6$.

S.128 2 $E(X) = 1200 \cdot \frac{1}{20} = 60$; $V(X) = 1200 \cdot \frac{19}{400} = 57$; $\sigma_X \approx 7,55$.

       3 $E(X) = \frac{5}{3}$; $V(X) = \frac{25}{18}$; $\sigma_X \approx 1,18$.

       4 $E(X) = 9$; $V(X) = 4,95$; $\sigma_X \approx 2,22$.

       5 $E(X) = 5 \cdot 0,7 = 3,5$; $V(X) = 1,05$.

       6 $E(X) = n \cdot p$; $\sigma_X = \sqrt{n \cdot p \cdot (1-p)}$.

       7 $E(X) = 3 \cdot 0,514 = 1,542$; $V(X) \approx 0,7494$.

       8 Sei $X_i = \begin{cases} 1 & \text{falls im i.Feld eine Eckparzelle gewählt wurde} \\ 0 & \text{sonst} \end{cases}$
          $P(X_i=1) = \frac{1}{4}$; $P(X_i=0) = \frac{3}{4}$; $X = X_1+X_2+X_3+X_4+X_5$.
          $E(X) = \frac{5}{4}$; $V(X) = \frac{15}{16}$.

9   Wir numerieren die Spielzeuge von 1 bis 5. Für $1 \leq i \leq 5$ sei:

$$X_i := \begin{cases} 1 & \text{falls das Spielzeug Nr.i in einer der Packungen} \\ 0 & \text{sonst} \end{cases}$$

$X = X_1 + \ldots + X_5$. $P(X_i=1) = 1 - (\frac{4}{5})^{10} \approx 0,8926$.

Also $E(X) \approx 5 \cdot 0,8926 \approx 4,46$.

Für n Spielzeuge und m Packungen gilt: $E(X) = n \cdot [1 - (\frac{n-1}{n})^m]$.

S.129 10 $E(X) = 16,5$; $V(X) = 3 \cdot 8,25 = 24,75$; $\sigma_X \approx 4,97$.

11 a) Die Flaschen seien von 1 bis 10 numeriert. Die Wahrscheinlichkeit, daß ein bestimmter Junge die i.Flasche trifft, beträgt $\frac{p}{10}$. Für $1 \leq i \leq 10$ sei nun:

$$X_i := \begin{cases} 1 & \text{falls i.Flasche nicht getroffen wurde} \\ 0 & \text{sonst} \end{cases}$$

$X = X_1 + \ldots + X_{10}$. $P(X_i=1) = (1 - \frac{p}{10})^{10}$. Damit:

$E(X) = 10 \cdot (\frac{10-p}{10})^{10}$.

b)

p	0,1	0,2	0,3	0,4	0,5	0,6	0,7	0,8	0,9	1
E(X)	9,0	8,2	7,4	6,6	6,0	5,4	4,8	4,3	3,9	3,5

(E(X) auf 1 Dezimale gerundet)

12 a) $P(X=0) = \frac{9}{24}$; $P(X=1) = \frac{8}{24}$; $P(X=2) = \frac{6}{24}$; $P(X=3) = 0$ (!!);

$P(X=4) = \frac{1}{24}$. $E(X) = 1$.

b) $X_i := \begin{cases} 1 & \text{falls i.Photo richtig zugeordnet wurde} \\ 0 & \text{sonst} \end{cases}$; $1 \leq i \leq 4$.

$X = X_1 + \ldots + X_4$. $P(X_i=1) = \frac{1}{4}$; also $E(X) = 4 \cdot \frac{1}{4} = 1$.

13 $X_i := \begin{cases} 1 & \text{falls i.Brief im richtigen Umschlag} \\ 0 & \text{sonst} \end{cases}$; $1 \leq i \leq n$.

$X = X_1 + \ldots + X_n$. $P(X_i=1) = \frac{1}{n}$; $E(X) = n \cdot \frac{1}{n} = 1$.

14 $X_i := \begin{cases} 1 & \text{falls Feld i und (i+1) unterschiedliche Farbe haben} \\ 0 & \text{sonst} \end{cases}$

$P(X_i=1) = 2 \cdot p \cdot (1-p)$; $1 \leq i \leq 5$. $X = X_1 + \ldots + X_5$.

$E(X) = 5 \cdot 2 \cdot p \cdot (1-p) = 10 \cdot p \cdot (1-p)$.

15 $X_i := \begin{cases} 1 & \text{falls 1.Kugelpaar übrig bleibt} \\ 0 & \text{sonst} \end{cases}$; $1 \leq i \leq n$.

$X = X_1 + \ldots + X_n$. $P(X_i=1) = \binom{2n-2}{m} : \binom{2n}{m} = \frac{(2n-m) \cdot (2n-m-1)}{2n \cdot (2n-1)}$.

$E(X) = \frac{(2n-m) \cdot (2n-m-1)}{2 \cdot (2n-1)}$.

16 a) $X_i := \begin{cases} 1, \text{ falls i.Energiezustand unbesetzt ist} \\ 0, \text{ sonst} \end{cases}$; $1 \leq i \leq 5$.

$X = X_1 + \ldots + X_5$. $P(X_i=1) = (\frac{4}{5})^3 = 0,512$.

$E(X) = 5 \cdot 0,512 = 2,56$.

b) $Y_i := \begin{cases} 1 \text{ falls i.Zustand genau einmal besetzt ist} \\ 0 \text{ sonst} \end{cases}$; $1 \leq i \leq 5$.

$Y = Y_1 + \ldots + Y_5$. $P(Y_i=1) = 3 \cdot (\frac{1}{5}) \cdot (\frac{4}{5})^2 = 0,384$.

$E(Y) = 5 \cdot 0,384 = 1,92$.

c) X_i sei wie unter a) definiert; $1 \leq i \leq m$.

$X = X_1 + \ldots + X_m$. $P(X_i=1) = (\frac{m-1}{m})^n$. $E(X) = m \cdot (\frac{m-1}{m})^n$.

17 a) $P(X_1=1) = \frac{3}{5}$, also $E(X_1) = \frac{3}{5}$.

$P(X_2=1) = P(sw) + P(ww) = \frac{2}{5} \cdot \frac{3}{4} + \frac{3}{5} \cdot \frac{2}{4} = \frac{3}{5}$.

b) $X = X_1 + X_2$. $E(X) = \frac{6}{5}$.

c) $V(X_1) = V(X_2) = 0,24$; $\sigma_{X_1} \cdot \sigma_{X_2} = 0,24$.

$P(X \cdot Y=1) = P(ww) = \frac{3}{5} \cdot \frac{2}{4} = 0,3$ ($= E(X)$). Mit (**), S.125 des Lehrbuchs, erhält man:

$V(X) = 0,24 + 0,24 + 2 \cdot (0,3 - 0,24) = 0,6$.

d) $X_i := \begin{cases} 1 \text{ falls die i.Karte ein As ist} \\ 0 \text{ sonst} \end{cases}$; $1 \leq i \leq 5$.

$X = X_1 + \ldots + X_5$. $P(X_i=1) = \frac{1}{8}$. $E(X) = 5 \cdot \frac{1}{8} = 0,625$.

30 VERMISCHTE AUFGABEN

1 X kann die Werte: 17; 17,5; 18; 18,5; 19; 19,5 annehmen.

2

e_i	WWWW	WWWZ	WWZW	WZWW	ZWWW	WWZZ	WZZW	ZZWW	WZWZ	ZWWZ	ZWZW
X_i	0	1	2	2	1	1	2	1	3	2	3

e_i	ZZZZ	ZZZW	ZZWZ	ZWZZ	WZZZ
X_i	0	1	2	2	1

$(X=2) = \{$ WWZW; WZWW; WZZW; ZWWZ; ZZWZ; ZWZZ $\}$

3 $P(X=1) = \frac{2}{3}$; $P(X=2) = \frac{1}{3}$.

4 Man ermittelt zuerst alle Ergebnisse und die Werte der Zufallsvariablen X, Y und Z. Durch Abzählen erhält man:

x_i \ y_j	-3	-2	-1	1	2	3	$P(X=x_i)$
0	$\frac{2}{24}$	$\frac{2}{24}$	$\frac{1}{24}$	$\frac{2}{24}$	0	$\frac{2}{24}$	$\frac{9}{24}$
1	0	$\frac{2}{24}$	$\frac{2}{24}$	$\frac{2}{24}$	$\frac{2}{24}$	0	$\frac{8}{24}$
2	0	0	$\frac{3}{24}$	$\frac{1}{24}$	$\frac{2}{24}$	0	$\frac{6}{24}$
4	0	0	0	$\frac{1}{24}$	0	0	$\frac{1}{24}$
$P(Y=y_j)$	$\frac{2}{24}$	$\frac{4}{24}$	$\frac{6}{24}$	$\frac{6}{24}$	$\frac{4}{24}$	$\frac{2}{24}$	

x_i \ z_k	-1	1	$P(X=x_i)$
0	$\frac{7}{24}$	$\frac{2}{24}$	$\frac{9}{24}$
1	$\frac{4}{24}$	$\frac{4}{24}$	$\frac{8}{24}$
2	$\frac{1}{24}$	$\frac{5}{24}$	$\frac{6}{24}$
4	0	$\frac{1}{24}$	$\frac{1}{24}$
$P(Z=z_k)$	$\frac{12}{24}$	$\frac{12}{24}$	

y_j \ z_k	-1	1	$P(Y=y_i)$
-3	$\frac{1}{24}$	$\frac{1}{24}$	$\frac{2}{24}$
-2	$\frac{2}{24}$	$\frac{2}{24}$	$\frac{4}{24}$
-1	$\frac{3}{24}$	$\frac{3}{24}$	$\frac{6}{24}$
1	$\frac{3}{24}$	$\frac{3}{24}$	$\frac{6}{24}$
2	$\frac{2}{24}$	$\frac{2}{24}$	$\frac{4}{24}$
3	$\frac{1}{24}$	$\frac{1}{24}$	$\frac{2}{24}$
$P(Y=y_j)$	$\frac{1}{2}$	$\frac{1}{2}$	

X und Y sind abhängig; X und Z sind ebenfalls abhängig; Y und Z sind unabhängig.

5 a) $P(X=0) = \frac{1}{6}$; $P(X=1) = \frac{1}{2}$; $P(X=2) = \frac{1}{3}$.

   b) $\mu_X = \frac{7}{6}$; $\sigma_X^2 = \frac{17}{36}$; $\sigma_X \approx 0{,}69$.

6 $P(Y=0) = \frac{1}{24}$; $P(Y=1) = \frac{1}{4}$; $P(Y=2) = \frac{11}{24}$; $P(Y=3) = \frac{1}{4}$.

   $E(Y) = \frac{23}{12} \approx 1{,}92$; $V(Y) = \frac{95}{144} \approx 0{,}66$.

7   a) Es gibt 1001 Lose. Alle Losnummern sind gleichwahrscheinlich. $P(X = 50\text{ DM}) = \frac{4}{1001}$; $P(X = 10\text{ DM}) = \frac{40}{1001}$;

$P(X = 2\text{ DM}) = \frac{300}{1001}$; $P(X = 0\text{ DM}) = \frac{657}{1001}$.

b) $E(X) = \frac{1200}{1001} \approx 1{,}20$; will die Wohltätigkeitsveranstaltung einen Gewinn machen, muß sie das Los zu einem Preis von mehr als DM 1,20 verkaufen.

8   Sei X: Auszahlung pro Spiel; (in Pfennig).

$E(X) = \frac{8171}{200} \approx 41$. Auf lange Sicht verliert man ca. 9 Pf (50Pf Einsatz - 41Pf Auszahlung) pro Spiel. Das Spiel lohnt sich für den Spielenden auf lange Sicht also nicht.

S.131 9 $\mu_X = 29{,}5$; $\sigma_X^2 = 1{,}15$; $\sigma_X \approx 1{,}07$; b) 0,05 .

10 X: Auszahlung in DM. $E(X) = 0{,}275$. Der Mindesteinsatz muß also 28 Pfennige betragen, damit der Glücksradbesitzer keinen Verlust macht.

11 a) X bzw. Y zählen die Anzahl der Tests nach Verfahren I bzw. II. Man notiert alle 4 möglichen Fälle für das Auftreten genau eines defekten Teils und berechnet jeweils die Kosten nach beiden Testverfahren. X kann die Werte 1, 2, 3 annehmen; Y nimmt nur den Wert 2 an. Es ergibt sich:

$E(X) = \frac{9}{4}$; $E(Y) = 2$. Das Verfahren II benötigt auf lange Sicht weniger Tests.

b) KX bzw. KY geben die Kosten für die Tests nach Verfahren I bzw. II an. Man erhält: $E(KX) \approx 28{,}69$ DM ; $E(KY) = 27{,}55$ DM. Auch aufgrund der Kosten ist das Verfahren II günstiger.

c) Bei Verfahren II gibt es im Fall von zwei defekten Teilen, zwei Möglichkeiten der Prüfung:
(1) Man testet den ersten Zweierblock. Ist dieser defekt, wird innerhalb dieses Zweierblocks einzeln getestet.
(2) Man testet hintereinander die Zweierblöcke zuerst. In den defekten Blöcken wird ggf.weiter einzeln getestet.
Mit den Bezeichnungen von a) und b) ergibt sich:

$E(X) = \frac{16}{6}$; $E(Y) = \frac{20}{6}$ nach (1) bzw. $E(Y) = \frac{19}{6}$ nach (2).

Das Verfahren I ist unter Berücksichtigung der Tests dem Verfahren II vorzuziehen.
$E(KX) = 34$ DM ; $E(KY) = 44{,}55$ DM nach (1) bzw.
$E(Y) = 44{,}13$ DM nach (2). Auch aufgrund der Kosten ist das Verfahren I günstiger.

12 $E(X) = \frac{38}{15}$; $V(X) = \frac{56}{225} \approx 0{,}25$.

13 X, Y, Z geben die Einnahmen nach Vorschlag I, II, III an. Es ergibt sich: $E(X) = 5$ DM; $E(Y) \approx 4{,}79$ DM; $E(Z) = 5{,}14$ DM. Die Gebührenordnung nach Vorschlag III ist für den Fährbesitzer am vorteilhaftesten.

14 a)

x_i \ y_j	0	2	4	$P(X=x_i)$
1	$\frac{3}{16}$	$\frac{4}{16}$	$\frac{1}{16}$	$\frac{1}{2}$
0	$\frac{3}{16}$	$\frac{4}{16}$	$\frac{1}{16}$	$\frac{1}{2}$
$P(Y=y_j)$	$\frac{3}{8}$	$\frac{1}{2}$	$\frac{1}{8}$	

X und Y sind unabhängig.

b) $Z = X + Y$:

$P(Z=0) = \frac{3}{16}$; $P(Z=1) = \frac{3}{16}$; $P(Z=2) = \frac{4}{16}$; $P(Z=3) = \frac{3}{16}$;

$P(Z=4) = \frac{1}{16}$; $P(Z=5) = \frac{1}{16}$.

$W = X \cdot Y$:

$P(W=0) = \frac{11}{16}$; $P(W=2) = \frac{4}{16}$; $P(W=4) = \frac{1}{16}$.

c) $E(X+Y) = E(X) + E(Y) = 0,5 + 1,75 = 2$.

$E(Z) = \frac{1}{16} \cdot 32 = 2$.

$V(X+Y) = V(X) + V(Y) = 0,25 + 1,75 = 2$.

$V(Z) = (0-2)^2 \cdot \frac{3}{16} + \ldots + (5-2)^2 \cdot \frac{1}{16} = 2$.

S.132 15 $V(X) = \sum_{i=1}^{n} (x_i - \mu_X)^2 \cdot P(X=x_i)$

$= \sum_{i=1}^{n} [(x_i - a) + (a - \mu_X)]^2 \cdot P(X=x_i)$

$= \sum_{i=1}^{n} (x_i-a)^2 \cdot P(X=x_i) + 2 \cdot \sum_{i=1}^{n} (x_i-a)(a-\mu_X) \cdot P(X=x_i)$
$\quad + \sum_{i=1}^{n} (a-\mu_X)^2 \cdot P(X=x_i)$

$= \sum_{i=1}^{n} (x_i-a)^2 \cdot P(X=x_i) + 2 \cdot (a-\mu_X) \cdot \sum_{i=1}^{n} (x_i-a) \cdot P(X=x_i)$
$\quad + (a-\mu_X)^2$

$= \sum_{i=1}^{n} (x_i-a)^2 \cdot P(X=x_i) + 2 \cdot (a-\mu_X) \cdot (\mu_X-a) + (a-\mu_X)^2$

$= \sum_{i=1}^{n} (x_i-a)^2 \cdot P(X=x_i) - 2 \cdot (a-\mu_X) \cdot (a-\mu_X) + (a-\mu_X)^2$

$= \sum_{i=1}^{n} (x_i-a)^2 \cdot P(X=x_i) - (a-\mu_X)^2$.

(Druckfehler im Schülerbuch Auflage [1] !)

b) $\mu_X = 5,4$.

$V(X) = (1-5)^2 \cdot 0,1 + \ldots + (10-5)^2 \cdot 0,05 - (5,4 - 5)^2 = 7,44$.

16 $z = 6$

17 $X_i := \begin{cases} 1 & \text{falls bei der i.Urne eine weiße Kugel gezogen wird} \\ 0 & \text{sonst} \end{cases}$

$X = X_1 + \ldots + X_{10}$. Die Zufallsvariablen X_i sind voneinander unabhängig; daher $E(X) = E(X_1) + \ldots + E(X_{10})$ und

$V(X) = V(X_1) + \ldots + V(X_{10})$.

$E(X_i) = \frac{i}{i+1}$; $V(X_i) = \frac{i}{(i+1)^2}$. $E(X) \approx 7{,}98$; $V(X) \approx 1{,}57$.

18 $X_i := \begin{cases} 1 & \text{falls sich bei der i.Ziehung ein Rencontre ergibt} \\ 0 & \text{sonst} \end{cases}$

$E(X_i) = \frac{1}{n}$, für $1 \leq i \leq n$. $X = X_1 + \ldots + X_n$.

$E(X) = n \cdot \frac{1}{n} = 1$. Unabhängig von der Kartenzahl ist der Erwartungswert immer 1. (Das Treize-Spiel ist somit für die Bank günstig.)

19 a) Beginnend mit der ersten Zeile ergibt sich:
$h(X=1) = 0$; $h(X=2) = 0{,}02$; $h(X=3) = 0{,}12$; $h(X=4) = 0{,}48$; $h(X=5) = 0{,}38$.

b) $\bar{h}(X) = 4{,}22$

c) $E(X) = 10 \cdot (1 - (\frac{9}{10})^5) \approx 4{,}10$

20 a) $E(\bar{X}) = \mu$; $\sigma_{\bar{X}} = \frac{1}{\sqrt{n}} \cdot \sigma$.

b) $X_i :=$ Wert der i.Ziffer, $1 \leq i \leq 5$.

$\bar{X}$ gibt den Durchschnittswert der Ziffernsumme von Fünferblöcken an.

Es ist $E(X_i) = E(\bar{X}) = 4{,}5$.

Aufgrund der ersten 30 Fünferblöcke (Beginn 1.Zeile) ergibt sich: $h(\bar{X}) \approx 4{,}06$.

21 $E(Z) = a \cdot \mu_X + b \cdot \mu_Y$; $V(Z) = a^2 \cdot \sigma_X^2 + b^2 \cdot \sigma_Y^2$.

22 Man vergleiche mit Aufgabe 14, S.129 des Lehrbuchs.

a) $E(X) = (n-1) \cdot 2 \cdot p \cdot (p-1)$; $V(X) = (n-1) \cdot 2 \cdot p \cdot (1-p) \cdot (1-2p+2p^2)$

b) $E(Y) = E(X) + 1$.

V SPEZIELLE WAHRSCHEINLICHKEITS-VERTEILUNGEN

(In diesem und den folgenden Kapitel runden wir die Wahrscheinlichkeiten auf 4 Dezimalen. Wir verwenden auch dafür das Gleichheitszeichen.)

31 BINOMIALVERTEILUNGEN

31.1 Ziehen mit Zurücklegen. Formel von Bernoulli

S.133 1 Einzelexperiment: $X := \begin{cases} 1 & \text{falls Kugel rot} \\ 0 & \text{sonst} \end{cases}$;

Gesamtexperiment: Y: Anzahl der roten Kugeln;

$P(Y=2) = \binom{5}{2} \cdot 0{,}3^2 \cdot 0{,}7^3 = 0{,}3087 \approx 31\%$.

S.135 2 $P(X \leq 8) = 1 - P(X \geq 9) = 1 - P(X=9) - P(X=10) = 0{,}6242 \approx 62\%$.

3 Ziehen mit Zurücklegen: $P(X=2) = 0{,}3456 \approx 35\%$;
$P(X=3) = 0{,}1536 \approx 15\%$.

( ): Ziehen ohne Zurücklegen: $P(X=2) \approx 43\%$;
$P(X=3) \approx 11\%$.

4 a) Bernoulli-Kette der Länge 10.
b) Streng genommen handelt es sich nicht um eine Bernoulli-Kette. Näherungsweise kann das Zufallsexperiment jedoch als Bernoulli-Kette der Länge 5 aufgefaßt werden: Man geht dabei davon aus, daß es sich um eine große Grundgesamtheit handelt, und die Wahrscheinlichkeit, daß eine Birne die Mindestbrenndauer erfüllt, bei allen Birnen gleich ist.

c) Bernoulli-Kette der Länge 8. p ist die Wahrscheinlichkeit, Blutgruppe A zu besitzen.

d) Bernoulli-Kette der Länge 10: Statt 10 Münzen gleichzeitig zu werfen, kann eine Münze auch 10mal geworfen werden.

e) Bernoulli-Kette der Länge 10. p kann z.B. die Wahrscheinlichkeit für Wappen sein. Da die Münze verbeult ist, kann man davon ausgehen, daß p ≠ 0,5.

f) Keine Bernoulli-Kette: Man kann davon ausgehen, daß die Münzen unterschiedlich verbeult sind. In diesem Fall kann dieses Zufallsexperiment nicht wie unter e) ersetzt werden.

5 a) $n=4$; $p=\frac{1}{6}$ b) $n=8$; $p=\frac{1}{4}$ c) $n=5$; $p=0{,}1$
d) $n=10$; $p=0{,}05$ e) $n=10$; $p=0{,}025$.

6 X: Anzahl der Sechsen. $n=4$; $p=\frac{1}{6}$.
$P(X=2) = 0{,}1157 \approx 12\%$;
$P(X \leq 2) = P(X=0) + P(X=1) + P(X=2) = 0{,}9838 \approx 98\%$,
$P(X \geq 1) = 1 - P(X=0) = 0{,}5178 \approx 52\%$.

V-31 SEITE 135-136

7   X: Anzahl der Patienten mit Besserung nach Einnahme des
    Medikaments. n=6 ; p=0,7.
    P(X≥3) = 0,9294 . Mit etwa 93% Wahrscheinlichkeit bessert
    sich der Zustand nach Einnahme des Medikaments bei mehr als
    der Hälfte der Patienten.

S.136 8   X: Anzahl der Wappen. n=10 ; $p=\frac{1}{2}$.
    P(X≤3) = 0,1719 ; ( ): P(X≥5) = 0,6230 ; P(X>8) = 0,0107 .

9   X: Anzahl der schwarzen Kugeln. n=5 ; $p=\frac{3}{7}$.

    Mit Zurücklegen: P(X=3) = 0,257 ;
                        P(X=4) = 0,094 ;
                        P(X=5) = 0,014 .
    Ohne Zurücklegen: P(X=3) = 0,2797 ;
                        P(X=4) = 0,0599 ;
                        P(X=5) = 0,003 .

10 X: Anzahl der schadhaften Stücke in einem Paket. n=15; p=0,02
    P(X>2) = 0,003. Etwa 0,3% der ausgelieferten Pakete müssen
    als unberechnet kalkuliert werden.

11 X: Anzahl der Ausschußstücke. n=4 ; p=0,05.
    P(X=0) = 0,815 .
    ( ): n=10 ; p=0,05 . P(X=0) = 0,5987 .

12 n=6 ; p=0,02. 0,1142

13 n=10 ; $p=\frac{1}{3}$. P(X=5) = 0,1366 ; ( ): P(X>5) = 0,0766 .

14 a) X: Anzahl der angebrochenen Eier in einer Schachtel.
    n = 12 ; $p = \frac{1}{12}$. P(X=0) = 0,3520 ≈ 35% .
    b) P(X≥2) = 0,2640 ≈ 26% .
    c) Y: Anzahl der Schachteln mit nur einwandfreien Eiern.
    n = 10 ; $p = (\frac{11}{12})^{12}$ ≈ 0,352 . P(Y=2) = 0,1733 ≈ 17% .

15 a) X: Anzahl der Ablenkungen nach rechts.
    Eine Kugel fällt ins Fach Nr.i, wenn sie i-mal nach rechts
    und (4-i)mal nach links abgelenkt wird.
    $P(X=0) = \binom{4}{0} \cdot (\frac{1}{2})^0 \cdot (\frac{1}{2})^4 = 0,0625$; $P(X=1) = \binom{4}{1} \cdot (\frac{1}{2})^1 \cdot (\frac{1}{2})^3 = 0,25$;
    P(X=2) = 0,375 ; P(X=3) = 0,25 ; P(X=4) = 0,0625 .

    b) Das Galton-Brett kann zur Veranschaulichung eines
    Bernoulli-Experiments herangezogen werden: Das Auftreffen
    einer Kugel auf einen Nagel stellt ein Bernoulli-Experiment
    mit den Ergebnissen: "Ablenkung nach rechts; Ablenkung nach
    links" dar. Ist das Brett ideal, so beträgt die Wahrschein-
    lichkeit für beide Ablenkungen jeweils 0,5 (es gibt auch
    "schiefe" Bretter, mit denen jede Wahrscheinlichkeit simuliert
    werden kann).
    Das Durchlaufen einer Kugel durch ein n-reihiges Galton-
    Brett kann als n-malige Durchführung eines Bernoulli-
    Experiments, also als eine Bernoulli-Kette der Länge n,
    angesehen werden. Entspricht "Treffer" z.B. einer Ablenkung
    nach rechts, so fällt die Kugel ins Fach Nr.i, falls sie
    i-mal nach rechts und (n-i)mal nach links abgelenkt wurde.

Bei den berechneten Wahrscheinlichkeiten im Falle n = 4 fällt auf, daß diese sich symmetrisch zu P(X=2) verteilen: Wegen $\binom{n}{k} = \binom{n}{n-k}$ liegen die Wahrscheinlichkeiten bei einer binomialverteilten Zufallsvariablen (vgl. Abschnitt 31.2) mit p = 0,5 symmetrisch zu $\frac{n}{2}$.

16 a) 0,0625   b) 0,0158   c) 0,0625   d) 0,0058   e) 0,0313
    f) 0,0154

17 X: Anzahl der Treffer.

$P(A) = P(X \geq 2) = 1 - [P(X=0) + P(X=1)] =$

$1 - [(\frac{1}{2})^n + n \cdot (\frac{1}{2})^1 \cdot (\frac{1}{2})^{n-1}] = 1 - \frac{n+1}{2^n}$.

n	2	3	4	5	6	7	8	9 ... *)
$P(X \geq 2)$	0,25	0,5	0,69	0,81	0,89	0,94	0,97	0,98 ...

Der Tabelle entnimmt man: Für die Mindestlänge n gilt: n≥7.

*) Die Folge $a_n = (\frac{n+1}{2^n})$ ist streng monoton abnehmend:

$\frac{a_{n+1}}{a_n} = \frac{(n+2)2^n}{(n+1)2^{n+1}} = \frac{1}{2} + \frac{1}{2(n+1)} < \frac{1}{2} + \frac{1}{2} = 1$.

31.2 Definition einer binomialverteilten Zufallsvariablen

S.137 18 Es gilt: $P(X=k) = \binom{5}{k} \cdot 0,6^k \cdot 0,4^{5-k}$. Damit erhält man:
P(X=0) = 0,0102 ; P(X=1) = 0,0769 ; P(X=2) = 0,2304;
P(X=4) = 0,2592 ; P(X=5) = 0,0778 (auf 4 Dezimalen).

S.138 19 Alle Wahrscheinlichkeiten sind auf 4 Dezimalen gerundet.
a) n = 4 ; p = 0,25.

k	0	1	2	3	4
$B_{n;p}(k)$	0,3164	0,4219	0,2109	0,0469	0,0039

b) n = 6 , p = 0,45.

k	0	1	2	3	4	5	6
$B_{n;p}(k)$	0,0277	0,1359	0,2780	0,3032	0,1861	0,0609	0,0083

c) n = 8 ; p = $\frac{3}{8}$.

k	0	1	2	3	4	5	6
$B_{n;p}(k)$	0,0233	0,1118	0,2347	0,2816	0,2112	0,1014	0,0304

k	7	8
$B_{n;p}(k)$	0,0052	0,0004

d) $n = 10$; $p = \frac{5}{7}$

k	0	1	2	3	4	5	6
$B_{n;p}(k)$	0,0000	0,0001	0,0010	0,0068	0,0297	0,0892	0,1859

k	7	8	9	10
$B_{n;p}(k)$	0,2655	0,2489	0,1383	0,0346

Die Stabdiagramme ergeben sich aufgrund der tabellierten Wahrscheinlichkeitsverteilungen.

20

k	0	1	2	3	4	5	6
$B_{6;1/7}(k)$	0,3966	0,3966	0,1652	0,0367	0,0046	0,0003	0
$B_{6;2/7}(k)$	0,1328	0,3187	0,3187	0,1700	0,0510	0,0082	0,0005
$B_{6;3/7}(k)$	0,0348	0,1567	0,2938	0,2938	0,1652	0,0496	0,0062
$B_{6;4/7}(k)$	0,0062	0,0496	0,1652	0,2938	0,2938	0,1567	0,0348
$B_{6;5/7}(k)$	0,0005	0,0082	0,0510	0,1700	0,3187	0,3187	0,1328
$B_{6;6/7}(k)$	0	0,0003	0,0046	0,0367	0,1652	0,3966	0,3966

Die Stabdiagramme ergeben sich aufgrund der tabellierten Wahrscheinlichkeiten.

21 $n = 25$; $p = \frac{1}{6}$; $\mu_X = \frac{25}{6} \approx 4,17$; $\sigma_X \approx 1,86$.
$P(\,|\,X - \mu_X\,|\,\leq \sigma_X\,) = P(\,3 \leq X \leq 6\,) = 0,7021$.

S.139 22 a) $n = 5$; $p = 0,35$

k	0	1	2	3	4	5
$B_{n;p}(k)$	0,1160	0,3124	0,3364	0,1811	0,0488	0,0053

b) $n = 6$; $p = \frac{1}{12}$

k	0	1	2	3	4	5	6
$B_{n;p}(k)$	0,5933	0,3236	0,0735	0,0089	0,0006	0	0

c) $n = 7$; $p = \frac{5}{8}$

k	0	1	2	3	4
$B_{n;p}(k)$	0,0010	0,0122	0,0608	0,1690	0,2816

k	5	6	7
$B_{n;p}(k)$	0,2816	0,1565	0,0373

d) $n = 8$; $p = \frac{7}{9}$

k	0	1	2	3	4
$B_{n;p}(k)$	0	0,0002	0,0020	0,0143	0,0626

k	5	6	7	8
$B_{n;p}(k)$	0,1749	0,3061	0,3061	0,1339

23

k	0	1	2	3	4
$B_{8;1/9}(k)$	0,3897	0,3897	0,1705	0,0426	0,0067
$B_{8;2/9}(k)$	0,1339	0,3061	0,3061	0,1749	0,0625
$B_{8;3/9}(k)$	0,0390	0,1561	0,2731	0,2731	0,1707
$B_{8;4/9}(k)$	0,0091	0,0581	0,1626	0,2602	0,2602
$B_{8;5/9}(k)$	0,0015	0,0152	0,0666	0,1665	0,2602
$B_{8;6/9}(k)$	0,0002	0,0024	0,0171	0,0683	0,1707
$B_{8;7/9}(k)$	0	0,0002	0,0020	0,0143	0,0625
$B_{8;8/9}(k)$	0	0	0	0,0007	0,0067

k	5	6	7	8
$B_{8;1/9}(k)$	0,0007	0	0	0
$B_{8;2/9}(k)$	0,0143	0,0020	0,0002	0
$B_{8;3/9}(k)$	0,0683	0,0171	0,0024	0,0002
$B_{8;4/9}(k)$	0,1665	0,0666	0,0152	0,0015
$B_{8;5/9}(k)$	0,2602	0,1626	0,0581	0,0091
$B_{8;6/9}(k)$	0,2731	0,2731	0,1561	0,0390
$B_{8;7/9}(k)$	0,1749	0,3061	0,3061	0,1339
$B_{8;8/9}(k)$	0,0426	0,1705	0,3897	0,3897

24   n = 5 ; p = 0,75

k	0	1	2	3	4	5
$B_{n;p}(k)$	0,0010	0,0146	0,0879	0,2637	0,3955	0,2373

25   n = 7 ; p = 0,05 . P(X≤2) = 0,9962 .

26   a) n = 10 ; p = 0,08 . P(X≥6) = $4,15 \cdot 10^{-5}$ (auf 7 Dezimalen).

27   a) Zur Wahrscheinlichkeitsverteilung von X:
Vgl. z.B. Aufgabe 9, Abschnitt 28, S.122 des Lehrbuchs, oder siehe Beispiel 4, Abschnitt 4, S.26 des Lehrbuchs. X ist nicht binomialverteilt.

b) Y ist $B_{5;0,4}$-verteilt.

c) Z = $\frac{1}{5}$·Y. Z ist nicht binomialverteilt, da Z auch nicht-natürliche Zahlen als Werte annimmt.

28   X: Anzahl der Fünfen oder Sechsen. X ist $B_{12;1/3}$-verteilt.

k	0	1	2	3	4
$B_{12;1/3}(k)$	0,0077	0,0462	0,1272	0,2120	0,2384
$26306 \cdot B_{12;1/3}(k)$	203	1215	3346	5577	6271

k	5	6	7	8	9
$B_{12;1/3}(k)$	0,1908	0,1113	0,0477	0,0149	0,0033
$26306 \cdot B_{12;1/3}(k)$	5019	2928	1255	392	87

100

k	10	11	12
$B_{12;1/3}(k)$	0,0005	0	0
$26306 \cdot B_{12;1/3}(k)$	13	0	0

Bei der hohen Zahl der Würfe müßte die Übereinstimmung von $26306 \cdot B_{12;1/3}(k)$ mit n_k besser sein. Die Würfel scheinen also nicht ideal gewesen zu sein.

29 X: Anzahl der unbrauchbaren Stücke in der Stichprobe.
X ist im ungünstigsten Fall $B_{50;0,01}$-verteilt. Man erhält damit $P(X \leq 0) = 0,6050$; $P(X \leq 1) = 0,9106$; $P(X \leq 2) = 0,9862$; $P(X \leq 3) = 0,9984$; $P(X \leq 4) = 0,9998$; $P(X \leq 5) = 0,9999$.
Ein Prüfplan könnte lauten: Bei mehr als 2 defekten Stücken wird die Lieferung abgelehnt, bei höchstens zwei defekten Stücken wird die Lieferung angenommen.
Die Wahrscheinlichkeit die Lieferung abzulehnen, obwohl nur 1% der Ware unbrauchbar ist beträgt $1-P(X \leq 2) = 0,0138$, also weniger als 2% (Irrtumswahrscheinlichkeit).

30 a) $\mu_X = 720$; $\sigma_X^2 = 288$; $\sigma_X = 16,97$;

b) $\mu_X = 133,4$; $\sigma_X^2 = 106,72$; $\sigma_X = 10,33$;

c) $\mu_X = 159,25$; $\sigma_X^2 = 14,33$; $\sigma_X = 3,79$;

d) $\mu_X = 13992$; $\sigma_X^2 = 6576,24$; $\sigma_X = 81$;

e) $\mu_X = 80$; $\sigma_X^2 = 73,6$; $\sigma_X = 8,58$;

f) $\mu_X = 81$; $\sigma_X^2 = 20,25$; $\sigma_X = 4,5$;

g) $\mu_X = 5$; $\sigma_X^2 = 4,95$; $\sigma_X = 2,22$;

h) $\mu_X = 14$; $\sigma_X^2 = 4,2$; $\sigma_X = 2,05$.

31 Aus $\mu = n \cdot p$ und $\sigma^2 = n \cdot p \cdot (1-p)$ ergibt sich:

$p = 1 - \frac{\sigma^2}{\mu}$ und $n = \frac{\mu}{p}$.

a) $p = 0,2$; $n = 100$; b) $p = \frac{1}{3}$; $n = 10$; c) $p = 0,25$; $n = 300$; d) $p = \frac{1}{6}$; $n = 2000$; e) $p = 0,4$; $n = 1000$; f) $p = \frac{1}{4}$; $n = 240$; g) $p = \frac{1}{4}$; $n = 500$; h) $p = 0,2$; $n = 8$.

32 $\mu = 1,5$; $\sigma = 1,19$.
a) k=1 : $1 \leq X \leq 2$; k=2 : $0 < X < 3$; k=3 : $0 \leq X \leq 5$.
b) k=1 : $p = 0,5975$; k=2 : $p = 0,9392$; k=3 : $p = 0,9967$ (vgl. Lehrbuch S.114, Satz 2).

33 X ist $B_{25;0,25}$-verteilt. $E(X) = 6,25$; $\sigma = 2,17$.
a) $P(|X-25| \leq 2 \cdot \sigma) = P(2 \leq X \leq 10) = 0,9633$.
b) k = 2 .

34 X ist $B_{100;0,05}$-verteilt. a) $\mu = 5$; $\sigma = 2,18$; b) 0,7537.

35 a) X ist $B_{220\cdot630;1/15}$-verteilt ; $E(X) = 9240$.
    b) X ist $B_{30;1/15}$-verteilt ; $P(X \leq 1) = 0,3967 \approx 40\%$.

36 a) $\bar{k} = 1,86$ b) $\mu = 4 \cdot p^* = 1,86$ ergibt $p^* \approx 0,47$.

    c)

k	0	1	2	3	4
h(k)	0,07	0,32	0,33	0,24	0,04
$B_{4;p^*}(k)$	0,08	0,28	0,37	0,22	0,05

    Die Übereinstimmung ist recht gut.

37 a)

n	10	20
μ	4	8
σ	1,55	2,19
$3 \cdot \sigma$	4,65	6,57
$3 \cdot \sigma$-Intervall	[-0,35; 8,65]	[1,43; 14,57]
x-Werte im 3σ-Intervall	0; 1; ... ;8	2; 3; ... ;14

    b) Für die linke Grenze muß gelten: $\mu \geq 3 \cdot \sigma$; also $n \geq 14$.
    Für die rechte Grenze muß gelten: $\mu + 3 \cdot \sigma \leq n$; also $n \geq 6$.
    Da beide Bedingungen erfüllt sein müssen, folgt: $n \geq 14$.

38 Wir betrachten die Varianz V einer $B_{n;p}$-verteilten
    Zufallsvariablen in Abhängigkeit von p :
    $V(p) = n \cdot p \cdot (1 - p) = n \cdot p - p^2$.
    $V'(p) = n - 2 \cdot n \cdot p$; $V''(p) = -2 \cdot n$.
    Aus $V'(p) = 0$ folgt $p = 0,5$. Da $V''(p) < 0$ für alle p, ist p
    = 0,5 ein Maximum.

39 a) $B_{n;p}(k) = \binom{n}{k} \cdot p^k \cdot (1-p)^{n-k}$; $B_{n;p}(k+1) = \binom{n}{k+1} \cdot p^{k+1} \cdot p^{n-k-1}$.

    $B_{n;p}(k+1) : B_{n;p}(k) = \frac{n-k}{k+1} \cdot \frac{p}{1-p}$.

    b) $B_{30;0,04}(0) = 0,96^{30} = 0,29386$.

    c) $B_{30;0,04}(1) = \frac{30-0}{1} \cdot \frac{0,04}{0,96} \cdot 0,29386 = 0,36733$.

    $B_{30;0,04}(2) = \frac{30-1}{2} \cdot \frac{0,04}{0,96} \cdot 0,36733 = 0,22193$

    $B_{30;0,04}(3) = \frac{30-2}{3} \cdot \frac{0,04}{0,96} \cdot 0,22193 = 0,08631$.

    Die Werte stimmen auf 4 Dezimalen mit dem exakten Wert
    überein.

40 X ist $B_{500;1/365}$-verteilt.
    $P(X \geq 2) = 1 - [P(X=0) + P(X=1)] = 0,3978$.

41 Für k^* gelten die Ungleichungen:
    $B_{n;p}(k^*) \geq B_{n;p}(k^*-1)$ und $B_{n;p}(k^*) \geq B_{n;p}(k^*+1)$. Mit Hilfe
    der Rekursionsformel aus Aufgabe 39 ergibt sich:
    $\frac{n - k^* + 1}{k^*} \cdot \frac{p}{1 - p} \geq 1$ und $\frac{n - k^*}{k^* + 1} \cdot \frac{p}{1 - p} \leq 1$.
    Daraus erhält man:
    $(n + 1) \cdot p \geq k^*$ und $(n + 1) \cdot p - 1 \leq k^*$, d.h.
    $(n + 1) \cdot p - 1 \leq k^* \leq (n + 1) \cdot p$
    Die rechte Seite der Ungleichung ist um Eins größer als die
    linke. Zwischen beiden Zahlen kann nur genau eine ganze Zahl
    liegen. Ist $(n+1) \cdot p$ ganzzahlig, so ist es auch $(n+1) \cdot p - 1$.
    Da auch die Umkehrung der Behauptung gilt, gibt es in diesem
    Fall genau zwei Stellen, an denen die Binomialverteilung ihr
    Maximum annimmt.
    b) $n = 15$ und $p = \frac{1}{6}$. Aus a) ergibt sich: $1,67 \leq k^* \leq 2,67$.
    Also $k^* = 2$.
    ( ): $n = 17$ und $p = \frac{1}{6}$. Also $2 \leq k^* \leq 3$. Also $k^* = 2$ und $k^* = 3$

31.2 Praxis der Binomialverteilung

S.141 42 $P(X>20) = 1 - P(X \leq 20)$. Man müßte die Formel von Bernoulli
           20mal anwenden.

       43 a) 0,0256   b) 0,1280   c) 0,1667   d) 0,2669   e) 0,0000
           f) 0,4320   g) 0,2009   h) 0,0519   i) 0,0916   j) 0,0314
           k) 0,8508   l) 0,0003   m) 0,5987   n) 0,0916   o) 0,0543

S.143 44 a) 0,0789   b) 0,5532   c) 0,3161   d) 0,5522   e) 0,9188
           f) 0,0370   g) 0,0251   h) 0,0001   i) 0,3680   j) 0,7770

       45 a) 0,5379   b) 0,0006   c) 0,8211   d) 0,7386   e) 0,0765
           f) 0,0100   g) 0,9832   h) 0,2386   i) 0,6784   j) 0,3637

       46 $P(X \leq 45) = 0,1036$ $P(X>43) = 0,9882$ $P(X \geq 47) = 0,7604$
           $P(42<X \leq 47) = 0,4563$.

S.144 47 21

       48 a) 0,6561   b) 0,0046   c) 0,0138   d) 0,1472   e) 0,0013
           f) 0,1746   g) 0,2669   h) 0,0211   i) 0,8601   j) 0,0988

       49 a) 0,9887   b) 0,3487   c) 0,9769   d) 0,0579   e) 0,9310
           f) 0,9536   g) 0,0127   h) 0,0210   i) 0,5563   j) 0,2197

       50 $P(X \leq 10) = 0,9750$ $P(X \geq 5) = 0,8121$ $P(X>6) = 0,4569$
           $P(6 \leq X \leq 10) = 0,6241$ $P(4<X<12) = 0,8046$

S.145 51 a) 0,1244   b) 0,1256   c) 0,2500   d) 0,7500   e) 0,1797
           f) 0,1275   g) 0,7044   h) 0,8565   i) 0,8215   j) 0,4700

       52 a) 0,0607   b) 0,5836   c) 0,1398   d) 0,0006   e) 0,9393
           f) 0,1861   g) 0,5255   h) 0,8127   i) 0,4139   j) 0,2890

53 a) 0,1136   b) 0,0210   c) 0,8367   d) 0,0165   e) 0,4509
   f) 0,9995   g) 0,0000   h) 0,5491   i) 0,0000   j) 0,0085

54 a) 7   b) 9   c) 3   d) 9   e) 5   f) 15   g) 15   h) 18

55 Die Werte der Summenfunktionen liegen tabelliert vor. Damit ergeben sich die einzelnen Schaubilder.

56 Die Wahrscheinlichkeitsverteilung von X wurde bereits in Aufgabe 9, Abschnitt 28.1, S.122 des Lehrbuchs berechnet. Damit ergeben sich die Funktionswerte der Summenfunktion F (auf 4 Dezimalen):

x_i	3	4	5	6	7	8
$P(X \leq x_i)$	0,0046	0,0185	0,4630	0,0926	0,1620	0,2593

x_i	9	10	11	12	13	14
$P(X \leq x_i)$	0,3750	0,5000	0,6250	0,7407	0,8380	0,9074

x_i	15	16	17	18
$P(X \leq x_i)$	0,9537	0,9815	0,9954	1,0000

57 a) $P(a < X \leq b) = P(X \leq b) - P(X \leq a) = F(a) - F(b)$.
   b) $P(X > a) = 1 - P(X \leq a) = 1 - F(a)$.

58 a) $P(X=2) = \frac{4}{11}$; $P(X=3) = 0$; $P(X=4) = \frac{3}{11}$;
   $P(X=5) = \frac{1}{11}$; $P(X=6) = \frac{3}{11}$.
   $F(2) = \frac{4}{11} = F(3)$; $F(4) = \frac{7}{11}$; $F(5) = \frac{8}{11}$; $F(6) = 1$.
   b) $P(X > 3) = \frac{7}{11}$; $P(2 < X \leq 6) = \frac{7}{11}$.

59 X ist $B_{100;1/6}$-verteilt. $P(X \leq 15) = 0,3877$.
   ( ): $P(X>25) = 0,0119$; $P(15 \leq X \leq 25) = 0,7007$.

60 X: Anzahl der keimfähigen Zwiebeln. X ist $B_{15;0,9}$-verteilt.
   a) $P(X \geq 12) = 0,9444$; b) $P(X \geq 14) = 0,5490$; c) $P(X=15) = 0,2059$

61 a) $0,4^3 \cdot 0,6^7 = 0,0018$;   b) $0,4^2 \cdot 0,6^8 = 0,0027$;
   c) X ist $B_{10;0,4}$-verteilt. $P(X \leq 3) = 0,3823$;
   d) $0,6^3 \cdot \left[\binom{6}{4} \cdot 0,4^4 \cdot 0,6^6 \right] = 0,0179$.

62 Der Prüfplan ist besser, bei dem der Händler die kleinere Irrtumswahrscheinlichkeit eingeht, d.h. die Wahrscheinlichkeit die Sendung abzulehnen, obwohl höchstens 5% Ausschuß insgesamt vorhanden ist.
   Sei X: Anzahl der Ausschußstücke.
   Prüfplan I : X ist $B_{10;0,05}$-verteilt. $P(X \geq 1) = 0,4013$.
   Prüfplan II: X ist $B_{20;0,05}$-verteilt. $P(X \geq 2) = 0,2642$.
   Der Prüfplan II ist vorzuziehen.

63 Sei X: Anzahl der brauchbaren Schaltelemente.
    a) X ist $B_{20;0,9}$-verteilt. $P(X \geq 18) = 0,6769$
    b) X ist $B_{18;0,9}$-verteilt.
    Sinnvollerweise interessiert $X \geq 16$: $P(X \geq 16) = 0,7338$;
    ($P(X=16) = 0,2835$).

S.146 64 a) Sei X: Anzahl der defekten Haartrockner.
    X ist im ungünstigsten Fall $B_{10;0,05}$-verteilt. Der Kunde
    lehnt ab, obwohl die Herstellerangaben stimmen, mit der
    Wahrscheinlichkeit $P(X \geq 2) = 0,0861 \approx 9\%$.
    b) Sei Y: Anzahl der defekten Haartrockner im Karton.
    Y ist im ungünstigsten Fall $B_{18;0,05}$-verteilt.
    $P(Y \leq 2) = 0,9419 \approx 94\%$.

65 Sei X: Anzahl der Sechsen. X ist $B_{n;1/6}$-verteilt.
    $P(X \geq 1) = 1-(\frac{5}{6})^n$. Aus $P(X \geq 1) > 0,9$ erhält man: $n \geq 13$;
    ( ): 26 ; 38 .

66 Sei X: Anzahl der Nullen unter n Zufallsziffern.
    X ist $B_{n;0,1}$-verteilt. $P(X \geq 1) = 1 - 0,9^n > 0,8$. Daraus folgt:
    $n \geq 16$.
    ( ): X: Anzahl der Einsen unter n Zufallsziffern.
    X ist $B_{n;0,1}$-verteilt. Aus $P(X \geq 2) > 0,95$ erhält man:
    $P(X \leq 1) = 0,9^{n-1} \cdot (0,9+0,1 \cdot n) < 0,05$.
    Aus der Tabelle entnimmt man zunächst $20 < n < 50$.
    Mit Hilfe des Taschenrechners ergibt sich $n \geq 46$.

67 $P(X \geq 3) = 0,3233$.

68 a) X: Anzahl der bestellten Fischgerichte. X ist $B_{100;1/3}$-
    verteilt. $P(X > 33) = 0,4812$; mit fast 50% Wahrscheinlichkeit
    müssen weitere Fischgerichte zubereitet werden.
    b) Gesucht ist k mit $P(X \leq k) \geq 0,9$. Die Tabelle ergibt $k \geq 39$;
    es müssen mindestens 39 Fischgerichte zubereitet werden.

69 a) Sei X: Anzahl der intakten Generatoren.
    Vorschlag I : $P_I(X \geq 1) = 1 - p^2$.
    Vorschlag II: $P_{II}(X \geq 2) = 1 - 4p^3 + 3p^4$.
    $P_{II}(X \geq 2) - P_I(X \geq 1) = p^2(p - 1)(3p - 1)$.
    Wegen $0 < p < 1$ ist der zweite Faktor negativ und daher
    $P_{II}(X \geq 2) > P_I(X \geq 1)$ für $3p - 1 < 0$ bzw. $p < \frac{1}{3}$;
    $P_{II}(X \geq 2) = P_I(X \geq 1)$ für $3p - 1 = 0$ bzw. $p = \frac{1}{3}$;
    $P_{II}(X \geq 2) < P_I(X \geq 1)$ für $3p - 1 > 0$ bzw. $p > \frac{1}{3}$.
    Die Wahrscheinlichkeit, welcher Vorschlag eine größere
    Zuverlässigkeit besitzt, hängt von p ab.
    b) $P_{III}(X \geq 2) = 1 - 3p^2 + 2p^3$.

Es gilt $P_I(X≥1) - P_{III}(X≥2) = 2p^2(1-p) > 0$. Vorschlag I verspricht also für alle Werte von p ($≠0$) eine größere Zuverlässigkeit als Vorschlag III.
(): $P_{II}(X≥2) - P_{III}(X≥2) > 0$; Vorschlag II ist zuverlässiger als Voschlag III.

70 X: Anzahl der defekten Transistoren. X ist im ungünstigsten Fall $B_{20;0,1}$-verteilt. Gesucht ist k mit $P(X>k) ≤ 0,05$. Der Tabelle entnimmt man $k ≥ 4$.

71 a) n = 5 oder n = 6
b) Sei $f(n) = B_{n;1/6}(1)$.

$$f(n) = n \cdot (\frac{5}{6})^{n-1} \cdot \frac{1}{6} \quad . \quad f'(n) = (\frac{5}{6})^{n-1} \cdot [\frac{1}{6} + \frac{1}{6} \cdot n \cdot \ln(\frac{5}{6})].$$

Aus $f'(n_0) = 0$ folgt $n_0 ≈ 5,48$.
Es gilt: $f''(n_0) < 0$, d.h. n_0 ist Stelle eines Maximums.

32 Das Gesetz der grossen Zahlen

S.147 1 X zählt die absolute Häufigkeit, $\overline{X}$ die relative Häufigkeit von Wappen. Man erwartet für große n, daß die Werte von $\overline{X}$ sich in der Nähe von p (=0,5) einpendelt.

S.148 2 X: Anzahl der Wappen. X ist $B_{100;0,5}$-verteilt. Mit $\overline{X} = \frac{1}{100} \cdot X$ gilt dann: $P(0,4 < \overline{X} < 0,6) = P(40 < X < 60) = 0,9432$. In etwa 94% solcher 100er-Serien wird die relative Häufigkeit für Wappen von p = 0,5 um weniger als 0,1 abweichen. Die Abschätzung in Beispiel 1 ist also relativ grob.

S.149 3

n	1000	2000	5000	10000	20000
c=0,1: p ≥	0,975	0,9875	0,99	0,9975	0,99875
c=0,01: p ≥	0*⁾	0*⁾	0,5	0,75	0,875

*) Die Abschätzung ergibt negative Werte.

4 Mit der genaueren Abschätzung, da p und q bekannt sind,

erhält man: $P(|h-p|<0,01) ≥ 1 - \dfrac{\frac{1}{6} \cdot \frac{5}{6}}{10000 \cdot 0,0001} = 1 - \dfrac{5}{36} > 0,86$.

5 a) Berechnung: $P(|\overline{X}-\frac{1}{6}| < 0,05) = P(|X - \frac{100}{6}| < 5) = P(12 ≤ X ≤ 21) = 0,8221 ≈ 82\%$.

Abschätzung: $P(|\overline{X}-\frac{1}{6}| < 0,05) ≥ 1 - \dfrac{\frac{1}{6} \cdot \frac{5}{6}}{100 \cdot 0,0025} ≈ 44\%$.

b) $1 - \dfrac{\frac{1}{6} \cdot \frac{5}{6}}{n \cdot 0,01} \geq 0,95$ ergibt $n \geq 278$; ( ): $n \geq 27778$.

c) $1 - \dfrac{\frac{1}{6} \cdot \frac{5}{6}}{100 \cdot c^2} \geq 0,8$ ergibt $c \geq \dfrac{1}{24} \approx 0,04$.

Das gesuchte Intervall, das h mit 80% Wahrscheinlichkeit enthält, ist daher $]0,13 \, ; \, 0,21[$.

d) $h = 0,20$. Da p nicht bekannt ist, muß die gröbere Abschätzung von Satz 1 angewendet werden:

$1 - \dfrac{1}{4 \cdot 100 \cdot c^2} \geq 0,85$ ergibt $c \geq 0,1291 \approx 0,13$. Als kleinstes Intervall, das p mit 85% Wahrscheinlichkeit enthält, erhält man: $]0,20 - 0,13 \, ; \, 0,20 + 0,13[\, = \,]0,07 \, ; \, 0,33[$.

6   $p = 0,5$; $c = 0,02$. Da $p = 0,5$ liefern beide Abschätzungen dasselbe Ergebnis: Die Münze muß mindestens 6250mal geworfen werden. ( ): 12500mal; 62500mal.

7   $n \geq 10000$

8   $n \geq 1000$

9   a) $h = \dfrac{210}{500} = 0,42$

b) $h = 0,42$. Es ergibt sich $c \geq 0,05$; damit erhält man das Intervall $]0,37 \, ; \, 0,47[$.

10 $h = 0,418$. Es ergibt sich $c \geq 0,07$; damit $]h-c \, ; \, h+c[\, = \,]0,348 \, ; \, 0,488[$.

11 a) $\mu_{\overline{X}} = \dfrac{1}{n} \cdot (\mu_X + \ldots + \mu_X) = \dfrac{1}{n} \cdot n \cdot \mu_X = \mu_X$.

$\sigma_{\overline{X}}^2 = \dfrac{1}{n^2} \cdot (\sigma_X^2 + \ldots + \sigma_X^2) = \dfrac{1}{n} \cdot \sigma_X^2$; damit $\sigma_{\overline{X}} = \dfrac{1}{\sqrt{n}} \cdot \sigma_X$.

b) Wendet man die Ungleichung von Tschebyscheff auf $\overline{X}$ an, so folgt: $P(|\overline{X} - \mu_X| \geq c) \leq \dfrac{\sigma_X^2}{n \cdot c^2}$.

c) Aus b) folgt $P(|\overline{X} - \mu_X| < c) \geq 1 - \dfrac{\sigma_X^2}{n \cdot c^2}$; d.h. die Wahrscheinlichkeit dafür, daß bei n unabhängigen Realisierungen einer Zufallsvariablen X das arithmetische Mittel vom Erwartungswert μ_X um weniger als $c > 0$ abweicht, strebt für $n \rightarrow \infty$ gegen 1.

12 $\sigma_X^2 = \dfrac{35}{12}$; $\mu_X = 3,5$; $c = 0,1$.

Mit dem Ergebnis aus Aufgabe 11 c) folgt $n \geq 5834$.

33 Erste Testprobleme bei Binomialverteilungen

33.1 Zweiseitiger Signifikanztest

S.150 1 Sei X: Anzahl der Wappen. Trifft die Behauptung zu, so ist X $B_{100;0,5}$-verteilt.
E(X) = 50; P($|X - 50| \geq 15$) = $2 \cdot P(X \leq 35)$ = 0,0036. Die Wahrscheinlichkeit, daß bei einer idealen Münze bei 100 Würfen die Anzahl der Wappen um mehr als 14 vom Erwartungswert abweicht (also z.B. X=35), ist sehr unwahrscheinlich. Man kann daher die Behauptung, die Münze sei ideal, anzweifeln. Widerlegt ist sie allerdings nicht.

S.152 2 Als Ablehnungsbereich ergibt sich K = $\{0;1;2\} \cup \{19; \ldots 100\}$
Da 4 ∉ K wird die Nullhypothese H_0 nicht abgelehnt.

3 Vgl. Fig.33.3.a-f.

4 a) K = $\{0; \ldots ; 9\} \cup \{25; \ldots ; 100\}$
b) K = $\{0; \ldots ; 7\} \cup \{28; \ldots ; 100\}$
c) K = $\{0; \ldots ; 8\} \cup \{23; \ldots ; 50\}$
d) K = $\{0; \ldots ; 6\} \cup \{25; \ldots ; 50\}$
e) K = $\{0; \ldots ; 5\} \cup \{15; \ldots ; 20\}$
f) K = $\{0; \ldots ; 3\} \cup \{17; \ldots ; 20\}$
g) K = $\{0; \ldots ; 71\} \cup \{89; \ldots ; 100\}$
h) K = $\{0; \ldots ; 68\} \cup \{91; \ldots ; 100\}$

5 H_0: p = 0,5 ; H_1: p ≠ 0,5 .
Man erhält K = $\{0; \ldots ; 39\} \cup \{61; \ldots ; 100\}$. Da 37 ∈ K, lehnt man H_0 ab.

6 H_0: p = 0,1 ; H_1: p ≠ 0,1.
a) K = $\{10; \ldots ; 50\}$ b) 10 ∈ K, daher wird H_0 abgelehnt.

7 a) K = $\{0; \ldots ; 20\} \cup \{40; \ldots ; 100\}$;
b) α = P(X ∈ K) = P(X≤16) + P(X≥44) = 0,0031.

8 α = 0,0329 ≈ 3% .

S.153 9 H_0: p = 0,6 ; H_1: p ≠ 0,6 .
a) K = $\{0; \ldots ; 49\} \cup \{70; \ldots ; 100\}$; da 50 ∉ K, muß man (theoretisch) davon ausgehen, daß der Bekanntheitsgrad sich nicht geändert hat.
b) H_0: p = 0,6 ; H_1: p ≠ 0,6 . Es ergibt sich:
K = $\{0; \ldots ; 46\} \cup \{73; \ldots ; 100\}$. Gefragt ist nach dem Ablehnungsbereich der Nullhypothese: Geben 0, ... , 46 oder 73, ..., 100 Personen an, sie kennen das Produkt, so kann man mit der Irrtumswahrscheinlichkeit von 1% davon ausgehen, daß sich der Bekanntheitsgrad geändert hat.

10 X ist $B_{50;0,2}$-verteilt. α = P(X≤3) + P(X≥17) = 0,0201 ≈ 2% .

11 a) K = $\{0; \ldots ; 49\} \cup \{70; \ldots ; 100\}$. Da 48 ∈ K wird H_0 abgelehnt.

b) $K = \{0; \ldots ; 22\} \cup \{38; \ldots ; 50\}$. Da $24 \notin K$ wird H_0 beibehalten. Die Halbierung des Stichprobenumfangs hat also einen entscheidenden Einfluß auf den Hypothesentest.

12 $H_0: p = 0,5$; $H_1: p \neq 0,5$.
$K = \{0; \ldots ; 17\} \cup \{33; \ldots ; 50\}$, da $30 \notin K$ kann man die Nullhypothese nicht ablehnen, d.h. man geht weiter davon aus, daß männliche und weibliche Nachkommen gleich häufig auftreten.

13 $H_0: p = 0,5$; $H_1: p \neq 0,5$.
$K = \{0; \ldots ; 17\} \cup \{33; \ldots ; 50\}$. Da $18 \notin K$ behält man die Nullhypothese bei.

14 a) $H_0: p = 0,3$; $H_1: p \neq 0,3$.
$K = \{0; \ldots ; 20\} \cup \{ \ldots \}$. Da $20 \in K$ wird H_0 (theoretisch) abgelehnt.

b) $H_0: p = 0,5$; $H_1: p \neq 0,5$.
$K = \{0; \ldots ; 17\} \cup \{33; \ldots ; 50\}$. Da $32 \notin K$ wird H_0 beibehalten.

15 $H_0: p = 0,2$; $H_1: p \neq 0,2$. X: Anzahl der Achten und Neunen.
X ist $B_{100;0,2}$-verteilt. Man erhält mit $\alpha = 0,05$:
$K = \{0; \ldots ; 11\} \cup \{33; \ldots ; 100\}$. Da $10 \in K$, kann man mit einer Irrtumswahrscheinlichkeit von 5% behaupten, daß nicht alle Ziffern gleichwahrscheinlich sind.

16 $H_0: p = 0,1$; $H_1: p \neq 0,1$. Lege n und α fest; bestimme K aus der Prüfverteilung $B_{n;p}$. Man werte eine Stichprobe vom Umfang n aus und entscheide, je nachdem der Befund in K liegt oder nicht.

17 a) $H_0: p = 0,3$; $H_1: p \neq 0,3$ b) siehe Aufgabe 16 .

33.2 Einseitiger Signifikanztest

18 $H_0: p \leq 0,4$; $H_1: p > 0,4$ oder $H_0: p \geq 0,4$; $H_1: p < 0,4$.
$H_0: p < 0,4$ ergibt keine eindeutige Prüfverteilung.

19 $H_0: p \leq 0,2$; $H_1: p > 0,2$. X: Anzahl der weißen Kugeln.
Rechtsseitiger Test: $K = \{8; \ldots 20\}$, da $7 \notin K$ kann man H_0 nicht ablehnen.

20 a) $H_0: p \leq 0,01$; $H_1: p > 0,01$. X: Anzahl der Ausschußstücke.
Große Stichprobenwerte von X sprechen gegen H_0, daher wird rechtsseitig getestet.

b) $H_0: p \geq 0,95$; $H_1: p < 0,95$. Kleine Werte sprechen gegen H_0 : linksseitig testen.

c) H_0: $p = 0,5$; H_1: $p \neq 0,5$. Zu große und zu kleine Werte sprechen gegen H_0 : zweiseitig testen

d) H_0 : $p \geq 0,8$; H_1 : $p < 0,8$.

H_0 wird linksseitig getestet.

21 Vgl. Fig.33.21.a-l.

22 Linksseitiger Test:
    a) $K = \{0; \ldots ; 4\}$ b) $K = \{0; \ldots ; 10\}$
    c) $K = \{0; \ldots ; 8\}$ d) $K = \{0; \ldots ; 61\}$
    e) $K = \{0\}$ f) $K = \{0; \ldots ; 82\}$
    g) $K = \{0; \ldots ; 44\}$ h) $K = \{0; \ldots ; 34\}$
    i) $K = \{0; \ldots ; 92\}$ j) $K = \{0; \ldots ; 58\}$

23 Rechtsseitiger Test:
    a) $K = \{13; \ldots ; 50\}$ b) $K = \{23; \ldots ; 50\}$
    c) $K = \{34; \ldots ; 100\}$ d) $K = \{78; \ldots ; 100\}$
    e) $K = \{6; \ldots ; 50\}$ f) $K = \{97; \ldots ; 100\}$
    g) $K = \{50\}$ h) $K = \{48;49;50\}$
    i) $K = \{99;100\}$ j) $K = \{75; \ldots ; 100\}$

24 Linksseitiger Test: $K = \{0; \ldots ; 7\}$.
Da $9 \notin K$ ist die Hypothese H_0: $p \geq 0,6$ nicht widerlegt.

25 H_0: $p \geq 0,7$; H_1: $p < 0,7$.
$K = \{0; \ldots ; 10\}$; da $12 \notin K$, ist H_0 nicht widerlegt.

26 H_0: $p \leq 0,05$; H_1: $p > 0,05$. $K = \{10; \ldots ; 100\}$; da $9 \notin K$, sind die Herstellerangaben nicht widerlegt.

27 H_0: $p \leq 0,03$; H_1: $p > 0,03$. $K = \{5; \ldots ; 50\}$, da $6 \in K$, ist die Nullhypothese widerlegt.

28 H_0: $p \leq 0,2$; H_1: $p > 0,2$. Es wird rechtsseitig getestet.
    a) $\alpha = P(X \geq 5) = 0,0328 \approx 3\%$.
    b) $K = \{6; \ldots ; 10\}$.

29 H_0: $p \leq 0,05$; H_1: $p > 0,05$. X: Anzahl der Schrauben, die nicht der Norm entsprechen. X ist im ungünstigsten Fall $B_{100;0,05}$-verteilt. $\alpha = P(X \geq 8) = 0,1280$.

30 H_0: $p \geq 0,9$; H_1: $p < 0,9$.
    a) Linksseitiger Test: $K = \{0; \ldots ; 85\}$.
    b) $\alpha = P(X \leq 80) = 0,002 = 2\%$.

31 a) $H_0: p = \frac{1}{6}$; $H_1: p \neq \frac{1}{6}$; zweiseitiger Test.
    b) Er wählt eine Serie von n Würfen, gibt sich α vor und führt mit der Prüfverteilung $B_{n;1/6}$ einen zweiseitigen Test durch.

32 Je nach Fragestellung oder Vermutung des Zigarettenherstellers sind verschiedene Tests denkbar:
    - Nimmt er an, daß der Anteil der rauchenden Frauen weniger als 20% beträgt, führt er einen linksseitigen Test mit
    $H_0: p \geq 0,2$ durch.
    - Nimmt er an, daß der Anteil größer als 20% ist, testet er
    $H_0: p \leq 0,2$ mit einem rechtsseitigen Test.
    - Will er nur $H_0: p = 0,2$ widerlegen, testet er zweiseitig.
    Zur Durchführung der Tests vgl. Aufgabe 31 oder 33.

33 a) $H_0: p \geq 0,6$; $H_1: p < 0,6$. Der Journalist versucht H_0 zu widerlegen; linksseitiger Test.
    b) Er befragt n Zuschauer und testet zu fest gewähltem α mit der $B_{n;0,6}$-Verteilung linksseitig.
    c) Seine Vermutung ist richtig (H_0 ist falsch), aber der Test widerlegt H_0 nicht ($X \notin K$), d.h. er behält H_0 irrtümlich bei; oder aber seine Vermutung ist falsch (H_0 ist wahr), aber der Test erlaubt H_0 zu widerlegen ($X \in K$), er lehnt also H_0 irrtümlich ab.

34 Hypergeometrische Verteilungen

34.1 Ziehen ohne Zurücklegen

S.158 1 $3 \cdot 0,3^2 \cdot 0,7 = 0,189$; ( ): 0,175 .

S.159 2 $N = 32$, $M = 4$, $n = 5$: $P(X \geq 2) = 0,1053$

S.160 3 $N = 15$, $M = 10$ (5), $n = 3$

k	0	1	2	3	
P(X=k)	0,0220	0,2198	0,4945	0,2637	$P(Y=k) = P(X=3-k)$
P(Y=k)	0,2637	0,4945	0,2198	0,0220	

4 $P(X = k) = \binom{43}{6-k} \cdot \binom{6}{k} : \binom{49}{6}$; $P(X=0) \approx 0,44$; $P(X=1) \approx 0,41$;
   $P(X=2) \approx 0,13$; $P(X=3) \approx 1,7 \cdot 10^{-2}$; $P(X=4) \approx 9,7 \cdot 10^{-4}$;
   $P(X=5) \approx 1,8 \cdot 10^{-5}$; $P(X=6) \approx 7,2 \cdot 10^{-8}$

5 a) 0,9885   b) $N = 100$, $M = 5$, $n = 10$, $P(X \leq 2) = 0,9934$.

6 a) $P(X \geq 4) = 0,7373$; b) $N = 10$, $M = 8$, $n = 5$, $P(X \geq 4) = 0,7778$.

7 $N = 2000$, $M = 400$, $n = 10$, $P(X=0) = 0,1068$.

8 N = 20, M = 2, n = 5, eine Packung wird abgelehnt, falls 2 defekte Ventile entdeckt werden: P(X=2) = 0,0526 .

9 a) N = 15, M = 0, 1, ... , 6 , n = 5 , k = 0 .

M	0	1	2	3	4	5	6
P(X=0)	1	0,6667	0,4286	0,2637	0,1538	0,0839	0,0420

b) $P(X \leq 1) = \binom{M}{0} \cdot \binom{15-M}{5} : \binom{15}{5} + \binom{M}{1} \cdot \binom{15-M}{4} : \binom{15}{5}$

M	0	1	2	3	4	5	6
P(X≤1)	1	1	0,9048	0,7582	0,5934	0,4336	0,2937

10 a) N = 120, M = 10, n = 12, X: Anzahl der einwandfreien Eier in einer Schachtel. P(X=0) = 0,3336.
b) X: Anzahl der angebrochenen Eier. P(X≥2) = 0,2620.
c) X: Anzahl der einwandfreien Schachteln.
$P(X=2) \approx \binom{10}{2} \cdot 0,3336^2 \cdot 0,6664^8 = 0,1948$

11 $3 \cdot \binom{2}{1} : \binom{6}{3} = 0,6$

12 0,325

13 a) $\dfrac{P(X=k)}{P(X=k-1)} = \dfrac{\binom{M}{k} \cdot \binom{N-M}{n-k}}{\binom{M}{k-1} \cdot \binom{N-M}{n-k+1}} = \dfrac{(M-k+1) \cdot (n-k+1)}{k \cdot (N-M-n+k)}$.

Daraus folgt die Behauptung.

b) N = 25, M = 12, n = 5. $P(X=0) = \dfrac{1287}{53130} \approx 0,024224$;
$P(X=1) = \dfrac{12 \cdot 5}{9} \cdot P(X=0) \approx 0,1615$; $P(X=2) = \dfrac{11 \cdot 4}{2 \cdot 10} \cdot P(X=1) \approx 0,3553$;
$P(X=3) = \dfrac{10 \cdot 3}{3 \cdot 11} \cdot P(X=2) \approx 0,3230$; $P(X=4) = \dfrac{9 \cdot 2}{4 \cdot 12} \cdot P(X=3) \approx 0,1211$;
$P(X=5) = \dfrac{8 \cdot 1}{5 \cdot 13} \cdot P(X=4) \approx 0,0149$.
(): N = 30, M = 22, n = 10. $P(X=0) \approx 0$; $P(X=1) \approx 0$;
$P(X=2) \approx 7,68846 \cdot 10^{-6}$ (berechnet mit Hilfe der Definition!);
$P(X=3) \approx 4,1005 \cdot 10^{-4}$; $P(X=4) \approx 6,8171 \cdot 10^{-3}$; $P(X=5) \approx 0,0491$.

14 a) $P(X = k) = \binom{13}{k} \cdot \binom{39}{13-k} : \binom{52}{13}$
b) $P(X=0) \approx 0,01279$.

P(X=1)	P(X=2)	P(X=3)	P(X=4)	P(X=5)
0,0801	0,2060	$4,03 \cdot 10^{-6}$	$3,36 \cdot 10^{-6}$	$1,76 \cdot 10^{-6}$
P(X=6)	P(X=7)	P(X=8)	P(X=9)	P(X=10)
$5,85 \cdot 10^{-7}$	$1,24 \cdot 10^{-7}$	$1,64 \cdot 10^{-8}$	$1,30 \cdot 10^{-9}$	$5,80 \cdot 10^{-11}$
P(X=11)	P(X=12)	P(X=13)		
$1,28 \cdot 10^{-12}$	$1,12 \cdot 10^{-14}$	$2,22 \cdot 10^{-17}$		

34.2 Definition einer hypergeometrischverteilten Zufallsvariablen

S.161 15 P(X=0) = 0,1538; P(X=1) = 0,4396; P(X=2) = 0,3297;
P(X=3) = 0,0733; P(X=4) = 0,0037.

S.162 16

N	M	n	k	P(X=k)
10	6	3	0	$\frac{4}{120}$
			1	$\frac{36}{120}$
			2	$\frac{60}{120}$
			3	$\frac{20}{120}$

E(X) = 1,8 ; V(X) = 0,56.

17

	N	M	n	k	P(X=k)	P(X≤k)
a)	5	3	2	0	0,1	0,1
				1	0,6	0,7
				2	0,3	1,0
b)	10	5	4	0	0,0238	0,0238
				1	0,2381	0,2619
				2	0,4762	0,7381
				3	0,2381	0,9762
				4	0,0238	1,0000
c)	12	4	3	0	0,2545	0,2545
				1	0,5091	0,7636
				2	0,2182	0,9818
				3	0,0182	1,0000

	N	M	n	k	P(X=k)	P(X≤k)
d)	15	10	6	0	0,0000	0,0000
				1	0,0020	0,0020
				2	0,0450	0,0470
				3	0,2400	0,2867
				4	0,4200	0,7063
				4	0,2517	0,9580
				6	0,0420	1,0000
e)	18	13	6	0	0,0000	0,0000
				1	0,0007	0,0007
				2	0,0210	0,0217
				3	0,1541	0,1758
				4	0,3852	0,5609
				5	0,3466	0,9076
				6	0,0924	1,0000

	N	M	n	k	P(X=k)	P(X≤k)
	20	8	8	0	0,0039	0,0039
				1	0,0503	0,0542
				2	0,2054	0,2596
				3	0,3521	0,6117
f)				4	0,2751	0,8868
				5	0,0978	0,9846
				6	0,0147	0,9992
				7	0,0008	1,0000
				8	0,0000	1,0000

	N	M	n	k	P(X=k)	P(X≤k)
	20	10	7	0	0,0015	0,0015
				1	0,0271	0,0286
				2	0,1463	0,1749
				3	0,3251	0,5000
g)				4	0,3251	0,8251
				5	0,1463	0,9714
				6	0,0271	0,9985
				7	0,0015	1,0000

	N	M	n	k	P(X=k)	P(X≤k)
	20	10	9	0	0,0001	0,0001
				1	0,0027	0,0027
				2	0,0322	0,0349
				3	0,1500	0,1849
h)				4	0,3151	0,5000
				5	0,3151	0,8151
				6	0,1500	0,9651
				7	0,0322	0,9973
				8	0,0027	0,9999
				9	0,0001	1,0000

18 a) $P(X=1) = 0,0783$ b) $P(X≤2) = 0,3776$ c) $P(X≥4) = 0,2308$
   d) $P(1≤X≤4) = 0,9594$

19 a) (Druckfehler in Auflage 1[1]: M = 6) $\mu = 3,6$; $\sigma^2 = \frac{16}{25}$; $\sigma = \frac{4}{5}$;
   b) $\mu = \frac{8}{3}$; $\sigma^2 = \frac{8}{9}$; $\sigma = \frac{2}{3}\sqrt{2}$; c) $\mu = 3,85$; $\sigma^2 \approx 1,185$; $\sigma \approx 1,089$;
   d) $\mu = 4$; $\sigma^2 \approx 1,959$; $\sigma \approx 1,400$; e) $\mu = 6$; $\sigma^2 \approx 9,796$; $\sigma \approx 3,13$;
   f) $\mu = \frac{4}{3}$; $\sigma^2 \approx 0,979$; $\sigma \approx 0,990$ g) $\mu = 4$; $\sigma^2 \approx 2,182$; $\sigma \approx 1,477$;
   h) $\mu = 8$; $\sigma^2 \approx 3,879$; $\sigma \approx 1,969$.

20 $\mu = 5,4$; $\sigma \approx 1,12$.
   a) k = 1: X = 5; 6   k = 2: X = 4; 5; 6; 7
      k = 3: X = 3; 4; 5; 6; 7; 8
   b) $P(5≤X≤6) = 0,6382$; $P(4≤X≤7) = 0,9352$; $P(3≤X≤8) = 0,9955$.

21 N = 17; M = 9; n = 7. $\mu = \frac{63}{17}$; $\sigma \approx 1,044$.
   $P(|X - \mu| ≤ 2\sigma) = 0,9502$.
   Aus $P(|X - \mu| ≤ 1) = P(X=3) + P(X=4) = 0,6651$ folgt k = 1.

S.163 22

N	M	n	k	P(X=k)
18	10	3	0	0,0686
a)			1	0,3431
			2	0,4412
			3	0,1471

b) $P(X \geq 2) = 0,5883$

c) $E(X) = \frac{5}{3}$; $V(X) = \frac{100}{153} \approx 0,6536$

23

N	M	n	k	P(X=k)
32	4	6	0	0,4157
			1	0,4338
			2	0,1356
a)			3	0,0145
			4	0,0004
			5	0,0000
			6	0,0000

b) $P(X \geq 3) = 0,0149$

c) $E(X) = \frac{3}{4} = 0,75$; $V(X) = 0,5504$.

24 $N = 100$; $M = 4$; $n = 4$. X: Anzahl der Ausschußstücke in der Stichprobe. $P(X \geq 2) = 0,007$.

25

N	M	n	k	H(k)	B(k)
100	50	8	0	0,0029	0,0039
			1	0,0268	0,0313
			2	0,1046	0,1094
			3	0,2232	0,2188
			4	0,2850	0,2734
			5	0,2232	0,2188
			6	0,1046	0,1094
			7	0,0268	0,0313
			8	0,0029	0,0039

26 Näherungswert: $P(X \leq 1) \approx B_{6;0,2}(0) + B_{6;0,2}(1) = 0,6553$;
Exakt: $P(X \leq 1) = 0,6554$.

27 $P(X \leq 2) \approx B_{20;0,05}(0) + B_{20;0,05}(1) + B_{20;0,05}(2) = 0,9245$.

28 $H_{N;M;n}(k) = \dfrac{M!}{k!(M-k)!} \cdot \dfrac{(N-M)!}{(n-k)!(N-M-(n-k))!} \cdot \dfrac{n!(N-n)!}{N!}$

$= \dfrac{n!}{k!(n-k)!} \cdot \dfrac{\frac{M!}{(M-k)!}}{\frac{N!}{(N-k)!}} \cdot \dfrac{\frac{(N-M)!}{(N-M-(n-k))!}}{\frac{(N-k)!}{(N-k-(n-k))!}}$

$= \dfrac{n!}{k!(n-k)!} \cdot \dfrac{M(M-1)\cdot\ldots\cdot(M-k+1)}{N(N-1)\cdot\ldots\cdot(N-k+1)} \cdot \dfrac{(N-M)(N-M-1)\cdot\ldots\cdot(N-M-(n-k)+1)}{(N-k)(N-k-1)\cdot\ldots\cdot(N-k-(n-k)+1)}$

$\approx \dfrac{n!}{k!(n-k)!} \cdot \left(\dfrac{M}{N}\right)^k \cdot \left(\dfrac{N-M}{N}\right)^{n-k} = \binom{n}{k} \cdot p^k \cdot (1-p)^k$, mit $p = \dfrac{M}{N}$.

29 a) Aus $\dfrac{7}{N} = \dfrac{2}{3}$ folgt $N = 10,5$.
Als Schätzwert ergibt sich also $N' = 10$ oder $N' = 11$.
b) $N = 8$: $H_{8;7;3}(2) = 0,375$; $N = 9$: $H_{9;7;3}(2) = 0,5$;

$N = 10$: $H_{10;7;3}(2) = 0,525$ $N = 11$: $H_{11;7;3}(2) = 0,5091$.
Aus dieser Tabelle folgt der Schätzwert $N' = 10$.

30 $\frac{L(N+1)}{L(N)} = \frac{(N+1-n)(N-M+1)}{(N-M+1-n+k)(N+1)}$. Aus $\frac{L(N+1)}{L(N)} \leq 1$ folgt $N \geq \frac{n \cdot M}{k} - 1$.

Aus $\frac{L(N-1)}{L(N)} \leq 1$ folgt $N \leq \frac{n \cdot M}{k}$. Also insgesamt:

$\frac{n \cdot M}{k} - 1 \leq N \leq \frac{n \cdot M}{k}$; d.h., $L(N)$ nimmt seinen maximalen Wert für die größte ganze Zahl an, die kleiner oder gleich $\frac{n \cdot M}{k}$ ist. Ist $\frac{n \cdot M}{k}$ eine ganze Zahl, so nimmt $L(N)$ für die beiden Werte $\frac{n \cdot M}{k} - 1$ und $\frac{n \cdot M}{k}$ den maximalen Wert an. Dies ergibt sich aus $\frac{L(N+1)}{L(N)} = 1$ für $N = \frac{n \cdot M}{k} - 1$; und $\frac{L(N-1)}{L(N)} = 1$ für $\frac{n \cdot M}{k}$.

35 Geometrische Verteilungen

S.164 1 $0,6 \cdot 0,6 \cdot 0,4 = 0,144$

S.165 2 $3 \cdot (1 + \frac{1}{2} + \frac{1}{3}) = 5,5$

3 $P(X=3) = \frac{1}{8}$; ( ): $P(X=4) = \frac{1}{16}$; $P(X=5) = \frac{1}{32}$; $P(X=6) = \frac{1}{64}$.

4 a) $(\frac{9}{10})^3 \cdot \frac{1}{10} = 0,0729$ b) $(\frac{1}{2})^5 = \frac{1}{32}$

5 $p = \frac{n}{n+m}$; $1-p = \frac{m}{n+m}$.
   a) $P(X=k) = (\frac{m}{n+m})^{k-1} \cdot \frac{n}{n+m}$;
   ( ): $P(X \geq k) = P(\ (k-1)\text{mal weiß hintereinander}) = (\frac{m}{n+m})^{k-1}$.
   b) $E(X) = \frac{n+m}{n}$.

S.166 6 $P(X=2) = 0,4 \cdot 0,6 = 0,24$; $P(X>2) = 0,4 \cdot 0,4 = 0,16$;
   $E(X) = \frac{5}{3}$; $V(X) = \frac{10}{9}$.

7 X: Anzahl der Befragungen, bis man einen Linkshänder gefunden hat.
   a) $P(X \leq 5) = 1 - 0,95^5 = 0,2262$
   b) $E(X) = 20$

8 X: Anzahl der Ziehungen bis zum ersten Mal die "13" gezogen wird. $p = \frac{6}{49}$. $P(X \leq 5) = 1 - (\frac{43}{49})^5 = 0,4796$

9 A: Treffer tritt bei einer ungeraden Anzahl von Durchführungen auf.
   $P(A) = p + (1-p)^2 \cdot p + (1-p)^4 \cdot p + \ldots = p \cdot \frac{1}{1-(1-p)^2} = \frac{1}{2-p}$

10

	$p = \frac{1}{6}$	$p = \frac{1}{4}$	$p = \frac{1}{3}$	
P(X=1)	0,1667	0,25	0,3333	
P(X=2)	0,1389	0,1875	0,2222	
P(X=3)	0,1157	0,1406	0,1481	
P(X=4)	0,0965	0,1055	0,0988	
P(X=5)	0,0804	0,0791	0,0658	
P(X=6)	0,0670	0,0593	0,0439	
P(X=7)	0,0558	0,0445	0,0293	
	$p = \frac{1}{2}$	$p = 0,6$	$p = 0,8$	$p = 0,9$
P(X=1)	0,5	0,6	0,8	0,9
P(X=2)	0,25	0,24	0,16	0,09
P(X=3)	0,125	0,096	0,032	0,009
P(X=4)	0,0625	0,0384	0,0064	0,0009
P(X=5)	0,0313	0,0154	0,0013	0,0001
P(X=6)	0,0156	0,0061	0,0003	0,0000
P(X=7)	0,0078	0,0025	0,0001	0,0000

Aufgrund der Tabellen ergeben sich die Stabdiagramme.

11 $P(X > k) = 1 - P(X \le k) = 1 - (1 - (1-p)^k) = (1 - p)^k$.

12 a) $\mu = \frac{10}{3}$; $\sigma \approx 2,79$.
   k = 1: X = 1; 2; 3; 4; 5; 6
   k = 2: X = 1; 2; ... ; 7; 8
   k = 3: X = 1; 2; ... ; 10; 11
   b) $P(|X - \mu| \le \sigma) = 0,8824$; $P(|X - \mu| \le 2\sigma) = 0,9424$;
   $P(|X - \mu| \le 3\sigma) = 0,9802$.
   c) $P(|X - \mu| \le 1) = 0,2499$; $P(|X - \mu| \le 2) = 0,5319 > 50\%$;
   also k = 2.

13 a) X ist geometrischverteilt mit $p = \frac{1}{36}$.
   b) $P(X \le 4) = 1 - (\frac{35}{36})^4 = 0,1066$.

14 X: Anzahl der Packungen, die man kaufen muß, um die 5 Bilder zu erhalten.
   a) $E(X) = 5 \cdot (1 + \frac{1}{2} + \frac{1}{3} + \frac{1}{4} + \frac{1}{5}) = \frac{137}{12} \approx 11,4$.

b) Zuordnung:

Ergebnis	Bild 1	Bild 2	Bild 3	Bild 4	Bild 5
Ziffern	0; 1	2; 3	4; 5	6; 7	8; 9

Beginnend mit der 1.Zeile erhält man der Reihe nach folgende Längen für die Anzahl der zu kaufenden Packungen:

6 11 12 7 20 18 10 17 10 10 7 11 7 11 7 8 9 14 10 7 und damit als mittlere Länge $\frac{212}{20} = 10{,}6$.

15 X: Anzahl der Drehungen, bis alle Ziffern mindestens einmal aufgetreten sind.

a) $E(X) = 10 \cdot (1 + \frac{1}{2} + \ldots + \frac{1}{10}) \approx 29{,}3$.

b) Jeder Ziffer des Glückrades wird die zugehörige Zufallsziffer zugeordnet.
Wir lesen spaltenweise, beginnend mit Spalte 1, nach jeder Simulation wird in einer neuen Spalte begonnen. Es ergeben sich folgende Längen für die Anzahl der Drehungen bis alle Ziffern erschienen sind:

28 59 40 39 12 19 15 25 28 17 19 18 48 19 41 43 29 39 18 27

und damit als mittlere Länge $\frac{583}{20} = 29{,}15$.

16 Sei $q = 1-p$.

$$E(X) = \sum_{n=1}^{\infty} k \cdot (1-p)^{k-1} \cdot p = p \cdot \sum_{n=1}^{\infty} k \cdot (1-p)^{k-1} =$$

$$= p \cdot \sum_{n=1}^{\infty} k \cdot q^{k-1} = p \cdot \frac{1}{(1-q)^2} = p \cdot \frac{1}{p^2} = \frac{1}{p} \ .$$

$$V(X) = E(X^2) - \mu^2 = \sum_{n=1}^{\infty} k^2 \cdot (1-p)^{k-1} \cdot p - (\frac{1}{p})^2 =$$

$$= p \cdot \sum_{n=1}^{\infty} k^2 \cdot (1-p)^{k-1} - (\frac{1}{p})^2 = p \cdot \sum_{n=1}^{\infty} k^2 \cdot q^{k-1} - (\frac{1}{p})^2 =$$

$$= p \cdot \frac{1+q}{(1-q)^3} - (\frac{1}{p})^2 = \frac{1+q-1}{p^2} = \frac{1-p}{p^2} \ .$$

17 Man kann die gesuchte Wahrscheinlichkeit entweder über die Anzahl und Art der in der Urne verbleibenden Kugeln oder mit Hilfe einer hypergeometrischen Verteilung berechnen.

Man erhält:

$$P(X=k) = \frac{\binom{N-k}{M-1}}{\binom{N}{M}} = \frac{\binom{N-M}{k-1}}{\binom{N}{k-1}} \cdot \frac{M}{(N-k+1)}$$

18 $P(A) = 4 \cdot (1-p)^3 \cdot p^2$; (): $P(B) = \binom{4}{2} \cdot (1-p)^2 \cdot p^3$

36 Poisson - Verteilungen

36.1 Näherungsformel von Poisson

S.167 1 a) Zu den Stabdiagrammen: siehe nachstehende Wertetabelle.

k	0	1	2	3	4	5
$B_{5;0,2}(k)$	0,3277	0,4096	0,2048	0,0512	0,0064	0,0003
$B_{10;0,2}(k)$	0,3487	0,3874	0,1937	0,0574	0,0112	0,0015
$B_{50;0,02}(k)$	0,3642	0,3716	0,1858	0,0607	0,0145	0,0029
$B_{100;0,01}(k)$	0,3660	0,3697	0,1849	0,0610	0,0149	0,0029

b) Man kann vermuten, daß die Binomialverteilungen einer "Grenzverteilung" zustreben.

S.168 2 a) $B_{50;0,05}(4) \approx 0,1336$, $B_{50;0,05}(4) = 0,1360$
b) $B_{100;0,01}(2) \approx 0,1839$, $B_{100;0,01}(2) = 0,1849$;
c) $B_{65;0,02}(3) \approx 0,0998$, $B_{65;0,02}(3) = 0,0999$.

3

k	0	1	2	3	4	5
Poisson	0,0111	0,0500	0,1125	0,1687	0,1898	0,1708
Exakt	0,0104	0,0481	0,1108	0,1691	0,1922	0,1736

4 a) 0,4966 b) 0,3476 c) 0,9659 d) 0,0008 e) 0,9999

S.169 5 a) $P(X=0) = 0,1653$ $P(X=1) = 0,2975$
b) $P(X=0) = 0,0067$ $P(X=1) = 0,0337$
c) $P(X=0) = 0,1353$ $P(X=1) = 0,2707$
d) $P(X=0) = 0,6065$ $P(X=1) = 0,3033$

6 $P(X \leq 1) = 0,4060$

7 $P(X>1) = 0,0047$; (): $P(X \leq 2) = 0,9998$ $P(X \leq 3) = 1,0000$

8 $P(X \geq 5) = 0,1848$

9 Man kann annehmen, daß für jeden Druckfehler die Wahrscheinlichkeit $p = \frac{1}{400}$ besteht, auf eine bestimmte Seite zu geraten. Dann ist die Anzahl X der Druckfehler pro Seite $B_{40;1/400}$-verteilt.
Mit n=40 und $p=\frac{1}{400}$ ergibt die Poissonnäherung $P(X>1) = 0,0047$.

10 $P(X=0) = 0,0498$; (): $P(X=3) = 0,2240$ $P(X \leq 5) = 0,9161$
    $P(X \geq 2) = 0,8009$

11 $P(X \leq 3) = 0,9430$

12 $n = 27$; $p = \frac{1}{6}$. $P(X \leq 4) = 0,5321$.

13 Aus $n = 20$ und $p = \frac{1}{50}$ folgt $P(X \leq 2) = 0,9920$.

14 Aus $n = 120$ und $p = \frac{1}{30}$ folgt $P(X \leq 5) = 0,7852$. D.h. 5 Zellen reichen nicht aus.

15 $n = 12$; $p = \frac{1}{30}$. $P(X=0) = 0,6703$.

16 $n = 60$; $p = 0,02$. $P(X \geq 1) = 0,6988$.

17 $n = 400$; $p = 0,01$. $P(X \geq 9) = 0,0214$.

18 a) X ist $B_{n;1/36}$-verteilt.

b) $P(X \geq 2) = 1 - P(X=0) - P(X=1)$

$= 1 - (\frac{35}{36})^n - n \cdot (\frac{1}{36}) \cdot (\frac{35}{36})^{n-1}$

c) Für $n = 168$ erhält man $P(X \geq 2) = 0,9489$;
für $n = 169$ erhält man $P(X \geq 2) = 0,9501 > 95\%$.

Da mit wachsendem n die Wahrscheinlichkeit für $P(X \geq 2)$ steigt, muß n größer oder gleich 169 sein, um mit einer Wahrscheinlichkeit von mehr als 95% mindestens zwei Doppelsechsen zu erhalten.

d) Mit Hilfe der Poisson-Näherung ergibt sich $n \geq 170$.

36.2 Definition einer Poisson-verteilten Zufallsvariablen

S.170 19 $P(X=k) = \frac{\mu^k}{k!} \cdot e^{-\mu}$. $P(X=0) = 0,6065$; $P(X=1) = 0,3033$;
$P(X=2) = 0,0758$; $P(X=3) = 0,0126$; $P(X=4) = 0,0016$;
$P(X=5) = 0,0002$; Summe ergibt 1,0000.

S.172 20 $n = 730$; $p = \frac{1}{365}$; $\mu = 2$. $P(X \geq 1) = 0,8647$.

21 a) 0,0016   b) 0,1607   c) 0,0031   d) 0,0071   e) 0,0842
f) 0,1544   g) 0,7165   h) 0,1522   i) 0,2194   j) 0,1947

22 a)

k	0	1	2	3	4	5
P(X=k)	0,6065	0,3033	0,0758	0,0126	0,0016	0,0002

b)

k	0	1	2	3	4	5
P(X=k)	0,3679	0,3679	0,1839	0,0613	0,0153	0,0031
k	6	7	8			
P(X=k)	0,0005	0,0001	0,0000			

c)

k	0	1	2	3	4	5
P(X=k)	0,1353	0,2707	0,2707	0,1804	0,0902	0,0361

k	6	7	8	9	10
P(X=k)	0,0120	0,0034	0,0009	0,0002	0,0000

Aufgrund dieser Werte ergeben sich die Stabdiagramme.

23 a)

k	0	1	2	3	4	5
$B_{100;0,02}(k)$	0,1326	0,2707	0,2734	0,1823	0,0902	0,0353
$P_2(k)$	0,1353	0,2707	0,2707	0,1804	0,0902	0,0361

b)

k	0	1	2	3	4	5
$B_{50;0,02}(k)$	0,2181	0,3372	0,2555	0,1264	0,0459	0,0131
$P_{1,5}(k)$	0,2231	0,3347	0,2510	0,1255	0,0471	0,0141

c)

k	0	1	2	3	4	5	6
$B_{50;0,05}(k)$	0,0769	0,2025	0,2611	0,2199	0,1360	0,0658	0,0260
$P_{2,5}(k)$	0,0821	0,2052	0,2565	0,2138	0,1336	0,0668	0,0278

d)

k	0	1	2	3	4	5
$B_{100;0,04}(k)$	0,0169	0,0703	0,1450	0,1973	0,1994	0,1595
$P_4(k)$	0,0183	0,0733	0,1465	0,1954	0,1954	0,1563

d)

k	6	7	8
$B_{100;0,04}(k)$	0,1052	0,0589	0,0285
$P_4(k)$	0,1042	0,0595	0,0298

24 a) P(X = 0) = 0,0111 b) P(X < 6) = 0,7029
c) P(X ≤ 6) = 0,8311 d) P(X > 6) = 0,1689
e) P(X ≥ 10) = 0,0171 f) P(4 < X < 10) = 0,4508
g) P(4 ≤ X ≤ 10) = 0,6510) h) P(3 < X ≤ 9) = 0,6406

25 $\mu = \sigma = 2$
k = 1: a) X = 0; ... ; 4   b) P(X ≤ 4) = 0,9473
k = 2:   X = 0; ... ; 6   P(X ≤ 6) = 0,9955
k = 3:   X = 0; ... ; 8   P(X ≤ 8) = 0,9998

26

a	a) $P(|X-\mu|<\sigma)$	$P(|X-\mu|<2\sigma)$	$P(|X-\mu|<3\sigma)$	b) k
1	0,9197	0,9810	0,9963	2
1,5	0,9344	0,9814	0,9991	3
2,5	0,9580	0,9958	0,9999	3
3	0,9665	0,9989	1,0000	3

27

k	0	1	2	3	4	5
P(X=k)	0,0498	0,1494	0,2240	0,2240	0,1680	0,1008

28 a) 0,0045   b) Mit der Wahrscheinlichkeit aus a) und der Näherung durch die Poisson-Verteilung $P_{4,5}$ erhält man:
P(X>4) = 0,0754 ; P(X≥3) = 0,0109.

29 Mit der Poisson-Verteilung P_2 erhält man: P)X>4) = 0,0527

S.173 30 Mit der Poisson-Verteilung P_1 erhält man: P(X>2) = 0,0803.

31 $p = \frac{60}{5000} = 0,012$, n = 50 . Mit $P_{50*0,012}$ erhält man:
P(X=0) = 0,5488.

32 a) $\frac{P_a(k+1)}{P_a(k)} = \frac{a^{k+1}}{(k+1)!} \cdot \frac{k!}{a^k} = \frac{a}{k+1}$.

b) $P_{0,85}(0) = 0,4274$.

c) $P_{0,85}(1) \approx 0,3633$; $P_{0,85}(2) \approx 0,1544$; $P_{0,85}(3) \approx 0,0437$;
$P_{0,85}(4) \approx 0,0093$; $P_{0,85}(5) = 0,0016$.

33 Für k^* gelten die Ungleichungen:

$P_a(k^*) \geq P_a(k^*-1)$ und $P_a(k^*) \geq P_a(k^*+1)$ bzw.

$P_a(k^*):P_a(k^*-1) \geq 1$ und $P_a(k^*+1):P_a(k^*) \leq 1$.

Mit Hilfe der Rekursionsformel aus Aufgabe 32 ergibt sich:

$a : k^* \geq 1$ und $a : (k^*+1) \leq 1$.

Also $a-1 \leq k^* \leq a$. Die rechte Seite der Ungleichung ist um eins größer als die linke. Zwischen diesen beiden Zahlen kann es also nur eine ganze Zahl liegen. Ist a eine ganze Zahl und $k^*=a$, so folgt aus der Rekursionsformel $P_a(k^*) = P_a(k^*-1)$;

ist $k^*=a-1$, $P_a(k^*+1) = P_a(k^*)$. D.h.: Ist a eine ganze Zahl, so nimmt P_a an genau zwei Stellen sein Maximum an.

34 a) X ist $B_{300;1/1000}$-verteilt.

b) X kann durch $P_{0,3}$ approximiert werden.

c) P(X > 2) = 0,0036.

35 X: Anzahl der Luftbläschen in einem Teilstück.

X ist $B_{n;1/100}$- verteilt. X kann durch $P_{n/100}$

approximiert werden. Aufgrund der Angaben gilt:
P(X = 0) = 0,2. Aus der Tabelle VI erhält man a ≈ 1,6.
D.h.: n ≈ 160. Auf der Glasplatte sind also ca. 160 Luftbläschen.

36 a) $\bar{k} = \frac{10097}{2608} \approx 3{,}9$.

k	0	1	2	3	4	5
b) $P_{3,9}$	0,0202	0,0789	0,1539	0,2001	0,1951	0,1522
c) $2608 \cdot P_{3,9}$	53	206	401	522	509	397
k	6	7	8	9	10	11
b) $P_{3,9}$	0,0989	0,0551	0,0269	0,0116	0,0045	0,0016
c) $2608 \cdot P_{3,9}$	258	144	70	30	12	4
k	12	13	14			
b) $P_{3,9}$	0,0005	0,0002	0,0000			
c) $2608 \cdot P_{3,9}$	1	1	0			

Die Übereinstimmung mit den beobachteten Werten ist recht gut

37 a) Meßreihe A: $\bar{k} = \frac{79}{60} \approx 1{,}3$; Meßreihe B: $\bar{k} = \frac{60}{60} = 1$;
Meßreihe C: $\bar{k} = \frac{36}{60} = 0{,}6$.
b) und c) :

k	0	1	2	3	4
A: $P_{1,3}$	0,2725	0,3543	0,2303	0,0998	0,0324
A: $60 \cdot P_{1,3}$	16	21	14	6	2
k	0	1	2	3	4
B: P_1	0,3679	0,3679	0,1839	0,0613	0,0153
B: $60 \cdot P_1$	22	22	11	4	1
k	0	1	2	3	4
C: $P_{0,6}$	0,5488	0,3293	0,0988	0,0198	0,0030
C: $60 \cdot P_{0,6}$	33	20	6	1	0

Die Übereinstimmungg mit den beobachteten Werten ist bei der Meßreihe A und C recht gut, bei der Meßreihe B schlechter. Für die Zeit von 10.15 Uhr bis 10.30 Uhr kann man also die Anzahl der Taxiankünfte nicht als poissonverteilt annehmen.

37 Die Näherungsformel von De Moivre-Laplace

S.174   1   P(X=432) ist sehr klein, der genaue Wert daher ziemlich uninteressant. Für P(X>90) müßte man, trotz der Umformung P(X>90) = 1 - P(X≤90), noch mindestens 91mal anwenden.

S.178   2   Tabelle: 0,1621 ; Näherung: 0,1332.

3   $n = 900$; $p = \frac{1}{6}$; $\sigma \approx 11{,}18$.
$P(120 \le X \le 180) \approx \phi(2{,}68) - \phi(-2{,}68) = 0{,}9926$.

4   a) 0,6915   b) 0,9332   c) 0,9484   d) 0,9881   e) 0,9994
    f) 0,7734   g) 0,9582   h) 0,9992   i) 0,9921   j) 0,9131

5   a) 0,1492   b) 0,0006   c) 0,2266   d) 0,0228   e) 0,0250
    f) 0,4641   g) 0,0793   h) 0,1922   i) 0,0582   j) 0,2514

6   a) x = 1,33   b) x = 0,22   c) x = 3,08   d) x = 0
    e) x ≤ 0,26   f) x ≥ 1,49   g) x < 0,09   h) x ≤ 1,96

7   a) x = -0,70   b) x = -2,09   c) x = -1,96   d) x = -1,65
    e) x < -1,50   f) x ≥ -2,54   g) x ≤ -0,10   h) x ≥ -3,09

8   $\mu = 112{,}5$; $\sigma = 7{,}5$.
    a) $P(X \le 108) = \phi(\frac{108-112{,}5}{7{,}5}) = \phi(-0{,}6) = 1 - \phi(0{,}6) = 0{,}2743$
    b) 0,6293   c) 0,6293   d) 0,1922   e) 0,7938   f) 0,2586
    g) 0,6237   h) 0,2562

S.179   9 $\mu = 23$; $\sigma \approx 4{,}21$
    a) 0,3173   b) 0,4061   c) 0,5241   d) 0,3580

10   $\mu = 720$; $\sigma \approx 16{,}97$.
    a) 0,1190   b) 0,7019   c) 0,7620   d) 0,6826   e) 0,2061
    f) 0,2776   g) 0,4448   h) 0,3887

11   X: Anzahl der Teile, die weiterverwendet werden können.
    X ist $B_{450;0{,}9}$-verteilt. Da $n \cdot p \cdot q = 40{,}5 > 9$, kann die Näherungsformel verwendet werden.
    $P(X \ge 420) = 1 - \phi(2{,}2) = 0{,}0139 \approx 1\%$.
    ( ): $P(X \ge 5420) = 1 - \phi(0{,}82) = 0{,}2061 \approx 20\%$.

12   X: Anzahl von Zahl bei 80 Würfen.
    Die Näherung ergibt $P(X > 40) = 0{,}0336 \approx 3\%$.

13   X: Anzahl der fehlenden Mitarbeiter. X ist $B_{60;1/12}$-verteilt.
    Da $n \cdot p \cdot q = 4{,}58 < 9$ kann die Näherung *nicht* verwendet werden.
    Aufgrund der Definition der Binomialverteilung ergibt sich:
    $P(X \ge 15) = 1 - P(X \le 14) = 0{,}0001$.

14   Mit Hilfe der Näherung ergibt sich:
    $P(X > 525) = 1 - \phi(0{,}70) = 0{,}2420$.
    ( ): $P(X \ge 500) = 0{,}8289$; $P(500 \le X \le 520) = 0{,}4613$.

15   X: Anzahl der Wappen. $P(|X - \mu| > 10) = 1 - P(75 \le X \le 85)$.
    Mit der Näherungsformel erhält man hierfür $0{,}1032 \approx 10\%$.
    (Anmerkung: Mit Hilfe der Tschebyscheff-Ungleichung erhält man ca. 31% .)

16 $\mu = 50$; $\sigma \approx 6,45$; $n \cdot p \cdot q > 9$.
   a) $P(X \leq g) = \phi (\frac{g-50}{6,45}) \leq 0,025$; dies trifft zu, falls
   $\frac{g-50}{6,45} \leq -1,96$; daraus folgt $g \leq 37,4$, d.h. $g \leq 37$.
   b) $g \leq 64$.

17 Mit der Näherung erhält man: $P(X \leq 80) = 0,3632$;
   ( ): $P(X \leq 90) = 0,9292$.

18 X ist $B_{250;0,02}$-verteilt.
   a) Die Näherung ist nicht verwendbar. Mit der Formel von
   Bernoulli erhält man: $P(X \leq 3) = 0,2622$.
   b) Mit der Näherung erhält man: $P(X \leq 3) = 0,0125$.

19 $\mu = 150$; $\sigma \approx 8,66$; die Näherung ist verwendbar.
   $P(|X-\mu| \leq d) = 2 \cdot \phi (\frac{d}{\sigma}) - 1 \geq 0,95$ ergibt $d \geq 17$.

20 X: Anzahl der brauchbaren Nägel. X ist $B_{n;5/6}$-verteilt. Es
   ist n gesucht mit $P(X \geq 72) \geq 0,98$. $n \cdot p \cdot q > 9$, falls $n \geq 65$.
   $P(X \geq 72) = 1 - \phi(\frac{71-\mu}{\sigma}) \geq 0,98$ ergibt $-426 + 5n \geq 2,06\sqrt{5n}$.
   Mit $z^2 = 5n$ erhält man $z^2 - 2,06 \cdot z - 426 \geq 0$. Da nur
   positive Werte in Frage kommen, fogt $z \geq 21,7$, d.h. $n \geq 94,2$.
   Also müssen mindestens 5 Pakete gekauft werden.

21 X: Anzahl der Knaben. X ist $B_{14000;18/(18+17)}$-verteilt.
   Es ist $\frac{18}{18 + 17} \approx 0,514$. $\mu = 7200$; $\sigma \approx 59,14$; $n \cdot p \cdot q > 9$.
   $P(|X-7200| \leq 163) = P(7037 \leq X \leq 7363) = 2 \cdot \phi(2,76) - 1 = 0,9942$.

22 X: Anzahl der Personen, die am 1.1. Geburtstag haben.
   X ist $B_{500;1/365}$-verteilt.
   Exakte Lösung: Mit der Formel von Bernoulli erhält man
   $P(X \leq 3) = 0,9498 \approx 95\%$.
   Näherungslösung: $P(X \leq 3) = \phi(1,39) = 0,9177 \approx 92\%$.
   (Es ist $n \cdot p \cdot q = 1,37 < 9$!)

23 X: Anzahl von Wappen bei n Würfen.
   $p = 0,5$; $\mu = 0,5 \cdot n$; $\sigma = 0,5\sqrt{n}$. Aus $P(0,4 \leq \frac{X}{n} \leq 0,6) \geq 0,99$,
   folgt $P(0,4n \leq X \leq 0,6n) \geq 0,99$. Mit Hilfe der Näherungs-
   formel erhält man $n \geq 166$ (Mit Korektur 0,5: $n \geq 156$; mit
   der Tschebyscheffungleichung: $n \geq 2500$!)

24 $\varphi'(x) = - 1/\sqrt{2\pi} \cdot x \cdot e^{-0,5x^2}$;
   $\varphi''(x) = 1/\sqrt{2\pi} \cdot (x^2-1) \cdot e^{-0,5x^2}$. Aufgrund der bekannten
   Kriterien aus der Analysis ergibt sich:
   Hochpunkt: $(0 | 1/\sqrt{2\pi}) \approx (0 | 0,3989)$.
   Wendepunkte: $(+-1 | 1/\sqrt{2\pi} \cdot e^{-0,5}) \approx (+-1 | 0,2420)$.

38 Der Zentrale Grenzwertsatz

S.180 1 $X = X_1$:

k	1	2	3	4
P(X=k)	$\frac{1}{4}$	$\frac{1}{4}$	$\frac{1}{4}$	$\frac{1}{4}$

$X = X_1 + X_2$:

k	2	3	4	5	6	7	8
P(X=k)	$\frac{1}{16}$	$\frac{2}{16}$	$\frac{3}{16}$	$\frac{4}{16}$	$\frac{3}{16}$	$\frac{2}{16}$	$\frac{1}{16}$

$X = X_1 + X_2 + X_3$:

k	3	4	5	6	7	8	9	10	11	12
P(X=k)	$\frac{1}{64}$	$\frac{3}{64}$	$\frac{6}{64}$	$\frac{10}{64}$	$\frac{12}{64}$	$\frac{12}{64}$	$\frac{10}{64}$	$\frac{6}{64}$	$\frac{3}{64}$	$\frac{1}{64}$

Es scheint sich eine Glockenform anzudeuten. Mit wachsendem n verschiebt sich die Stelle des Maximums nach rechts, und die Stabdiagramme werden immer flacher.

S.182 2   Werte sind auf 3 Dezimalen gerundet.

a) $X = X_1$; $\mu=2$; $\sigma \approx 0{,}8165$

k	P(X=k)	trans. φ
1	0,333	0,231
2	0,333	0,489
3	0,333	0,231

$X = X_1 + X_2$; $\mu=4$; $\sigma \approx 1{,}1547$

k	P(X=k)	trans. φ
2	0,111	0,077
3	0,222	0,237
4	0,333	0,345
5	0,222	0,237
6	0,111	0,077

$X = X_1 + X_2 + X_3$; $\mu=6$; $\sigma \approx 1{,}414$

k	P(X=k)	trans. φ
3	0,037	0,030
4	0,111	0,104
5	0,222	0,220
6	0,259	0,282
7	0,222	0,220
8	0,111	0,104
9	0,037	0,030

$X = X_1 + X_2 + X_3 + X_4$; $\mu=8$; $\sigma \approx 1{,}630$

k	P(X=k)	trans. φ
4	0,012	0,012
5	0,049	0,045
6	0,123	0,115
7	0,198	0,203
8	0,235	0,244
9	0,198	0,203
10	0,123	0,115
11	0,049	0,045
12	0,012	0,012

b) $\mu = 20$; $\sigma \approx 2{,}5820$. $P(X \leq 25) \approx \phi(1{,}94) = 0{,}9738$.

3 Für X_i gilt: $\mu = 1$; $\sigma^2 = 0,8$; $\sigma \approx 0,8944$; $(1 \le i \le 4)$.
   Die folgenden Werte sind auf 3 Dezimalen gerundet.

$X = X_1$

k	P(X=k)	trans.φ
0	0,4	0,239
1	0,2	0,446
2	0,4	0,239

$X = X_1 + X_2$

k	P(X=k)	trans.φ
0	0,16	0,090
1	0,16	0,231
2	0,36	0,315
3	0,16	0,231
4	0,16	0,090

$X = X_1 + X_2 + X_3$

k	P(X=k)	trans.φ
0	0,064	0,039
1	0,096	0,112
2	0,240	0,209
3	0,200	0,258
4	0,240	0,209
5	0,096	0,112
6	0,064	0,039

$X = X_1 + X_2 + X_3 + X_4$

k	P(X=k)	trans.φ
0	0,026	0,018
1	0,051	0,055
2	0,141	0,119
3	0,166	0,191
4	0,232	0,223
5	0,166	0,191
6	0,141	0,119
7	0,051	0,055
8	0,026	0,018

4 X_i: Augenzahl des i.Würfels. $X = X_1 + \ldots + X_{20}$.
   $E(X) = 20 \cdot 3,5 = 70$; $V(X) = 20 \cdot \frac{35}{12} = \frac{175}{3}$.
   $P(65 \le X \le 75) \approx \phi(0,65) - \phi(-0,79) = 0,5274$.

5 X_i: Zahl bei der i.Ziehung. $E(X_i) = 5,5$; $V(X_i) = 8,25$.
   $X = X_1 + \ldots + X_{200}$. $E(X) = 1100$; $V(X) = 1650$; $\sigma \approx 40,62$.
   $P(X > 200 \cdot 6) = 1 - P(X \le 1200) \approx 1 - \phi(2,46) = 0,0069$.

6 X: Anzahl der Augenzahl 4 bei n Würfen. $\mu = \frac{1}{4} \cdot n$; $\sigma = \frac{1}{4} \cdot \sqrt{3n}$.
   $P(|0,2 \le \frac{X}{n} \le 0,3|) = P(n \cdot 0,2 \le X \le n \cdot 0,3) \approx$
   $$\approx 2 \cdot \phi(0,11547 \cdot \sqrt{n}) - 1 \ge 0,95 .$$
   D. h.: $\phi(0,11547 \cdot \sqrt{n}) \ge 0,975$ bzw. $0,11547 \cdot \sqrt{n} \ge 1,9600$.
   Daraus folgt $n \ge 289$.

( ): $\mu = 3,5 \cdot n$; $\sigma = \frac{1}{6} \cdot \sqrt{5n}$.

$P(n \cdot (\frac{1}{6}-0,05) \leq X \leq n \cdot (\frac{1}{6}+0,05)) \approx 2 \cdot \phi(0,13416 \cdot \sqrt{n})-1 \geq 0,95$;

d.h. $0,13416 \cdot \sqrt{n} \geq 1,9600$, daraus folgt $n \geq 215$.

7 X_1: Anzahl der defekten unter den Bauteilen T_1.
X_2: Anzahl der defekten unter den Bauteilen T_2.
X_1 ist $B_{50;0,05}$-verteilt, X_2 ist $B_{50;0,1}$-verteilt.
$X = X_1 + X_2$.

a) Die Wahrscheinlichkeitsverteilung von X ergibt sich als Wahrscheinlichkeitsverteilung der Summe $X_1 + X_2$. Es gilt:
$E(X) = E(X_1) + E(X_2) = 7,5$ und $V(X) = V(X_1) + V(X_2) = 6,875$.
Es gilt jedoch auch $X = Y_1 + \ldots + Y_{50} + Y_{51} + \ldots + Y_{100}$,
wobei $Y_i = 1$, falls i.Bauteil defekt, und $Y_i = 0$ sonst.
Es ist $E(Y_i) = 0,05$ für $1 \leq i \leq 50$ und $E(Y_i) = 0,1$ für $51 \leq i \leq 100$. Aufgrund dieser Darstellung kann man annehmen, daß der Zentrale Grenzwertsatz anwendbar ist.

b) $P(X \leq 6) \approx \phi(-0,57) = 1 - 0,7157 = 0,2843 \approx 28\%$.
Exakte Lösung mit $X = X_1 + X_2$: $P(X \leq 6) = 0,3691 \approx 37\%$.

39 Normalverteilungen

39.1 Definition einer normalverteilten Zufallsvariablen

S.183 1 Zu den Schaubildern: siehe Lehrbuch Fig.184.1 und 184.2.
Es gilt $\phi(x) \longrightarrow 1$ für $x \longrightarrow +\infty$. Dies bedeutet $\varphi(x) \longrightarrow 0$ für $x \longrightarrow +\infty$ und $x \longrightarrow -\infty$.

S.185 2 Siehe Fig.39.2.

3   a) Wertetabelle für $\mu_X = 0$ und $\sigma_X = \frac{1}{2}$ (auf 3 Dezimalen):

x	$2 \cdot \varphi_X(2 \cdot x)$	$\phi(2 \cdot x)$
-1,75	0,0017	0,0002
-1,50	0,0089	0,0013
-1,25	0,0351	0,0062
-1,00	0,1080	0,0228
-0,75	0,2590	0,0668
-0,50	0,4839	0,1587
-0,25	0,7041	0,3085
0	0,7979	0,5000
0,25	0,7041	0,6915
0,50	0,4839	0,8413
0,75	0,2590	0,9332
1,00	0,1080	0,9772
1,25	0,0351	0,9938
1,50	0,0089	0,9987
1,75	0,0017	0,9998

Die Schaubilder der anderen Dichte- und Verteilungsfunktionen ergeben sich durch Verschiebung um die Erwartungswerte.

b)

x	$2 \cdot \varphi_X(2 \cdot (x-10))$	$\phi(2 \cdot (x-10))$
8,25	0,0017	0,0002
8,50	0,0089	0,0013
8,75	0,0351	0,0062
9,00	0,1080	0,0228
9,25	0,2590	0,0668
9,50	0,4839	0,1587
9,75	0,7041	0,3085
10,00	0,7979	0,5000
10,25	0,7041	0,6915
10,50	0,4839	0,8413
10,75	0,2590	0,9332
11,00	0,1080	0,9772
11,25	0,0351	0,9938
11,50	0,0089	0,9987
11,75	0,0017	0,9998

x	$\varphi_X(x-10)$	$\phi(x-10)$
7,00	0,0044	0,0013
7,50	0,0175	0,0062
8,00	0,0540	0,0228
8,50	0,1295	0,0668
9,00	0,2420	0,1587
9,50	0,3521	0,3085
10,00	0,3989	0,5000
10,50	0,3521	0,6915
11,00	0,2420	0,8413
11,50	0,1295	0,9332
12,00	0,0540	0,9772
12,50	0,0175	0,9938
13,00	0,0044	0,9987
13,50	0,0009	0,9998

x	$\frac{1}{2}\cdot\varphi_X(\frac{1}{2}\cdot(x-10))$	$\phi(\frac{1}{2}\cdot(x-10))$
4,00	0,0022	0,0013
4,50	0,0045	0,0030
5,00	0,0088	0,0062
5,50	0,0159	0,0122
6,00	0,0270	0,0228
6,50	0,0431	0,0401
7,00	0,0648	0,0668
7,50	0,0913	0,1056
8,00	0,1210	0,1587
8,50	0,1506	0,2266
9,00	0,1760	0,3085
9,50	0,1933	0,4013
10,00	0,1995	0,5000
10,50	0,1933	0,5987
11,00	0,1760	0,6915
11,50	0,1506	0,7734
12,00	0,1210	0,8413
12,50	0,0913	0,8944
13,00	0,0648	0,9332
13,50	0,0431	0,9599
14,00	0,0270	0,9772
14,50	0,0159	0,9878
15,00	0,0088	0,9938
15,50	0,0045	0,9970
16,00	0,0022	0,9987

4

x	$\frac{2}{3}\cdot\varphi_X(\frac{2}{3}\cdot(x-3))$	$\phi(\frac{2}{3}\cdot(x-3))$
-1,00	0,0076	0,0038
-0,75	0,0117	0,0062
-0,50	0,0175	0,0098
-0,25	0,0254	0,0151
0,00	0,0360	0,0228
0,25	0,0495	0,0334
0,50	0,0663	0,0478
0,75	0,0863	0,0668
1,00	0,1093	0,0912
1,25	0,1347	0,1217
1,50	0,1613	0,1587
1,75	0,1879	0,2023
2,00	0,2130	0,2525
2,25	0,2347	0,3085
2,50	0,2516	0,3694
2,75	0,2623	0,4338
3,00	0,2660	0,5000
3,50	0,2516	0,6306
4,00	0,2130	0,7475
4,50	0,1613	0,8413
5,00	0,1093	0,9088
5,50	0,0663	0,9522
6,00	0,0360	0,9772
6,50	0,0175	0,9902
7,00	0,0076	0,9962

Zu den Markierungen von P(X≤5), P(X>3) und P(2<X≤6) vergleiche mit Aufgabe 2, S.185 des Lehrbuchs.

5 Sei $F(x) = \phi(\frac{x-\mu}{\sigma})$; $F'(x) = f(x) = \frac{1}{\sigma} \cdot \varphi(\frac{x-\mu}{\sigma})$.

$$F''(x) = f'(x) = -\frac{1}{\sigma^3 \sqrt{2\pi}} \cdot e^{-\frac{1}{2}(\frac{x-\mu}{\sigma})^2} \cdot (x-\mu) \, .$$

$$f''(x) = -\frac{1}{\sigma^3 \sqrt{2\pi}} \cdot e^{-\frac{1}{2}(\frac{x-\mu}{\sigma})^2} \cdot [-(\frac{x-\mu}{\sigma})^2 + 1] \, .$$

Für die Funktion f folgt: $x_H = \mu$, $y_H = \frac{1}{\sigma \cdot \sqrt{2\pi}}$;

$x_{W_1} = \mu + \sigma$, $y_{W_1} = \frac{1}{\sigma \cdot \sqrt{2\pi}} \cdot e^{-0,5}$; $x_{W_2} = \mu - \sigma$, $y_{W_2} = y_{W_1}$.

Für die Funktion F folgt: $x_v = \mu$, $y_v = 0,5$.

6 X bzw. Y: Gewicht (in g) des ersten bzw. zweiten Brotes.
Z: Gesamtgewicht. Z = X + Y. Z ist ebenfalls normalverteilt.
E(Z) = 1000 + 1000 = 2000, $V(Z) = 2 \cdot 40^2 = 3200$, $\sigma_Z = \sqrt{2} \cdot 40$.

7 X: Durchmesser (in mm) eines Metallbolzen;
Y: Innendurchmesser (in mm) einer Unterlegscheibe.
Von Interesse ist das Spiel des Metallbolzenz in der Unterlegscheibe, also die Zufallsvariable:
Z = Y - X = Y + (-1)·X. Z ist normalverteilt mit:
E(Z) = 6 - 5 = 1, $V(Z) = 0,6^2 + 0,4^2 = 0,52$, $\sigma_Z \approx 0,72$.

8 $\bar{X}$ ist normalverteilt mit $E(\bar{X}) = E(X_1) = E(X_2) = \mu$,
$V(\bar{X}) = \frac{1}{2} \sigma^2$, $\sigma_{\bar{X}} = (1/\sqrt{2}) \cdot \sigma$.

39.2 Praxis der Normalverteilung

9 Ist X normalverteilt mit $E(X) = \mu$ und $V(X) = \sigma$, so ist
$0,8907 = \phi(1,23) = P(X \leq 1,23 \cdot \sigma + \mu)$.

10 a) 0,6247   b) 0,6826   c) 0,6915   d) 0,7764   e) 0,4532
    f) 0,2924   g) 0,6170   h) 0,6826

11 a) 0,8849   b) 0,1251   c) 0,1788   d) 0,1841   e) 0,3108
    f) 0,1096   g) 0,4806

12 a) 0,9772   b) 0,9082   c) 0,8164   d) 0,3108   e) 0,0198
    f) 0,5000   g) 0,3865

13 a) 0,53   b) 0   c) -0,68   d) 0,43

14 a) 42,04   b) 36,16   c) 2,79

15 a) 5,21   b) 4,89   c) 0,33

16 $k \geq 1{,}96$ ( ): $k \geq 2{,}58$; $k \geq 3{,}31$

S.189 17 a) $\mu \approx 1{,}9$ b) $\sigma \approx 1{,}19$

18 $\sigma = 0{,}03$ cm (!). Damit $P(1{,}7 \leq X \leq 1{,}8) = 0{,}9044 \approx 90\%$.
(Mit $\sigma = 0{,}003$ cm ergibt sich die Wahrscheinlichkeit 1)

19 $0{,}4246 \approx 42\%$

20 a) $0{,}3520$ b) $0{,}4272$

21 a) $0{,}0475$ b) $0{,}0475$ c) $0{,}4972$

22 a) $0{,}095 \approx 9{,}5\%$ b) aus $2 \cdot \phi(\frac{c}{\sigma}) - 1 \geq 0{,}96$ folgt $c \geq 12{,}36$

23 $c \geq 1{,}165$ (in mm)

24 $P(|X - \mu| > 1) = 0{,}2112 \approx 21\%$.

25 $\sigma = 0{,}4299$

26 $P(X < 15) = 0{,}05$ ergibt $15 - \mu = -1{,}65 \cdot \sigma$.
$P(X < 28) = 0{,}91$ ergibt $28 - \mu = 1{,}34 \cdot \sigma$.
Daraus $\sigma \approx 4{,}35$ und $\mu = 22{,}17$.

27 Y: Reingewinn in Pfg.
$E(Y) = -1 \cdot 0{,}02 + 2 \cdot 0{,}06 + 4 \cdot 0{,}17 + 6 \cdot 0{,}22 + 7 \cdot 0{,}24 + 8 \cdot 0{,}31$
$= 6{,}25$; also $E(Y) \approx 6$ Pfg.

28 $\mu = 15$; $\sigma = 3{,}6742$; $n \cdot p \cdot q > 9$.
a) $0{,}3936$ b) $0{,}7054$ c) $0{,}3118$ d) $0{,}6064$

29 X: Anzahl der richtig geratenen Antworten.
X ist $B_{42;1/3}$-verteilt. $n \cdot p \cdot q > 9$.
$P(12 \leq X \leq 22) = 0{,}7377 \approx 74\%$.

S.190 30 X: Anzahl des Eintretens von A bei n-maligem Durchführen des Zufallsexperiments. $E(X) = n \cdot p$; $V(X) = n \cdot p \cdot (1-p)$.
$\overline{X} = \frac{1}{n} \cdot X$. $E(\overline{X}) = p$; $V(\overline{X}) = \frac{1}{n} \cdot p \cdot (1-p) = \sigma_{\overline{X}}^2$.

$\overline{X}$ kann durch eine Normalverteilung angenähert werden.
$P(|\overline{X} - \mu_{\overline{X}}| \leq \varepsilon) \approx 2 \cdot \phi(\frac{\varepsilon}{\sigma_{\overline{X}}}) - 1$. Durch Einsetzen ergibt sich die Behauptung.

31 Zu berechnen ist jeweils $p = P(|h - \frac{1}{6}| < 0{,}05)$.

a) mit Tschebyscheff: $p \geq 1 - \frac{1}{100 \cdot 0{,}025 \cdot 36} = 0{,}4444$

b) mit Normalverteilung: $p = 2 \cdot \phi(1{,}34) - 1 = 0{,}8198$

c) exakt: X: Anzahl der Sechsen. $p = P(|12 \leq X \leq 21) = 0{,}8221$

32 Zu berechnen ist n mit $P(|h - 0{,}5| < 0{,}05) \geq 0{,}9$.

a) mit Tschebyscheff: $p \geq 1 - \frac{100}{n} \geq 0{,}9$;
daraus folgt $n \geq 1000$

b) mit Normalverteilung: $p = 2 \cdot \phi(\frac{\sqrt{n}}{10}) - 1 \geq 0{,}9$;
daraus folgt $n \geq 271$.

33 X: Summe der Augenzahlen bei n Würfen.
    $E(X) = n \cdot 3,5$; $V(X) \approx n \cdot 2,917$.
    a) $P(|X - n \cdot 3,5| < n \cdot 0,01) \geq 1 - \dfrac{10^4 \cdot 2,917}{n} \geq 0,95$; daraus
    folgt $n \geq 583400$.
    b) $P(|X - n \cdot 3,5| < n \cdot 0,01) = 2 \cdot \phi(0,005855\sqrt{n}) - 1 \geq 0,95$;
    daraus folgt: $n \geq 112062 \approx 112000$ (aufgrund des Zahlenmaterials wirken sich Rundungen stark auf das Endergebnis aus)

34 a) $P(|h - p| \leq 0,05) = 2 \cdot \phi\left(\dfrac{0,05 \cdot \sqrt{n}}{\sqrt{p(1-p)}}\right) - 1 \geq 0,99$.
    Daraus folgt $\sqrt{n} \geq \sqrt{p(1-p)} \cdot 51,516$. $\sqrt{p(1-p)}$ wird für $p = 0,5$ am größten, also ist die Ungleichung sicher dann erfüllt, wenn $\sqrt{n} \geq 0,5 \cdot 51,516 = 25,758$. Damit $n \geq 664$.
    b) Ist $p \leq 0,1$, dann ist $\sqrt{p(1-p)}$ maximal für $p = 0,1$. Daraus folgt $n \geq 239$.

35 Gefragt ist nach: $p = 0,4 \cdot P(Y>170) + 0,6 \cdot P(X>170)$.
    $p = 0,4 \cdot (1 - P(Y \leq 170)) + 0,6 \cdot (1 - P(X \leq 170)) =$
    $1 - 0,4 \cdot P(Y \leq 170) - 0,6 \cdot P(X \leq 170) =$
    $1 - 0,4 \cdot \phi(-\tfrac{3}{8}) - 0,6 \cdot \phi(\tfrac{5}{4}) = 0,3218 \approx 32\%$.

36 $Z = X + Y$ ist normalverteilt, mit $E(Z) = 174$ und $V(Z) = 250$.
    Damit $P(Z \leq 180) = \phi\left(\dfrac{180 - 174}{18,81}\right) = 0,6255$.
    ( ): $P(Z > 210) = 0,0281$.

37 X: Durchmesser eines Metallbolzens (in mm);
    Y: Innendurchmesser einer Unterlegscheibe (in mm).
    $\mu_X = 5$, $\sigma_X = 0,4$; $\mu_Y = 6$, $\sigma_Y = 0,6$.
    $Z = Y - X$ ist normalverteilt mit $\mu_Z = 1$ und $\sigma_Z \approx 0,7211$.
    $P(Z > 0) = \phi(1,39) = 0,9177$.

38 Sei X_i: Gewicht (in g) des i-ten Kettenglieds. $E(X_i) = 5$ und $V(X_i) = 0,04$, $1 \leq i \leq 10$. $Z = X_1 + \ldots + X_{10}$ ist normalverteilt mit $E(Z) = 50$ und $V(Z) = 0,4$, $\sigma_Z \approx 0,6325$.
    a) $P(Z < 51) = 0,9429$.
    b) $P(|Z - 50| \leq c) \leq 0,99$ ergibt $c \leq 1,6290$.

39 X: Länge eines Stahlbolzens (in mm).
    $\mu_X = 20$, $\sigma_X^2 = 0,01$, $\sigma_X = 0,1$. Mit Normalverteilung:
    $P(|X - 20| < 0,3) = 2 \cdot \phi(3) - 1 = 0,9974$. Ohne Information über die Verteilung kann die Ungleichung von Tschebyscheff angewendet werden.
    Sie liefert $P(|X - 20| < 0,3) \geq 1 - \dfrac{1}{9} = 0,8889$.

39.3 Weitere Dichtefunktionen

S.191   40   Es muß c so bestimmt werden, so daß $\int_{-\infty}^{\infty} f_c(t)dt = 1$.

$\int_{-\infty}^{\infty} f_c(t)dt = \int_0^2 f_c(t)dt = 8 \cdot c - \frac{8 \cdot c}{3}$. Damit folgt: $c = \frac{3}{16}$.

Die zugehörige Verteilungsfunktion $F(x) = \int_{-\infty}^{x} f_{3/16}(t)dt$

lautet: $F(x) = \begin{cases} 0, & \text{für } x < 0 \\ p(x), & \text{für } 0 \leq x \leq 2 \\ 1, & \text{für } x > 2 \end{cases}$

wobei $p(x) = \int_0^x f_{3/16}(t)dt = \frac{3}{4} \cdot x - \frac{1}{16} \cdot x^3$.

S.192   41 $P(|X - \frac{1}{2}| \leq \frac{1}{4}) = P(\frac{1}{4} \leq X \leq \frac{3}{4}) =$

$= (1 - e^{-3/2}) - (1 - e^{-1/2}) = 0,3834$.

42   a) $F(t) = \begin{cases} 0, & \text{für } x < 0 \\ p(x), & \text{für } 2 \leq x \leq 3 \\ 1, & \text{für } x > 3 \end{cases}$

wobei $p(x) = \int_2^x f(t)dt = \Big[t\Big]_2^x = x - 2$.

b) $F(x) = \begin{cases} 0, & \text{für } x < 0 \\ x \cdot (2 - x) & \text{für } 0 \leq x \leq 1 \text{ . Vgl. Fig.39.42.b.} \\ 1, & \text{sonst} \end{cases}$

c) $F(x) = \begin{cases} 0, & \text{für } x < 0 \\ 0,5 \cdot x, & \text{für } 0 \leq x \leq 2 \\ 1, & \text{sonst} \end{cases}$

d) $F(x) = \begin{cases} 0, & \text{für } x \leq -2 \\ p(x), & \text{für } -2 < x \leq 0 \text{ ; } q(x), \text{ für } 0 < x < 2, \\ 1, & \text{für } x \geq 2 \end{cases}$

wobei $p(x) = -\frac{1}{8} \cdot x^2 + \frac{1}{2}$ und $q(x) = \frac{1}{2} + \frac{1}{8} \cdot x^2$. Vgl. Fig.39.42.d.

e) $F(t) = \begin{cases} 0, & \text{für } x < 0 \\ p(x), & \text{für } 0 \leq x \leq 1 \\ 1, & \text{für } x > 1 \end{cases}$

wobei $p(x) = 3 \cdot x^2 - 2 \cdot x^3$.

f) $F(x) = \begin{cases} 0, & \text{für } x < -\pi/2 \\ 0,5 \cdot \sin(x) + 0,5, & \text{für } -\pi/2 \leq x \leq \pi/2 \\ 1, & \text{für } x \geq \pi/2 \end{cases}$

Vgl. Fig.39.42.f.

g) $F(x) = \begin{cases} 0, & \text{für } x \leq 0 \\ 1 - 0,5 \cdot x \cdot e^{-0,5x} - e^{-0,5x}, & \text{für } x > 0 \end{cases}$

Vgl. Fig.39.42.g.

h) $F(x) = \begin{cases} 0, & \text{für } x < 0 \\ 1 - e^{-x^2}, & \text{für } x \geq 0 \end{cases}$

Vgl. Fig.39.42.h.

43 a) $f(t) = \begin{cases} 0, & \text{für } t \leq 0 \text{ und } t > 1 \\ \dfrac{1}{2\cdot\sqrt{t}}, & \text{für } 0 < t \leq 1 \end{cases}$

b) $f(t) = \begin{cases} 0, & \text{für } |t| > 1 \\ 0,5, & \text{für } -1 \leq t \leq 1 \end{cases}$

c) $f(t) = \dfrac{1}{2}\cdot e^{-|t|}$ (vgl. Fig.39.43.c)

d) $f(t) = \begin{cases} 2t\cdot e^{-t^2}, & \text{für } t \geq 0 \\ 0, & \text{für } t < 0 \end{cases}$; e) $f(t) = \begin{cases} 3t^2\cdot e^{-t^3}, & \text{für } t \geq 0 \\ 0, & \text{für } t < 0 \end{cases}$

f) $f(t) = \begin{cases} 0,5\cdot t^{-0,5}\cdot e^{-\sqrt{t}}, & \text{für } t > 0 \\ 0, & \text{für } t \leq 0 \end{cases}$ (vgl. Fig.39.43.f)

44 a) $c = 4$; b) $c = \dfrac{3}{4}$; c) $c = 5$; d) $c = 2$.

45 $P(1500 < X < 3000) = 0,4167$.

S.193 46 $F(x) = 1 - e^{-0,5x}$, für $x \geq 0$; $E(X) = 2$.

a) $P(1 < X < 3) = F(3) - F(1) = 0,3834$; $P(X > 4) = 0,1353$;
$P(X \leq 2,5) = 0,7135$; $P(|X - 2| < 0,5) = 0,1859$.

b) $P(X > x) = 1 - F(x) = e^{-0,5x} = 0,9$ ergibt $x = 0,2107$.

47 $P(X > \mu_X) = e^{-1} = 0,3679$.

48 $p = P(X > 20) = 0,1353$; Y: Anzahl der Geräte die nach 20 Monaten noch einwandfrei arbeiten. Y ist $B_{6;p}$-verteilt.
$P(Y \geq 3) = 0,0360$.

49 a) $F(x) = \begin{cases} 0, & \text{für } x < a \\ (x - a):(b - a), & \text{für } a \leq x \leq b \\ 1, & \text{für } x > b \end{cases}$

$P(2,4 \leq x \leq 3,8) = F(3,8) - F(2,4)$.

b) $E(X) = \dfrac{1}{2}\cdot(a + b)$; $V(X) = \dfrac{1}{12}\cdot(b - a)^2$.

d) $F(x) = \begin{cases} 0, & \text{für } x < 0 \\ 0,5\cdot x, & \text{für } 0 \leq x \leq 2 \\ 1, & \text{für } x > 2 \end{cases}$; $P(\dfrac{1}{3} < X < \dfrac{3}{2}) = \dfrac{7}{12}$.

50 a) $a = 0,25$: $f(x) \geq 0$, für $x \in \mathbb{R}$.

$\int_{-\infty}^{\infty} f(t)dt = \int_{-\infty}^{0} 0\,dt + \int_{0}^{2} \dfrac{1}{4}\cdot t\,dt + \int_{2}^{4} (1-\dfrac{1}{4}\cdot t)\,dt + \int_{4}^{\infty} 0\,dt = 1$

b) $F(x) = \begin{cases} 0 \text{, für } x < 0 \text{;} & 1 \text{, für } x > 4 \\ \frac{1}{8} \cdot x^2 \text{, für } 0 \le x \le 2; & -\frac{1}{8} \cdot x^3 + x - 1 \text{, für } 2 < x \le 4 \end{cases}$

c) $P(1,5 \le X \le 3) = \frac{19}{32} = 0,59375$.

d) $E(X) = 2$; $V(X) = \frac{2}{3}$.

51 a) $f(x) \ge 0$ für $x \in \mathbb{R}$. $\int_{-\infty}^{\infty} f(t)dt = \int_{1}^{\infty} f(t)dt = 1$.

b) $F(x) = \begin{cases} 0 & \text{, für } x < 1 \\ 1 - x^{-2} & \text{, für } x \ge 1 \end{cases}$.

c) $P(2 \le X \le 3) = F(3) - F(2) = \frac{5}{36} = 0,1389$.
$P(X > 3,5) = 0,0816$.

d) $E(X) = \int_{-\infty}^{\infty} t \cdot f(t)dt = \int_{1}^{\infty} 2 \cdot t^{-2} dt = 2$.

52 a) $f(t) = \begin{cases} t \cdot e^{-t} & \text{, für } t > 0 \\ 0 & \text{, für } t \le 0 \end{cases}$. $f(t) \ge 0$ für alle $t \in \mathbb{R}$.

$\int_{-\infty}^{\infty} f(t)dt = \int_{0}^{\infty} f(t)dt = \lim_{x \to \infty} \left[-t \cdot e^{-t} - e^{-t} \right]_{0}^{x} = 1$.

b) $F(x) = \begin{cases} 1 - x \cdot e^{-x} - e^{-x} & \text{, für } x > 0 \\ 0 & \text{, für } x \le 0 \end{cases}$. Vgl. Fig.39.52.

c) $P(1 < X < 4) = F(4) - F(1) = 0,6442$; $P(X > 5) = 0,0404$.

d) $E(X) = \int_{0}^{\infty} t^2 \cdot e^{-t} dt = 2$; $V(X) = \int_{0}^{\infty} (t-2)^2 \cdot t \cdot e^{-t} dt = 6$.

53 $\int_{0}^{1} f(t)dt = 1$ führt zu $3a + b = 3$; $\int_{0}^{1} t \cdot f(t)dt = \frac{1}{4}$ führt zu

$2a + b = 1$. Damit erhält man: $a = 2$; $b = -3$.

54 $\int_{-\infty}^{\infty} t \cdot f(t)dt$ ist nicht definiert: z.B. konvergiert

$\lim_{b \to \infty} \int_{a}^{b} t \cdot f(t)dt = \lim_{b \to \infty} \left[\frac{1}{2} \cdot \ln(t) \right]_{a}^{b}$ für alle $a \in \mathbb{R}$ nicht.

40 Vermischte Aufgaben

Binomialverteilung

S.194 1 a) $E(X) = 48$;

b) Y: Anzahl der dreisilbigen Wörter im Absatz;
Y ist $B_{100;0,1}$-verteilt. $P(Y \ge 11) = 0,4168$;
( ): $P(Y \ge 15) = 0,0726$.

2 a) X: Anzahl der unbrauchbaren Nägel. X ist $B_{50;0,1}$-verteilt.
$P(X \le 3) = 0,2503$, d.h. in ca 25% aller Fälle reicht 1 Packung.

b) Gesucht n mit $1 - F_{n;0,9}(11) \geq 0,99$. Durchsehen der Tabelle ergibt $n \geq 17$. Man muß also mindestens 17 Nägel der Packung entnehmen.

3 a) $0,8^3 \approx 51\%$ b) $0,8^3 \cdot 0,2^2 \approx 2\%$
c) X: Anzahl der roten Kugeln; X ist $B_{5;0,8}$-verteilt.
$P(X=3) = 0,2048 \approx 20\%$.
d) $p = 3 \cdot 0,8^3 \cdot 0,2^2 + 2 \cdot 0,8^4 \cdot 0,2 + 0,8^5 \approx 55\%$.
e) Mit X aus Teilaufgabe c): $P(X > 3) = 0,7373 \approx 74\%$.
f) $0,8^3 \cdot 0,2^2 \approx 2\%$.

4 X: Anzahl der fehlenden Mitarbeiter. X ist $B_{50;0,1}$-verteilt. $P(X \geq 10) = 0,0245$. Das Risiko der Produktionsunterbrechung besteht in ca. 2 von 100 Arbeitstagen.

5 a) X: Anzahl der defekten Geräte. X ist $B_{20;0,05}$-verteilt. $P(X \geq 3) = 0,0755$.
b) X ist nun $B_{20;0,1}$-verteilt. $P(X \leq 2) = 0,6769$; die Sendung wird in fast 68% aller Fälle behalten.

6 a) X: Anzahl der zerbrochenen Tafeln. X ist $B_{5;0,02}$-verteilt. $P(X \geq 3) = 0,0001$; nur ca. einmal bei 10000 Fünferpacks sind mehr zerbrochene als ganze Tafeln zu erwarten.
b) Y: Anzahl der einwandfreien Fünferpacks. $p = 0,98^5 \approx 0,90$. Y ist $B_{5;0,9}$-verteilt. $P(Y = 4) = 0,3281 \approx 33\%$.

7 X: Anzahl der defekten Stücke in der 1.Stichprobe. X ist im ungünstigsten Fall $B_{10;0,05}$-verteilt. Das entsprechende Y (2.Stichprobe) ist $B_{18;0,05}$-verteilt. Unter der Annahme, daß die Herstellerangabe zutrifft, wird die Sendung mit der Wahrscheinlichkeit $p = P(X \leq 1) + P(X = 2) \cdot P(Y \leq 1) = 0,9716$ angenommen, d.h. der Empfänger entscheidet in diesem Fall richtig.

S.195 8 X: Anzahl der Schritte des Käfers nach rechts. X ist $B_{n;0,6}$-verteilt.
a) (1) n = 5. Für Position 5 gilt: $P(X = 5) = 0,0778$
(2) n = 5. Für Position -3 gilt: $P(X = 1) = 0,0768$
(3) n = 10. Für Position 0 gilt: $P(X = 5) = 0,2007$
(4) n = 9. Für Position ≥ 5 gilt: $P(X \geq 7) = 0,2318$
b) n = 10. E(X) = 6. Geht der Käfer innerhalb von 10 Minuten sechsmal nach rechts, so geht er dabei viermal nach links. Er wird also im Durchschnitt auf Position 2 zu finden sein.

9 a) $p = 0,5^9 \approx 0,002$; neunmal mußte eine Entscheidung getroffen werden.
b) Durch Z: Von den sechs zu treffenden Entscheidungen müssen drei für rechts sein. X: Anzahl der Entscheidungen nach rechts. X ist $B_{6;0,5}$-verteilt. $P(X = 3) = 0,3125$.

Über A nach Z: Drei Entscheidungen bis A, eine davon nach rechts. Dann drei Entscheidungen bis Z, zwei davon nach rechts.

X_1: Anzahl der Entscheidungen nach rechts auf dem 1.Teilabschnitt
X_2: Anzahl der Entscheidungen nach rechts auf dem 2.Teilabschnitt
X_1 und X_2 sind $B_{3;0,5}$-verteilt.
$P(X_1 = 1) \cdot P(X_2 = 2) = 0,3750 \cdot 0,3750 = 0,1406$.

10 a) Zu jedem Fach Z_i , $1 \leq i \leq 5$, gibt es genau einen Weg. Um in das Fach Z_i , $1 \leq i \leq 4$, zu gelangen, müssen i voneinander unabhängige Entscheidungen gefällt werden, alle mit der Wahrscheinlichkeit 0,5. Damit ergibt sich die Behauptung.

Bem.: Die Wahrscheinlichkeit, um in die Zelle Nr. 5 zu kommen, ist gleich der Wahrscheinlichkeit, um in die Zelle Nr.4 zu gelangen ($0,5 \cdot 0,5 \cdot 0,5 \cdot 0,5$).

b) X: Anzahl der verlorenen Spiele. X ist $B_{10;0,5}$-verteilt.
$P(X \leq 5) = 0,6230 \approx 62\%$.

c) Y: Anzahl der gewonnen Spiele. Y ist $B_{n;0,5}$-verteilt.
$P(Y \geq 1) = 1 - 0,5^n \geq 0,95$. Daraus ergibt sich: $n \geq 4,3$; also sind mindestens 5 Spiele nötig.

( ): $P(Y \geq 2) = 1 - (0,5^n + n \cdot 0,5^n) \geq 0,95$;
d.h. $(n+1) \cdot 0,5^n \leq 0,05$. Mit der Tabelle V oder mit Hilfe des Taschenrechners erhält man: $n \geq 9$.

c) Z: Anzahl der gewonnen Spiele. Z ist $B_{20;0,5}$- verteilt.
$E(Z) = 10$.
Es ist das kleinste c gesucht, mit $P(|Z - 10| \leq c) > 0,9$. Man erhält $c = 4$. Das gesuchte Intervall ist damit [6;14].

<u>Testprobleme bei Binomialverteilungen</u>

11 a) einseitig   b) zweiseitig   c) einseitig
   d) zweiseitig   e) einseitig   f) einseitig

12 X: Anzahl der von Blattläusen befreiten Sträucher.
H_0: $p \geq 0,8$. X ist im ungünstigsten Fall $B_{20;0,8}$-verteilt.
$P(X \leq 12) = 0,0321 < 5\%$. Er kann die Behauptung des Gärtners ablehnen.

13 H_0: $p \geq 0,9$. Die Prüfvariable X (Anzahl der korrekten Minen) ist im ungünstigsten Fall $B_{20;0,9}$-verteilt. Man führt einen linksseitigen Test durch mit $\alpha = 0,05$. $P(X \leq g) \leq 0,05$ ergibt $K = \{ 0;...; 15 \}$. Da $13 \in K$ wird die Behauptung zurückgewiesen.

14 H_0: $p \leq 0,6$ soll verworfen werden. X: Anzahl der Leser der Anzeige. X ist im ungünstigsten Fall $B_{100;0,6}$-verteilt.
$P(X \geq 67) = \alpha$ ergibt $\alpha \approx 9\%$.

15 X: Anzahl der korrekten Schrauben.
a) H_0: $p \geq 0,98$. X ist im ungünstigsten Fall $B_{8;0,98}$-verteilt. Zu $\alpha = 0,05$ erhält man K = $\{$ 0; ... ; 6 $\}$. Findet der Kunde unter den 8 Schrauben höchstens 6 korrekte Schrauben, so kann er der Behauptung mit einer Irrtumswahrscheinlichkeit von höchstens 5% widersprechen.

b) X sei nun $B_{100;0,98}$-verteilt. Ein linksseitiger Test für H_0: $p \geq 0,98$ mit $\alpha = 0,05$ ergibt K = $\{$ 0; ... ; 94 $\}$. Die Entscheidungsregel lautet demnach: Bei höchstens 94 korrekten Schrauben wird die Behauptung zurückgewiesen. Da 86 $\in$ K wird die Behauptung zurückgewiesen.

c) Falls X $B_{100;0,8}$-verteilt ist, kann man einen Fehler begehen, falls X $\in \overline{K}$ und die Hypothese beibehält (Fehler 2.Art). $P(X > 94) \approx 0\%$.

16 Er prüft, ob höchstens 10% der Filzstifte vertrocknet sind. X: Anzahl der vertrockneten Stifte. H_0: $p \leq 0,1$. X ist im ungünstigsten Fall $B_{50;0,1}$-verteilt. $P(X \geq k) \leq 0,05$ ergibt k = 10.

Hypergeometrische Verteilungen. Geometrische Verteilungen

17 Es ergeben sich die folgenden Werte von k und die folgenden zugehörigen Wahrscheinlichkeiten:
N = 50 ; M = 4 ; n = 3

k	0	1	2	3
P(X=k)	0,7745	0,2112	0,0141	0,0002

( ): N = 100 ; M = 5 ; n = 10

k	0	1	2	3	4	5
P(X=k)	0,5838	0,3399	0,0702	0,0064	0,0003	0,0000

N = 20 ; M = 7 ; n = 10

k	0	1	2	3	4	5	6	7
P(X=k)	0,0015	0,0271	0,1463	0,3251	0,3251	0,1463	0,0271	0,0015

18 N = 20 ; M = 10 ; n = 5 . $P(X \geq 3) = 0,5$.
19 N = 100 ; M = 5 ; n = 5 . $P(X \geq 1) = 0,2304$.
20 a) N = 20 ; M = 5 ; n = 4 .

k	0	1	2	3	4
P(X=k)	0,2817	0,4696	0,2167	0,0310	0,0010

$E(X) = 1$; $V(X) = \frac{12}{19} \approx 0,6316$.

b) Gesucht ist das kleinste n, so daß $P(X \geq 1) \geq 0,5$.
n = 4 ergibt $P(X \geq 1) = 0,7183$;
n = 3 ergibt $P(X \geq 1) = 0,6009$;
n = 2 ergibt $P(X \geq 1) = 0,4474$.
Man muß also mindestens 3 Kugeln ziehen, um mit mindestens 50%-iger Wahrscheinlichkeit mindestens eine schwarze Kugel zu ziehen.

S.197 21 a) $P(X \leq 3) = 0,8 + 0,2 \cdot 0,8 + 0,2^2 \cdot 0,8 = 0,992$.
b) Die gesuchte Wahrscheinlichkeit beträgt:
$p = 0,8 \cdot \sum_{n=0}^{\infty} 0,2^{2n+1} = 0,8 \cdot 0,2 \cdot \sum_{n=0}^{\infty} 0,04^n = 0,1667$.

22 365

Poisson-Verteilungen

23 X: Anzahl der Mutationen bei n Durchführungen des Experiments.
X ist $B_{n;0,0005}$-verteilt. $P(X \geq 1) = 1 - 0,9995^n \geq 0,5$.
Daraus folgt $n \geq 1386$.
Verwendet man die Poisson-Verteilung $P_{n \cdot 0,0005}$ als Näherung, so ergibt sich:
$P(X \geq 1) = 1 - P_{n \cdot 0,0005}(0) = 1 - e^{-n \cdot 0,0005} \geq 0,5$.
Damit erhält man $n \geq 1387$.

24 a) Aus $P(X = 3) = \frac{4}{5} \cdot P(X = 2)$ folgt $\frac{a^3}{6} = \frac{4}{5} \cdot \frac{a^2}{2}$; damit $a = \frac{12}{5}$.
$P(X < 4) = 0,7787$; $P(|X - 2,4| \leq 2) = P(1 \leq X \leq 4) = 0,8134$.
b) Aus $e^{-a} = \frac{1}{3}$ folgt $a = \ln 3 \approx 1,0986$.
$P(X > 3) = 1 - P(X \leq 3) = 0,0256$.

25 X: Anzahl der emittierten α-Teilchen pro Zeitintervall von 7,5 Sek. X ist näherungsweise $P_{3,9}$-verteilt.
$P(X > 1) = 0,9009 \approx 0,9$.
Die Wahrscheinlichkeit, daß in mindestens einem von drei Intervallen mehr als ein α-Teilchen emittiert, ist dann näherungsweise $1-(1 - 0,9)^3 = 0,999$.

26 X: Anzahl der Unfälle an einer Maschine. X ist näherungsweise P_2-verteilt.
Y: Summe der Unfälle an 4 Maschinen innerhalb eines Jahres.
Die drei Unfälle können sich wie folgt auf die 4 Maschinen verteilen: Entweder ereignen sich alle Unfälle an derselben Maschine - oder an einer Maschine ereignen sich zwei und an einer anderen ein Unfall - oder alle Unfälle ereignen sich an verschiedenen Maschinen. $P(Y = 3) =$

$4 \cdot \frac{2^3}{3!} \cdot e^{-2} \cdot (\frac{2^0}{0!} \cdot e^{-2})^3 + 12 \cdot \frac{2^2}{2!} \cdot e^{-2} \cdot \frac{2^1}{1!} \cdot e^{-2} \cdot (\frac{2^0}{0!} \cdot e^{-2})^2 +$

$4 \cdot (\frac{2^1}{1!} \cdot e^{-2})^3 \cdot \frac{2^0}{0!} \cdot e^{-2} = 64 \cdot e^{-8} \approx 0,0215$.

Normalverteilungen.
Approximation einer Binomialverteilung durch eine Normalverteilung

27   a) $P(X \geq 170) = 1 - \phi(0) = 0,5$;
  ( ): $P(X \geq 158) = 1 - \phi(-2) = 0,9772$.
  b) $P(X < 180) = \phi(1,67) = 0,9525$;
  ( ): $P(X < 160) = \phi(-1,67) = 0,0475$.
  c) $P(X > 175) = 1 - \phi(0,833) = 0,2033$;
  ( ): $P(X > 190) = 1 - \phi(3,33) = 0,0004$.
  d) $P(165 \leq X \leq 175) = 2 \cdot \phi(0,833) - 1 = 0,5934$;
  ( ): $P(160 \leq X \leq 180) = 2 \cdot \phi(1,67) - 1 = 0,9050$.

28   a) $P(|X - 12| > 0,3) = 2 \cdot [1 - \phi(0,6)] = 0,5486 \approx 55\%$;
  b) $P(|X - 12| > 1) = 2 \cdot [1 - \phi(2)] = 0,0456 \approx 5\%$.

29   a) $E(X) = 10$; $\sigma = 0,15$.
  $P(9,97 \leq X \leq 10,05) = \phi(\frac{10,05 - 10}{0,15}) - \phi(\frac{9,97 - 10}{0,15}) = 0,2086$.
  b) $E(X) = 10,1$; $\sigma = 0,15$.
  $P(9,97 \leq X \leq 10,05) = 0,2138$. Der Prozentsatz der maßgerechten Platten läßt sich durch die Umstellung etwas steigern.

30   X: Füllmenge (in Gramm). $P(X < 500) = \phi(-1,5) = 0,0668 \approx 7\%$.

S.198 31 a) $6 \cdot \sigma \approx 22,6 - 21,4 = 1,2$; $\sigma \approx 0,2$; $\mu = 22,0$.
  b) $P(21,9 \leq X \leq 22,2) = \phi(1) - \phi(0,5) = 0,1498 \approx 15\%$.

32   $P(X < 15) = \phi(\frac{15 - \mu}{\sigma}) = 0,05$; damit $15 - \mu \approx -1,64 \cdot \sigma$ (1)
  $P(X < 28) = \phi(\frac{28 - \mu}{\sigma}) = 0,91$; damit $28 - \mu \approx 1,34 \cdot \sigma$ (2)
  Aus (1) und (2) ergibt sich: $\sigma \approx 4,36$ und $\mu \approx 22,15$.

33   $D = X - Y$. $\mu_D = 7$; $\sigma_D^2 = 6,5^2 + 3,5^2 = 54,5$; $\sigma_D \approx 7,38$.
  $P(D < 0) = \phi(-0,95) = 0,1711$.

34   $n = 200$; $p = 0,1$; $\mu = 20$; $\sigma = 3\sqrt{2}$.
  Gesucht jeweils $p = P(|X - 20| < 5)$.
  a) mit Tschebyscheff: $p \geq 0,28$.
  b) mit Normalverteilung: $p \approx 0,6528$.
  c) exakt: $p = 0,7120$.

35   X: Anzahl der Schachteln mit falscher Hölzeranzahl.
  X ist $B_{1000;0,02}$-verteilt. $n \cdot p \cdot q = 19,6 > 9$.
  $P(X \leq 25) \approx \phi(1,13) = 0,8708 \approx 87\%$.

36 X: Anzahl der rot-grünblinden Schüler.
X ist $B_{650;0,08}$-ver- teilt. $n \cdot p \cdot q = 47,84 > 9$, daher:
$P(40 \le X \le 60) = \phi(1,16) - \phi(-1,88) = 0,8409$;
( ): $P(X \le 45) = \phi(-1,01) = 0,1562$;
$P(X > 55) = 1 - \phi(0,29) = 0,3859$.

37 X: Anzahl der Wappen. Da $n \cdot p \cdot q = 20 > 9$, kann die Näherungsformel angewendet werden.
a) $P(|X - 40| > 5) = 2 \cdot [1 - \phi(1,12)] = 0,2628$;
b) $P(|X - 40| > 10) = 0,0250$; c) $P(|X - 40| > 15) = 0,0008$.

38 X: Anzahl der gelben Samen. X ist $B_{154;0,8}$-verteilt.
$n \cdot p \cdot q = 24,6 > 9$. Mit der Näherung erhält man:
$P(115 \le X \le 130) = \phi(1,37) - \phi(-1,65) = 0,8652 \approx 87\%$.

39 X: Anzahl der geheilten Schweine. X ist $B_{300;0,8}$-verteilt. Die Näherung kann angewendet werden, da $n \cdot p \cdot q = 48 > 9$.
a) $P(X \ge 250) = 1 - \phi(1,44) = 0,0749 \approx 7\%$;
b) $P(X < 220) = \phi(-2,87) = 0,0021 \approx 2\%$.

40 a) X ist näherungsweise normalverteilt. $\mu_X = 0,2$; $\sigma_X = \frac{\sqrt{80}}{500}$.
Gesucht c mit: $P(|X - 0,2| \le c) \ge 0,95$.
Aus $P(|X - 0,2| \le c) = 2 \cdot \phi(\frac{c}{\sigma_X}) - 1 \ge 0,95$ folgt $c \ge 0,035$.

b) Jetzt gilt: $\mu_X = 0,2$; $\sigma_X = 0,4/\sqrt{n}$.
$P(|X - 0,2| \le 0,05) = 2 \cdot \phi(0,125 \cdot \sqrt{n}) - 1 \ge 0,95$ ergibt
$\sqrt{n} \ge \frac{1,96}{0,125} = 15,68$; daraus folgt $n \ge 246$.

Mit Tschebyscheff:
$P(|X - 0,2| < 0,5) \ge 1 - \frac{0,16}{n \cdot 0,05^2} \ge 0,95$ ergibt $n \ge 1280$.

VI BEURTEILENDE STATISTIK

41 Das Grundproblem der Beurteilenden Statistik

S.199 1 a) X: Anzahl der Sechsen. X ist $B_{50;1/6}$-verteilt. $E(X) = \frac{25}{3}$.
$P(|X-\mu_X| \leq 3) = P(6 \leq X \leq 11) = 0,7439$.

b) $P(X \leq 2) = 0,0068$. Die Wahrscheinlichkeit für "höchstens zwei Sechsen" ist so gering, daß das tatsächliche Eintreten dieses Ereignisses darauf hindeutet, daß der Würfel sehr wahrscheinlich (aber nicht sicher) verfälscht ist.

S.200 2 X: Anzahl der unbrauchbaren Werkstücke.
X ist $B_{100;0,1}$-verteilt. $P(X \leq 4) = 0,0237$.

X = 2 bzw. X ≤ 2 kann bedeuten:
(1) Die Änderung der Herstellung blieb folgenlos. Der Ausschußanteil ist immer noch 10%.
(2) Die Änderung der Herstellung bewirkte einen geringeren Ausschußanteil.

Die Wahrscheinlichkeit, daß sich bei gleichgebliebenem Ausschußanteil von 10% unter 100 Werkstücken 2 oder noch weniger unbrauchbare befinden, ist sehr gering: $P(X \leq 2) = 0,0019$. Man wird also die Möglichkeit (1) verwerfen und annehmen, daß sich die Fehlerquote durch die Änderung der Herstellung verringert hat (sicher kann man sich allerdings darin nicht sein).
Bemerkung: Unabhängig von p sind bei großem n Wahrscheinlichkeiten der Form $P(X=k)$ sehr gering (vgl. Abschnitt 31). Daher betrachtet man bei Überlegungen wie oben meist nur Wahrscheinlichkeiten der Form $P(X \leq k)$, $P(X \geq k)$, $P(|X-k|>c)$ oder ähnliche.

3 X: Anzahl der weißen Kugeln.
a) X ist $B_{50;0,5}$-verteilt. $P(X<19$ oder $X>3) = 2 \cdot P(X<19)$, da $B_{50;0,5}$ symmetrisch verteilt ist. $2 \cdot P(X<19) = 0,0650$.

b) Wenn die Behauptung zuträfe, die Wahrscheinlichkeit, eine weiße Kugel zu ziehen, also 0,5 wäre, so würde man bei 50 Ziehungen ungefähr 25mal eine weiße Kugel erwarten ($E(X)=25$). Um das Ereignis X=33 zu beurteilen, berechnet man die Wahrscheinlichkeit $P(X \geq 33)$ oder $P(|X-25| \geq 8) = 2 \cdot P(X \geq 33)$. Man erhält $P(X \geq 33) = 0,0164$ bzw. $2 \cdot P(X \geq 33) = 0,0328$.
Es ist also relativ unwahrscheinlich, daß sich in der Urne gleich viele weiße wie schwarze Kugeln befinden. Es ist dagegen wahrscheinlich, daß sich in der Urne mehr weiße als schwarze Kugeln befinden.

c) Die Behauptung lautet: Die Wahrscheinlichkeit, eine weiße Kugel zu ziehen, beträgt $p = \frac{3}{4}$.

Um dies zu überprüfen, zieht man z.B. 100mal eine Kugel mit Zurücklegen und zählt die Anzahl k der weißen Kugeln. Unter der Voraussetzung, daß die Behauptung $p = \frac{3}{4}$ zutrifft, berechnet man nun die Wahrscheinlichkeit, mindestens k bzw. höchstens k weiße Kugeln zu finden (bzw., daß die Anzahl der weißen Kugeln außerhalb eines Intervalls um den Erwartungswert 75 liegt).

Je nachdem, welche Wahrscheinlichkeiten sich hierbei ergeben, verwirft man die Behauptung (Hypothese) oder sieht sie als nicht widerlegt an. Dabei kann man natürlich Fehler begehen (vgl. hierzu die Abschnitte 42 und 43).

4 a) Man ordnet einer befragten Person durch die Zufallsvariable Z den Wert 1 zu, falls sie das Produkt kennt, und sonst den Wert 0. Damit liegt der Befragung einer Person die Wahrscheinlichkeitsverteilung P(Z=1)=p und P(Z=0)=1-p zugrunde. Man vergleicht diese mit P(Z=1)=0,6 und P(Z=0)=0,4.
b) X: Anzahl der Personen, welche das Produkt kennen. Man nimmt an, der Bekanntheitsgrad hat sich nicht verändert, und das Ergebnis ist rein zufällig zustande gekommen. X ist in diesem Fall $B_{100;0,6}$-verteilt.

P(X≤50) = 0,0271. Hieraus wird man schließen, daß der Bekanntheitsgrad gesunken ist. Dabei irrt man nur in ca. 3% aller Untersuchungen.

42 EINFACHE NULLHYPOTHESE. ZWEISEITIGER SIGNIFIKANZTEST

S.201 1 X: Anzahl der Sechsen. Wenn die Behauptung zutrifft, daß die Sechs mit der Wahrscheinlichkeit $p = \frac{1}{6}$ fällt, dann ist X $B_{100;1/6}$-verteilt. $E(X) = \frac{50}{3} \approx 16,67$.
$P(|X - \mu_X| \geq 13) = P(X \leq 3) + [1 - P(X \leq 29)] = 0,0007$.

Das Ergebnis, daß bei 100 Würfen die Anzahl der Sechsen um mehr als 13 vom Erwartungswert abweicht, ist also äußerst gering. Man wird also die obige Annahme ablehnen. Widerlegt ist diese Annahme allerdings nicht. Es könnte sein, daß dieses seltene Ergebnis eintritt, obwohl die Sechs tatsächlich mit der Wahrscheinlichkeit $\frac{1}{6}$ fällt. In diesem Fall würde man die Annahme zu Unrecht ablehnen.

S.205 2 1. H_0: p = 0,5; H_1: p ≠ 0,5.
2. n=100; $\alpha = 0,05$ ($\frac{\alpha}{2} = 0,025$).
3. X ist $B_{100;0,5}$-verteilt.
4. $P(X \leq g_l) \leq 0,025$ liefert g_l=39. $P(X \geq g_r) \leq 0,025$ liefert g_r= 61. K = { 0; 1; ... ; 39 } ∪ { 61; ... ; 100 }.
5. Da 36 ∈ K, wird die Hypothese H_0 abgelehnt.
6. $\overline{K}$ = { 40; ... ; 60 }; damit ergibt sich
$\beta = B_{100;0,6}(40) + ... + B_{100;0,6}(60) = 0,5379$.

3 a) K = { 0; ... ;17 } ∪ { 33; ... ;50 }
b) K = { 0; ... ;15 } ∪ { 35; ... ;50 }
c) K = { 0;1;2 } ∪ { 12; ... ;20 }
d) K = { 0; ... ;8 } ∪ { 18;19;20 }
e) K = { 0 } ∪ { 11; ... ;100 }

f) $K = \{ 0; \ldots ; 81 \} \cup \{ 98;99;100 \}$

Bei g) und h) kann die Tabelle V nicht verwendet werden. Die Wahrscheinlichkeiten sind über die Definition der Binomialverteilung zu berechnen.

g) $K = \{ 0; \ldots ; 6 \} \cup \{ 23;24;25 \}$

h) $K = \{ 0; \ldots ; 6 \} \cup \{ 24; \ldots ;30 \}$

4 Siehe Fig.42.4.a-d.

5 a) $K = \{ 0; \ldots ;23 \} \cup \{ 44; \ldots ;100 \}$

b) $25 \in \overline{K}$, die Hypothese $H_0 : p = \frac{1}{3}$ wird nicht abgelehnt.

c) $\overline{K} = \{ 24; \ldots ;43 \}$; $\beta = 0,7632$ für $p = 0,4$.

6 a) $K = \{ 0; \ldots ;30 \} \cup \{ 51; \ldots ;100 \}$; $\overline{K} = \{ 31; \ldots ;50 \}$.
$\beta = 0,5398$ für $p = 0,5$.

b) $K = \{ 0; \ldots ;27 \} \cup \{ 54; \ldots ;100 \}$; $\overline{K} = \{ 28; \ldots ;53 \}$.
$\beta = 0,7579$ für $p = 0,5$.
$\beta = 0$ für $p = 0,4$.
($H_1 : p = 0,4$ ist keine Gegenhypothese zu H_0. In diesem Fall gibt $F_{100;0,4}(53) - F_{100;0,4}(27) = 0,9922$ die Wahrscheinlichkeit an, mit der man einen Wert im Annahmebereich findet.)
$\beta = 0,7036$ für $p = 0,3$.

c) $\alpha = 0,0056$. $\beta = 0,7579$ für $p = 0,5$.

7 a) $K = \{ 0; \ldots ;18 \} \cup \{ 32; \ldots ;50 \}$;
$20 \in \overline{K}$; also wird $H_0 : p = 0,5$ nicht abgelehnt. Mit einer Irrtumswahrscheinlichkeit von 5% darf man behaupten, die Münze sei ideal.

b) $K = \{ 0; \ldots ;16 \} \cup \{ 34; \ldots ;50 \}$.
$\alpha = F_{50;0,5}(16) + 1 - F_{50;0,5}(33) = 0,0153$.

c) bei a) $\overline{K} = \{ 19; \ldots ;31 \}$; $\beta = 0,6639$ für $p = 0,4$;
bei b) $\overline{K} = \{ 17; \ldots ;33 \}$; $\beta = 0,8439$ für $p = 0,4$.

8 $n = 50$ und $\alpha = 0,05$: $K = \{ 0; \ldots ;12 \} \cup \{ 28; \ldots ;50 \}$.
$\beta = 0,1861$ für $p = 0,2$.
$n = 100$ und $\alpha = 0,01$: $K = \{ 0; \ldots ;27 \} \cup \{ 54; \ldots ;100 \}$.
$\beta = 0,0342$ für $p = 0,2$. Die Verdopplung des Stichprobenumfangs bewirkt eine Verkleinerung beider Risiken.

S.206 9 a) 1. $H_0 : p = 0,5$; $H_1 : p \neq 0,5$.   2. $n = 50$; $\alpha = 0,05$.
3. X: Anzahl, mit der das Gangende R gewählt wurde.
X ist $B_{50;0,5}$-verteilt.
4. $K = \{ 0; \ldots ;17 \} \cup \{ 33; \ldots ;50 \}$.
5: $31 \notin K$. Man kann also die Nullhypothese nicht ablehnen; d.h. man wird weiter davon ausgehen, daß das Tier beide Gangenden gleich häufig wählt.

b) $K = \{ 0; \ldots ;36 \} \cup \{ 64; \ldots ;100 \}$.

10 a) 0,1.
   b) $H_0: p = 0,1$; $H_1: p \neq 0,1$. X: Anzahl der Gewinne.
   Es ergibt sich: K = $\{\ 0\ \} \cup \{\ 10;\ \ldots\ ;50\ \}$. Da $1 \notin K$, wird H_0 nicht zurückgewiesen. D.h. mit einer Irrtumswahrscheinlichkeit von 5% darf man weiter behaupten, der Automat sei richtig eingestellt.
   c) Für diesen Spieler ist der Annahmebereich $\overline{K} = \{\ 3;\ \ldots\ ;7\ \}$, also K = $\{\ 0;1;2\ \} \cup \{\ 8;\ \ldots\ ;50\ \}$. Gefragt ist nach dem Risiko 1.Art für eine $B_{50;0,1}$-verteilte Zufallsvariable:
   $$\alpha = F_{50;0,1}(2) + 1 - F_{50;0,1}(7) = 0,2338.$$

11 $H_0: p = 0,5$; $H_1: p \neq 0,5$. X: Anzahl der 40-Watt-Birnen. X ist $B_{10;0,5}$-verteilt. K = $\{\ 0;1;2\ \} \cup \{\ 8;9;10\ \}$.
   a) Gefragt ist nach dem Risiko 1.Art für den Ablehnungsbereich K. Es ergibt sich $\alpha = 0,1094$.
   b) $\beta = 0,6975$ für $p = \frac{2}{3}$.

12 H_0: Der Pilz ist giftig.
   Fehler 1.Art: Die Hypothese ist richtig, wird aber trotzdem abgelehnt. D.h. der in Wirklichkeit giftige Pilz wird als nicht giftig angenommen.
   Fehler 2.Art: Die Hypothese ist falsch, wird aber trotzdem nicht abgelehnt. D.h. der in Wirklichkeit ungiftige Pilz wird giftig angenommen.
   Der Pilzsammler sollte den Fehler 1.Art möglichst vermeiden. (Wegen der sehr schlimmen Folgen läge es nahe mit $\alpha = 0$ zu testen. Dies ergibt jedoch K = $\emptyset$, d.h. jeder Pilz wird als giftig angenommen, also wird man auf Pilze gänzlich verzichten müssen.)

13 H_0: Die Medikamente A und B sind gleich gut.
   Fehler 1.Art: Die Hypothese ist richtig, der Arzt handelt aber nicht danach (er verschreibt z.B. hauptsächlich das teurere Medikament).
   Fehler 2.Art: Die Hypothese ist falsch, der Arzt handelt aber trotzdem danach.
   ( ): H_0: Das Medikament A ist besser als Medikament B.
   Fehler 1.Art: Die Hypothese ist richtig, der Arzt nimmt jedoch an, daß A genauso gut wie B oder sogar B besser als A ist.
   Fehler 2.Art: Die Hypothese ist falsch, der Arzt hält dennoch A für besser und verschreibt A häufiger als B.

14 H_0: Morgen wird es nicht regnen.
   Wenn es regnet, Herr Maier aber keine Regenkleidung mit sich hat, so ist dies ein Fehler 2.Art. D.h., die Hypothese (Prognose) ist falsch, er handelt jedoch trotzdem danach. Wenn es nicht regnet, Herr Maier aber Regenbekleidung mitgenommen hat, so ist dies ein Fehler 1.Art. D.h., die Hypothese (Prognose) ist wahr, er handelt jedoch nicht danach.

43 Zusammengesetzte Nullhypothese. Einseitiger Signifikanztest

S.207 1 Man wird die Nullhypothese natürlich ablehnen, wenn in der Stichprobe viele Ausschußstücke sind. Zur Festlegung der Signifikanzgrenze betrachtet man den Extremfall einer $B_{n;0,1}$-verteilten Zufallsvariablen X (Anzahl der Ausschußstücke). Man lehnt die Hypothese ab, falls X Werte größer oder gleich einer gewissen Grenze g annimmt. Diese bestimmt man bei vorgegebener Irrtumswahrscheinlichkeit α aus $P(X \geq g) \leq \alpha$.

S.209 2 1. $H_0: p \geq 0{,}6$; $H_1: p < 0{,}6$.
2. $n = 100$; $\alpha = 0{,}05$.
3. X: Anzahl der geheilten Personen. X ist allenfalls $B_{100;0,6}$-verteilt.
4. Kleine Werte sprechen gegen H_0, daher wird linksseitig getestet. $P(X \leq g) \leq 0{,}5$ liefert $g = 51$, also $K = \{\, 0; \ldots ;51 \,\}$.
5. $50 \in K$, H_0 wird also abgelehnt. Mit 5%iger Irrtumswahrscheinlichkeit kann man davon ausgehen, daß die Heilungsquote zu hoch angegeben ist.

S.210 3 (Druckfehler im Schülerbuch, Auflage 1[1] : Im ersten Fall muß es heißen "Die Hypothese $H_0: p \geq p_0$ soll gegen $H_1: p < p_0$ ... getestet werden.)
a) $K = \{\, 0;1;2;3 \,\}$; (): $K = \{\, 13; \ldots ;20 \,\}$
b) $K = \{\, 0;1;2 \,\}$; (): $K = \{\, 11; \ldots ;20 \,\}$
c) $K = \{\, 0 \,\}$; (): $K = \{\, 8; \ldots ;100 \,\}$
d) $K = \{\, 0;1;2;3 \,\}$; (): $K = \{\, 18; \ldots ;50 \,\}$
e) $K = \{\, 0; \ldots ;32 \,\}$; (): $K = \{\, 47; \ldots ;50 \,\}$
f) $K = \{\, 0; \ldots ;100 \,\}$; (): $K = \{\, 99;100 \,\}$
Bei g) und h) kann die Tabelle V nicht benutzt werden!
g) $K = \{\, 0; \ldots ;6 \,\}$; (): $K = \{\, 19; \ldots ;25 \,\}$
h) $K = \{\, 0; \ldots ;7 \,\}$; (): $K = \{\, 26; \ldots ;30 \,\}$

4 Gesucht ist $\alpha = P(X \geq g) = 1 - F_{n;p_0}(g-1)$.
a) $\alpha = 0{,}0065$ b) $\alpha = 0{,}0043$ c) $\alpha = 0{,}0138$
d) $\alpha = 0{,}0692$ e) $\alpha = 0{,}0576$ f) $\alpha = 0{,}0022$

5 a) $K = \{\, 15; \ldots ;50 \,\}$; $\beta = 0{,}0540$ für $p = 0{,}4$.
b) $K = \{\, 16; \ldots ;50 \,\}$;
$\beta = 0{,}5692$ für $p = 0{,}3$; $\beta = 0{,}0955$ für $p = 0{,}4$;
$\beta = 0{,}0033$ für $p = 0{,}5$.
c) $\alpha = 1 - F_{50;0,2}(19) = 0{,}0009$; $\beta = F_{50;0,6}(19) = 0{,}0595$.

6 a) $H_0: p \leq 0,03$, $H_1: p > 0,03$. Es wird rechtsseitig getestet.
n = 100; α = 0,05. X: Anzahl der Ausschußstücke. X ist allenfalls $B_{100;0,03}$-verteilt.
b) $P(X \leq g-1) \geq 0,95$ ergibt g = 7. K = { 7; ... ;100 }.
$\beta = F_{100;0,04}(6) = 0,8936$.
c) Ablehnungsbereich: K = { 6; ... ;100 }.
$\alpha = 1 - F_{100;0,03}(5) = 0,0808$.
$\beta = F_{100;0,04}(5) 0 0,7884$.

7 a) $H_0: p \leq 0,05$, $H_1: p > 0,05$.
b) n = 50; α = 0,03. X: Anzahl der Clementinen mit Kern. Es wird rechtsseitig getestet. X ist im ungünstigsten Fall $B_{50;0,05}$-verteilt. $P(X \leq g-1) \geq 0,97$ ergibt g = 7, also K = { 7; ... ;50 }.
c) Er wird die Behauptung akzeptieren, da 4 $\in \overline{K}$.
d) Fehler 2.Art: Die Hypothese wird angenommen, obwohl sie tatsächlich falsch ist.
e) $\beta = F_{50;0,1}(6) = 0,7702$.

8 $H_0: p \geq 0,6$; $H_1: p < 0,6$; n = 100. X: Anzahl der befragten Personen über 18 Jahren, welche die Sendung gesehen haben. X ist im ungünstigsten Fall $B_{100;0,6}$-verteilt.
a) Nach Voraussetzung gilt K = { 0; ... ;50 }, damit ergibt sich $\alpha = F_{100;0,6}(50) = 0,0271$.
b) $\beta = 1 - F_{100;0,5}(50) = 0,4602$.
c) $P(X \leq g) \leq 0,01$ ergibt g = 48, also K = { 0; ... ;48 }.
45 $\in$ K, also wird die Hypothese abgelehnt. Dabei besteht ein Risiko 1.Art, nämlich, daß die Hypothese abgelehnt wird, obwohl sie zutrifft.

S.211 **9** $H_0: p \geq 0,7$; $H_1: p < 0,7$; n = 100. X: Anzahl der überprüften Haushalte, für welche die Behauptung zutrifft. X ist allenfalls $B_{100;0,7}$-verteilt.
a) K = { 0; ... ; 60 }. $\alpha = F_{100;0,7}(60) = 0,0210$.
b) $\beta = 1 - F_{100;0,6}(60) = 0,4621$.

10 a) $H_0: p = 0,5$ (Entscheidung wird zufällig getroffen).
$H_1: p > 0,5$ (Entscheidung wird mit System gefällt).
b) X: Anzahl der erfolgreichen Versuche.
X ist $B_{20;0,5}$-verteilt. Rechtsseitiger Test mit $\alpha = 0,05$.
$P(X \leq g-1) \geq 0,95$ ergibt g = 15, also K = { 15; ... ;20 }.
c) 13 $\in \overline{K}$. Die Hypothese wird nicht abgelehnt. Man nimmt also weiterhin an, daß die Person keine außergewöhnlichen Geschmacksfähigkeiten besitzt.
d) Bei der unter c) getroffenen Entscheidung kann der Fehler auftreten, daß H_1 tatsächlich richtig ist, obwohl man von H_0 ausgeht (Fehler 2.Art).

e) $\beta = F_{20;p}(14)$

p	0,6	0,7*	0,8	0,9
β	0,8744	0,5836	0,1958	0,0113

*) Druckfehler im Lehrbuch, Aufl. 1[1]

11 H_0: p = 0,2 , H_1: p = 0,4.
X: Anzahl der weißen Kugeln bei n Ziehungen.
a) Zu α = 0,1 ergibt sich bei einem rechtsseitigen Test
K = { 7; ... ;20 }. Da 7 $\in$ K, kann die Hypothese mit einer
Irrtumswahrscheinlichkeit von 10% abgelehnt werden.
$\beta = F_{20;0,4}(6) = 0,2500$. Stabdiagramme: Vgl. Fig.43.11.a-b.

b) X ist $B_{50;0,2}$-verteilt bzw. $B_{50;0,4}$-verteilt.

g	14	15	16	17
α	0,1106	0,0607	0,0308	0,0144
β	0,0280	0,0540	0,0955	0,1561
$|\alpha-\beta|$	0,0826	0,0067	0,0647	0,1417

Der Unterschied beider Risiken ist für g=15 am geringsten.

c) Nach b) kannm man vermuten, daß die Grenze des Ablehnungsbereichs nahe beim arithmetischen Mittel der jeweiligen
Erwartungswerte liegt. Man berechnet die Risiken 1. und 2.Art
um den Wert g=30 herum und kann dann feststellen, daß der
Unterschied beider Risiken für g=30, also K = { 30; ... ;100 },
am geringsten ist: α = 0,0112 ; β = 0,0148 ; $|\alpha-\beta|$ = 0,0036.

12 H_0: p = 0,1 ; H_1: p = $\frac{1}{6}$. X: Anzahl der gefallenen Sechsen bei
100 Würfen. Bei zutreffender Nullhypothese ist X $B_{100;0,1}$, bei
zutreffender Gegenhypothese $B_{100;1/6}$-verteilt.

a) Zu α = 0,05 erhält man K = { 16; ... ;100 }. Da 15 $\notin$ K kann
H_0 nicht abgelehnt werden.

b) α = 0,01 liefert g=18. β = P(X$\leq$17) = 0,5994 $\approx$ 60%.

c) und d)

k	11	12	13	14	15	16
α	0,4168	0,2970	0,1982	0,1239	0,0726	0,0399
β	0,0427	0,0777	0,1297	0,2000	0,2874	0,3877
$|\alpha-\beta|$	0,3741	0,2193	0,0685	0,0761	0,2148	0,3478
$\alpha+\beta$	0,4595	0,3747	0,3279	0,3239	0,3600	0.4276

$|\alpha-\beta|$ ist für k=13 minimal;

$\alpha+\beta$ ist für k=14 minimal.
Andere als die hier aufgeführten Werte kommen aufgrund der
Monotonieeigenschaften von α und β nicht in Betracht.

13 H_0: p = 0,5 (höhere Erträge bei S_2 sind zufällig);
    H_1: p > 0,5 (höhere Erträge verstärkt bei S_2).
    X: Anzahl der Versuche mit höherem Ertrag bei S_2. Gilt H_0, so ist X $B_{15;0,5}$-verteilt. $P(X \leq g-1) > 0,95$ ergibt g=12, also K = { 12; ... ;15 }. Nach der Tabelle ergeben sich bei 9 Parzellen ein höher Ertrag bei S_2 als bei S_1. Da 9 $\notin$ K, kann H_0 nicht abgelehnt werden.

44 WAHL DER NULLHYPOTHESE

S.212 1 H_0: p $\leq$ 0,4 ; H_1: p > 0,4 ; oder H_0: p $\geq$ 0,4 , H_1: p < 0,4.
         H_0: p < 0,4 ergibt keine eindeutige Prüfverteilung.

S.213 2 Wahrscheinlichkeit für "gerade" sei p.
         Vermutung p < 0,5. Hypothesen: H_0: p $\geq$ 0,5 , H_1: p < 0,5.
         X: Anzahl der geraden Zufallsziffern bei 100 Ziehungen.
         Es wird linksseitig getestet (α = 0,05). $P(X \leq g) \leq 0,05$ liefert g = 41, also K = { 0; ... ; 41 }.
         42 $\notin$ K; H_0 kann nicht abgelehnt werden.

         Man kann bei dieser Entscheidung einen Fehler 2.Art begehen: Gerade Zahlen treten in der Tat seltener auf, man nimmt aber gleiche Chancen für "gerade" und "ungerade" an.

    3 a) H_0: p $\geq$ 0,7 : H_1: p < 0,7.
       b) X: Anzahl derer von 100 Befragten, welche für die Beibehaltung der Sommerzeit sind. X ist im ungünstigsten Fall $B_{100;0,7}$-verteilt.
       c) K = { 0; ... ;61 }
       d) 60 $\in$ K , also wird H_0 abgelehnt; man nimmt an, es sind weniger als 70% für die Beibehaltung der Sommerzeit.
       e) Fehler 1.Art: H_0 wird abgelehnt, obwohl mindestens 70% für die Beibehaltung der Sommerzeit sind (α = 5%).

    4 a) H_0: p $\geq$ 0,05 ; H_1: p < 0,05.
       b) X: Anzahl der Ausschußstücke bei 50 Schrauben. X ist im ungünstigsten Fall $B_{50;0,05}$-verteilt.
       c) Linksseitiger Test ergibt: K = $\emptyset$ ($P(X \leq g) \leq 0,05$ ist unerfüllbar für jedes g).
       d) Selbst wenn kein Ausschußstück in der Stichprobe auftritt, führt dies nicht zur Ablehnung der Nullhypothese.
       e) Man sollte einen weiteren Test mit einem größeren Stichprobenumfang durchführen, damit eine Entscheidung möglich wird; oder man ist bereit eine größere Irrtumswahrscheinlichkeit einzugehen.

S.214 5 Die Lösungen dieser Aufgabe hängen von den formulierten Hypothesen ab und sind insofern nicht eindeutig durch die Aufgabenstellung vorgegeben.

a) Ausschußanteil der Maschine sei p.
$H_0: p \geq p_0$; $H_1: p < p_0$.
Fehler 1.Art: H_0 wird fälschlicherweise abgelehnt, und es wird evtl. keine neue Maschine gekauft. Es drohen Schwierigkeiten mit den Abnehmern.
Fehler 2.Art: H_0 wird fälschlicherweise beibehalten. Es wird evtl. unnötigerweise eine neue Maschine gekauft; es erfolgt eine nicht notwendige Investition.

b) Stimmenanteil der Partei sei p.
$H_0: p \leq p_0$; $H_1: p > p_0$.
Fehler 1.Art: H_0 wird fälschlicherweise abgelehnt. Die Partei wiegt sich ungerechtfertigt in Sicherheit.
Fehler 2.Art: H_0 wird fälschlicherweise beibehalten. Der Wahlkampf wird forciert, obwohl das Wahlziel eigentlich schon erreicht ist.

c) Bekanntheitsgrad sei p.
$H_0: p \leq p_0$; $H_1: p > p_0$.
Fehler 1.Art: H_0 wird fälschlicherweise abgelehnt. Die Werbekampagne wird fälschlicherweise eingestellt oder mit zu wenig Elan geführt.
Fehler 2.Art: H_0 wird fälschlicherweise beibehalten. Es wird unnötig viel in die Werbekampagne investiert.

d) Risiko für Nebenwirkungen sei p.
$H_0: p \geq p_0$; $H_1: p < p_0$.
Fehler 1.Art: H_0 wird fälschlicherweise abgelehnt. Der neue Kosmetikartikel kommt zu Unrecht in den Handel, es hat eine zu geringe Hautverträglichkeit. Der Verbraucher wird gefährdet.
Fehler 2.Art: H_0 wird fälschlicherweise beibehalten. Der neue Kosmetikartikel kommt nicht in den Handel, obwohl es über eine ausreichende Hautverträglichkeit verfügt. Der Hersteller wird unnötigerweise evtl. ein neues Mittel entwickeln.

6 a) Wirkungsgrad des neuen Impfstoffs sei p; der des alten Impfstoffs sei p_0.

$H_0: p \leq p_0$; $H_1: p > p_0$.
Fehler 1.Art: H_0 wird fälschlicherweise abgelehnt.
Konsequenz (schwerwiegend): Der neue Impfstoff kommt zu Unrecht in den Handel.
Fehler 2.Art: H_0 wird fälschlicherweise beibehalten.
Konsequenz: Der neue Impfstoff wird ungerechtfertigterweise nicht in den Handel gebracht, obwohl er bessere Wirkungen zeigt. Auch diese Konsequenz ist unerfreulich für den Verbraucher, wird ihm doch ein wirkungsvollerer Impfstoff vorenthalten. Dennoch ist der Fehler 1.Art schwerwiegender, da

er zu zusätzlichen Gesundheitsrisiken führt.
b) Risiko für Nebenwirkungen des neuen Medikaments sei p, das Risiko des alten Medikaments sei p_0.

$H_0: p \geq p_0$; $H_1: p < p_0$.

Fehler 1.Art: H_0 wird fälschlicherweise abgelehnt.
Konsequenz (schwerwiegend): Das neue Medikament mit höherem Risiko für Nebenwirkungen wird eingesetzt.
Fehler 2.Art: H_0 wird fälschlicherweise beibehalten.
Konsequenz: Das neue Medikament wird zu Unrecht so nicht akzeptiert. Evtl. wird weitere, teuere Forschungsarbeit investiert.

c) Unfallrisiko beim neuen Regenreifen sei p, das Unfallrisiko beim bisherigen Regenreifen sei p_0.

$H_0: p \geq p_0$; $H_1: p < p_0$.

Fehler 1.Art: H_0 wird fälschlicherweise abgelehnt.
Konsequenz (schwerwiegend): Der neue Reifen wird zu Unrecht benutzt. Das Risiko der Fahrer wird erhöht.
Fehler 2.Art: H_0 wird fälschlicherweise beibehalten.
Konsequenz: Der neue Regenreifen kommt nicht zum Einsatz, obwohl er zu einem geringeren Unfallrisiko führt. Auch diese Fehlentscheidung ist nicht unbedeutend. Es sollten daher möglichst beide Fehler gering gehalten werden, d.h. es sollten umfangreiche Testserien stattfinden.

7   a) H_0: Das neue Medikament bewirkt nicht mehr als das alte Medikament. H_1: Das neue Medikament ist besser.

b) X: Anzahl der Personen mit längerer Schlafdauer. H_0 besagt, daß die Wahrscheinlichkeit für eine längere Schlafdauer mit dem neuen Medikament bei einer zufällig ausgewählten Person kleiner oder gleich 0,5 ist. Es wird rechtsseitig getestet; X ist im ungünstigsten Fall $B_{50;0,5}$-verteilt.

c) Für $\alpha = 0,01$ ergibt sich K = $\{$ 34; ... ;50 $\}$.
d) Da 36 $\in$ K wird H_0 abgelehnt. Die Firma kann mit α = 1% behaupten, das neue Medikament sei wirkungsvoller.

8    $H_0: p \leq 0,3$; $H_1: p > 0,3$.

X: Anzahl der Käufer des Waschmittels A. X ist im ungünstigsten Fall $B_{100;0,3}$-verteilt. Es wird rechtsseitig getestet, $\alpha=0,05$.
Es ergibt sich K = $\{$ 39; ... ;100 $\}$. Da 41 $\in$ K, wird H_0 abgelehnt. Mit einer Irrtumswahrscheinlichkeit von 5% kann man behaupten, daß der Bekanntheitsgrad gestiegen ist.

9   Die Wahrscheinlichkeit für eine richtige Voraussage der betreffenden Person sei p.
$H_0: p \leq 0,5$ (Voraussage höchstens zufällig);
$H_1: p > 0,5$ (echte Wahrnehmungsfähigkeit).

b) Es wird rechtsseitig getestet. X: Anzahl der richtig vorausgesagten Karten. X ist bestenfalls $B_{50;0,5}$-verteilt.

Ein "sinnvoller" Ablehnungsbereich könnte K = $\{$ 35; ... ;50 $\}$ sein. Damit erhält man α = 0,0077 ≈ 1%.

10 Liegt keine Klimaveränderung vor, so treten Abweichungen nach oben und unten mit gleicher Wahrscheinlichkeit auf.
Die Wahrscheinlichkeit für eine Abweichung nach unten sei p.
a) H_0: p = 0,5 ; H_1: p ≠ 0,5. X ist $B_{15;0,5}$-verteilt.
b) Es wird zweiseitig getestet. Ein möglicher Ablehnungsbereich wäre K = $\{$ 0; ... ;6 $\}$ ∪ $\{$ 9; ... ;15 $\}$. In diesem Fall würde H_0 abgelehnt werden. Die Irrtumswahrscheinlichkeit ist allerdings recht groß: α = $P(X \leq 6) + P(X \geq 9)$ = 0,6072.

11 Wahrscheinlichkeit für schwarzhaarige Nachkommen sei p.
H_0: p = 0,75 ; H_1: p = 0,25. X: Anzahl der scharzhaarigen Kälber. X ist bei zutreffendem H_0 $B_{20;0,75}$-verteilt.
Es wird linksseitig getestet. K = $\{$ 0; ... ;12 $\}$.
Fehler 2.Art: H_0 wird fälschlich angenommen. Die Wahrscheinlichkeit hierfür beträgt $\beta = 1 - F_{20;0,25}(12)$ = 0,0002.

Mit einer Wahrscheinlichkeit von 0,02% werden in der Stichprobe 13 oder mehr schwarzhaarige Kälber auftreten, obwohl "rot" dominant ist.

45 Signifikanztest bei grossem Stichprobenumfang

S.215 1 Mit der Näherungsformel von de Moivre-Laplace erhält man:
$P(X \leq 65) = \phi(-1,875) = 0,0304$;
$P(X \geq 90) = 1 - \phi(1,125) = 0,1303$.

S.216 2 (1) H_0: p = 0,5 ; H_1: p ≠ 0,5.
(2) n = 4040 ; α = 0,05.
(3) X: Anzahl, wie oft Zahl fiel.
X ist $B_{4040;0,5}$-verteilt. Es ist $p \cdot (1-p) \cdot n > 9$.
(4) Es wird zweiseitig getestet. Mit der Näherung ergibt sich:
K = $\{$ 0; ... ;1957 $\}$ ∪ $\{$ 2084; ... ;4040 $\}$.
(5) Da 2048 ∉ K, kann die Nullhypothese nicht abgelehnt werden.

3 (1) H_0: p ≥ 0,5 ; H_1: p < 0,5.
(2) n = 120 ; α = 0,05.
(3) X: Anzahl von Wappen.
X ist allenfalls $B_{120;0,5}$-verteilt. Es ist $p \cdot (1-p) \cdot n > 9$.
(4) Es wird linksseitig getestet. Mit der Näherung ergibt sich:
K = $\{$ 0; ... ;50 $\}$.
(5) Da 43 ∈ K, kann die Nullhypothese abgelehnt werden.
Risiko 2.Art für p = 0,4: $\beta = P(X \geq 51) = 1 - P(X \leq 50) = 0,3547$.

4 H_0: p = 0,15 ; H_1: p < 0,15 (Werbefeldzug war erfolgreich).
X: Anzahl der Schüler, welche zum Zahnarztbesuch aufgefordert werden. X ist bei zutreffendem H_0 $B_{650;0,15}$-verteilt.

Da $p \cdot (1-p) \cdot n > 9$, kann die Näherung benutzt werden.
$K = \{\ 0;\ \ldots\ ;78\ \}$; also $\alpha = P(X \leq 78) = 0,0161 < 5\%$. Man kann also davon ausgehen, daß der Werbefeldzug erfolgreich war.
Bemerkung: Natürlich hätte man auch anders vorgehen und den Ablehnungsbereich aufgrund der Irrtumswahrscheinlichkeit bestimmen können. So hätte sich mit einem linksseitigen Test:
$K = \{\ 0;\ \ldots\ ;82\ \}$ ergeben. Da $78 \in K$, wäre die Nullhypothese H_0 zugunsten H_1 abgelehnt worden.

S.217   5 $H_0: p = 0,4$; $H_1: p \neq 0,4$; $n=40$; $\alpha=0,1$.
Mit einem zweiseitigen Test ergibt sich:
$K = \{\ 0;\ \ldots\ ;10\ \} \cup \{\ 23;\ \ldots\ ;40\ \}$.
Da $17 \notin K$, ist H_0 nicht widerlegt.
Risiko 2.Art für $p=0,6$: $\beta = P(11 \leq X \leq 22) = 0,2593 \approx 26\%$.

6    $H_0: p = 0,5$. Mit einem zweiseitigen Test ergibt sich:
$K = \{\ 0;\ \ldots\ ;1446\ \} \cup \{\ 1555;\ \ldots\ ;3000\ \}$.
Da $1603 \in K$, ist H_0 abzulehnen.

7    $H_0: p \leq 0,08$. Ein rechtsseitiger Test ergibt:
$K = \{\ 18;\ \ldots\ ;140\ \}$; da $13 \notin K$ kann die Nullhypothese nicht abgelehnt werden.

8    $H_0: p \leq 0,04$; $n=300$; $\alpha=0,05$. Ein rechtsseitiger Test ergibt:
$K = \{\ 19;\ \ldots\ ;300\ \}$. Da $14 \notin K$, muß man H_0 beibehalten.

9    $H_0: p \geq 0,8$; $n=60$; $\alpha=0,05$. Ein linksseitiger Test ergibt:
$K = \{\ 0;\ \ldots\ ;42\ \}$. Da $43 \notin K$, kann man H_0 nicht ablehnen.

10    $H_0: p \geq 0,39$; $n=196$; $\alpha=0,05$. Ein linksseitiger Test ergibt:
$K = \{\ 0;\ \ldots\ ;65\ \}$. Da $64 \in K$, geht man davon aus, daß der Kandidat mindestens seinen Stimmenanteil gehalten hat.

11    $H_0: p = 0,25$; $H_1: p = 0,5$. X: Anzahl der schwarzen Kugeln.
Falls H_0 gilt, ist X $B_{80;0,25}$-verteilt, mit μ_0 und σ_0.
Falls H_1 gilt, ist X $B_{80;0,5}$-verteilt, mit μ_1 und σ_1.
Man testet rechtsseitig.
Sei $K = \{\ k;\ \ldots\ ;80\ \}$, so gilt:
Risiko 1.Art: $P(X \geq k) = 1 - P(X \leq k-1)$ mit $p=0,25$.
Risiko 2.Art: $P(\leq k-1)$ mit $p=0,5$.

Es soll gelten:

$$1 - \phi(\frac{k-1-\mu_0}{\sigma_0}) = \phi(\frac{k-1-\mu_1}{\sigma_1}) = 1 - \phi(\frac{\mu_1+1-k}{\sigma_1}) \; ; \; d.h.:$$

$$\frac{k-1-\mu_0}{\sigma_0} = \frac{\mu_1+1-k}{\sigma_1} \; .$$ Damit ergibt sich k = 30,28 und als Ablehnungsbereich für ungefähr gleiche Risiken: K = {30; ... ;80 }.

12 H_0: p ≤ 0,4.
X: Anzahl der schwarzen Kugeln. X ist im ungünstigsten Fall $B_{n;0,4}$-verteilt, mit $\mu = 0,4 \cdot n$ und $\sigma = 0,49 \cdot \sqrt{n}$. Es wird rechtsseitig getestet. Nach Voraussetzung ist g = 0,43·n.
Aus P(X≥g) ≤ α folgt mit Hilfe der Näherung (wir setzen die Bedingung n·p·(1-p) > 9 voraus):

0,43·n - 1 - 0,4·n ≥ 2,33·0,49·$\sqrt{n}$;

daraus folgt $\sqrt{n}$ ≥ 38,86 ; also n > 1510.
Damit erhält man g = 650.
Bemerkung: Für n≥1511 ist die Bedingung n·p·(1-p) > 9 erfüllt.

Risiko 2.Art für p=0,45:
β = P(X≤649) = ϕ(-1,58) = 0,0571 ≈ 6%.

13 H_0: p ≤ 0,05. X: Anzahl der defekten Teile.
X ist allenfalls $B_{n;0,05}$-verteilt. $\mu = 0,05 \cdot n$; $\sigma = 0,22 \cdot \sqrt{n}$.
a) Nach Voraussetzung ist g = 0,08·n.
P(X≥g) ≤ α bedeutet P(X≤g-1) ≥ 1-α. Dies ergibt mit Hilfe der Näherung (n·p·q>9 vorausgesetzt): $\sqrt{n}$ ≥ 14,3 bzw. n ≥ 204,5.
Also n = 205 und g = 17.
(Bemerkung: Nachträglich ergibt sich n·p·q = 9,7375.)

Risiko 2.Art für p=0,07:
β = P(X≤16) = 0,6742 ≈ 67%.

b) Im jetzigen Fall gibt es über g keine direkte Auskunft.
Wie unter a) kann man zunächst aus P(X≥g) ≤ α und mit Hilfe der Näherung schließen:

g - 1 - 0,05·n ≥ 0,22·1,64·$\sqrt{n}$ (*).
Bei einem Ausschußanteil von 10% ist X $B_{n;0,1}$-verteilt mit $\mu = 0,1 \cdot n$ und $\sigma = 0,3 \cdot \sqrt{n}$. Die Nullhypothese soll mit mindestens 90% abgelehnt werden. Für diese Verteilung soll also gelten: P(X≥g) ≥ 0,9. Wendet man die Näherung an, so ergibt sich daraus:

0,1·n + 1 - g ≥ 0,3·1,28·$\sqrt{n}$ (**).
Addition von (*) und (**) ergibt $\sqrt{n}$ ≥ 15 bzw. n ≥ 225.

(Bemerkung: Da im nachhinein in jedem der beiden Fälle (p=0,5 bzw. p=0,1) die Bedingung n·p·q > 9 erfüllt war, durfte die Näherung zurecht angewendet werden.)

46 GÜTEFUNKTION EINES TESTS

S.218 **1** Es ergibt sich der Ablehnungsbereich
$K = \{0;1;2;3\} \cup \{13; \ldots ;20\}$.
Zu p wird $g(p) = P(X \leq 3) + P(X \geq 13)$ berechnet.

p	0,1	0,2	0,3	0,5	0,6	0,7
g(p)	0,8670	0,4115	0,1084	0,1329	0,4159	0,7723

Das sich daraus ergebende Schaubild deutet auf ein Minimum für p=0,4 hin; d.h. die Wahrscheinlichkeit für das eintreten von K ist am geringstem für p=0,4.

S.219 **2** $K = \{0; \ldots ;9\} \cup \{25; \ldots ;100\}$.

p	0,1	0,2	0,3	0,4	0,5	0,6	0,7
g(p)	0,4513	0,1337	0,8864	0,9994	1,0000	1,0000	1,0000

3 a) $K = \{0; \ldots ;5\} \cup \{15; \ldots ;20\}$.

p	0,1	0,2	0,3	0,4	0,5	0,6	0,7
g(p)	0,9887	0,8042	0,4164	0,1272	0,0414	0,1272	0,4164

Das Schaubild ist symmetrisch zur Geraden p=0,5.

b) $K = \{0; \ldots ;3\} \cup \{13; \ldots ;20\}$.

p	0,1	0,2	0,3	0,4	0,5	0,6	0,7
g(p)	0,8670	0,4115	0,1084	0,0370	0,1329	0,4159	0,7723

p	0,8	0,9
g(p)	0,9679	0,9996

c) $K = \{0; \ldots ;9\} \cup \{24; \ldots ;50\}$.

p	0,1	0,2	0,3	0,4	0,5	0,6	0,7
g(p)	0,9755	0,4437	0,0458	0,1569	0,6641	0,9686	0,9997

d) $K = \{0; \ldots ;68\} \cup \{91; \ldots ;100\}$.

p	0,5	0,6	0,7	0,8	0,9	0,95	0,98
g(p)	0,9999	0,9602	0,3669	0,0055	0,4513	0,9718	1,0000

e) $K = \{0; \ldots ;40\} \cup \{49;50\}$.

p	0,6	0,7	0,8	0,9	0,95	0,98
g(p)	0,9992	0,9598	0,5565	0,0583	0,2796	0,7358

f) $K = \{0\} \cup \{11; \ldots ;100\}$.

p	0,005	0,01	0,02	0,03	0,04	0,05
g(p)	0,6058	0,3660	0,1326	0,0478	0,0191	0,0174

p	0,1	0,15	0,2
g(p)	0,4169	0,9006	0,9943

Für die Operationscharakteristiken gilt jeweils:
O(p) = 1 - g(p).

4 a) $g(p) = P(X \leq 8) + P(X \geq 23)$, wobei X $B_{50;p}$-verteilt ist.
Für die Operationscharakeristik gilt: O(p) = 1 - g(p).

p	0,05	0,1	0,2	0,25	0,3	0,4
g(p)	0,9992	0,9421	0,3074	0,0926	0,0306	0,2342

p	0,5	0,6	0,7
g(p)	0,7601	0,9840	0,9999

b) Aufgrund der Wertetabelle von a) kann man vermuten, daß
p ≈ 0,3. Also α ≈ g(0,3) = 0,0306.
Die kleinste obere Schranke für das Risiko 2.Art ist gleich dem
Maximum der Operationscharakteristik, also:
O(0,3) = 1-α = 0,9694.

5 Die Schaubilder aller drei Gütefunktionen sind symmetrisch zur
Geraden p=0,5.
n=20: K = { 0; ... ;5 } ∪ { 15; ... ;20 }.

p	0,1	0,2	0,3	0,4	0,5	0,6	0,7
g(p)	0,9887	0,8042	0,4164	0,1272	0,0414	0,1272	0,4164

p	0,8	0,9
g(p)	0,8042	0,9887

n=50: K = { 0; ... ;17 } ∪ { 33; ... ;50 }.

p	0,1	0,2	0,3	0,4	0,5	0,6	0,7
g(p)	1,0000	0,9937	0,7822	0,2371	0,0328	0,2371	0,7822

p	0,8	0,9
g(p)	0,9937	1,0000

n=100: K = { 0; ... ;39 } ∪ { 61; ... ;100 }.

p	0,1	0,2	0,3	0,4	0,5	0,6	0,7
g(p)	1,0000	1,0000	0,9790	0,4621	0,0352	0,4621	0,9790

p	0,8	0,9
g(p)	1,0000	1,0000

Je größer der Stichprobenumfang, desto steiler verlaufen die
Gütefunktionen in der Umgebung von p=0,5; man sagt dazu auch,
daß die *Trennschärfe* des Tests bei festem α mit zunehmenden
Werten von n steigt. Mit n steigt also die Qualität des Tests.

6. Es ergibt sich $K = \{0; \ldots ;7\} \cup \{24; \ldots ;150\}$.

p	0,05	0,1	0,15	0,2	0,3	0,4
g(p)	0,5228	0,0283	0,3999	0,9107	1,0000	1,0000

7. Rechtsseitiger Test: $H_0: p \leq p_0$; $H_1: p > p_0$.

$$g(p) = \begin{cases} 0, \text{ falls } p \leq p_0 \\ 1, \text{ falls } p > p_0 \end{cases}$$

Linksseitiger Test: $H_0: p \geq p_0$; $H_1: p < p_0$.

$$g(p) = \begin{cases} 1, \text{ falls } p \leq p_0 \\ 0, \text{ falls } p > p_0 \end{cases}$$

8. $O(p) = 1 - g(p)$. $O(p)$ ist daher im folgenden nicht tabelliert.

a) $K = \{8;9;10\}$; (): $K = \{0;1;2\}$.

p	0,2	0,3	0,4	0,5	0,6	0,7	0,8
$g_r(p)$	0,0001	0,0016	0,0123	0,0547	0,1673	0,3828	0,6778

p	0,85	0,9	0,95
$g_r(p)$	0,8202	0,9298	0,9885

p	0,05	0,1	0,15	0,2	0,3	0,4	0,5
$g_l(p)$	0,9885	0,9298	0,8202	0,6778	0,3828	0,1673	0,0547

p	0,6	0,7	0,8
$g_l(p)$	0,0123	0,0016	0,0001

b) $K = \{17;18;19;20\}$; (): $K = \{0; \ldots ;10\}$.

p	0,5	0,6	0,7	0,8	0,85	0,9	0,95
$g_r(p)$	0,0013	0,0160	0,1071	0,4114	0,6477	0,8670	0,9841

p	0,2	0,3	0,4	0,5	0,6	0,7	0,8
$g_l(p)$	0,9994	0,9829	0,8725	0,5881	0,2447	0,0480	0,0026

c) $K = \{28; \ldots ;100\}$; (): $K = \{0; \ldots ;13\}$.

p	0,15	0,2	0,25	0,3	0,35	0,4	0,5
$g_r(p)$	0,0006	0,0342	0,2776	0,7036	0,9442	0,9954	1,0000

p	0,05	0,1	0,15	0,2	0,25	0,3
$g_l(p)$	0,9995	0,8761	0,3474	0,0469	0,0025	0,0001

d) $K = \{97; \ldots ;100\}$; (): $K = \{0; \ldots ;81\}$.

p	0,85	0,9	0,95	0,975
$g_r(p)$	0,0001	0,0078	0,2578	0,7590

p	0,7	0,75	0,8	0,85	0,9	0,95
$g_l(p)$	0,9955	0,9370	0,6379	0,1628	0,0046	0,0000

e) $K = \{41; \ldots ;50\}$; (): $K = \{0; \ldots ;29\}$.

p	0,6	0,7	0,75	0,8	0,85	0,9	0,95
$g_r(p)$	0,0008	0,0402	0,1637	0,4437	0,7911	0,9755	0,9998

p	0,4	0,5	0,55	0,6	0,65	0,7	0,8
$g_l(p)$	0,9966	0,8987	0,7138	0,4390	0,1861	0,0478	0,0003

f) $K = \{50\}$; (): $K = \{0; \ldots ;44\}$.

p	0,900	0,925	0,950	0,975	0,985	0,990	0,995
$g_r(p)$	0,0052	0,0203	0,0769	0,2820	0,4697	0,6050	0,7783

p	0,7	0,8	0,85	0,9	0,95
$g_l(p)$	0,9993	0,9520	0,7806	0,3839	0,0378

9 $K = \{32; \ldots ;120\}$; (): $K = \{0; \ldots ;27\}$.

p	0,15	0,2	0,25	0,3	0,35	0,4
$g_r(p)$	0,0007	0,0470	0,3700	0,8143	0,9796	0,9992

p	0,15	0,2	0,25	0,3	0,35
$g_l(p)$	0,9896	0,7902	0,3036	0,0425	0,0021

10 a) $H_0: p \leq 0,8$; $H_1: p > 0,8$; n=50 ; $\alpha=0,05$.
X: Anzahl der geheilten Tiere. X ist allenfalls $B_{50;0,8}$-verteilt. Es ergibt sich mit einem rechtsseitigen Test der Ablehnungsbereich: $K = \{45; \ldots ;50\}$. $O(p) = 1 - g(p)$.

p	0,7	0,8	0,85	0,9	0,925	0,95	0,975
$g_r(p)$	0,0007	0,0480	0,2194	0,6161	0,8302	0,9622	0,9985

b) Risiko 1.Art für p=0,8 : α = g(0,8) = 0,0480.
Obere Schranke für das Risiko 2.Art:
Da $H_1: p > 0,8$ ist β = O(0,8) = 0,9520 die kleinste obere Schranke.

11 Rechtsseitiger Test:
Sei $K = \{k; \ldots ;n\}$. $g(p) = \sum_{i=k}^{n} \binom{n}{i} \cdot p^i \cdot (1-p)^{n-i}$.
Wir zeigen $g'(p) > 0$, für $0<p<1$. Dann folgt daraus: g ist streng monoton steigend über $]0;1[$.

$g'(p) = \sum_{i=k}^{n} \binom{n}{i} \cdot i \cdot p^{i-1} \cdot (1-p)^{n-i} - \sum_{i=k}^{n-1} \binom{n}{i} \cdot (n-i) \cdot p^i \cdot (1-p)^{n-i-1}$.

Mit Hilfe der Anleitung läßt sich dies umformen zu:

$g'(p) = n \cdot \sum_{i=k}^{n} \binom{n-1}{i-1} \cdot p^{i-1} \cdot (1-p)^{n-i} - n \cdot \sum_{i=k}^{n-1} \binom{n-1}{i} \cdot p^i \cdot (1-p)^{n-i-1}$.

Setzt man in der ersten Summe j = i-1, so ergibt sich:

$$g'(p) = n \cdot \sum_{j=k-1}^{n-1} \binom{n-1}{j} \cdot p^j \cdot (1-p)^{n-j-1} - n \cdot \sum_{i=k}^{n-1} \binom{n-1}{i} \cdot p^i \cdot (1-p)^{n-i-1}.$$

Daraus erkennt man, daß sich einzelne Summanden gegenseitig wegheben und es bleibt: $g'(p) = n \cdot \binom{n-1}{k-1} \cdot p^{k-1} \cdot (1-p)^{n-k}$.
Für $0 < p < 1$ ist die rechte Seite größer Null.

(): Linksseitiger Test:
Wie oben zeigt man $g(p) = \sum_{i=0}^{k} \binom{n}{i} \cdot p^i \cdot (1-p)^{n-i} < 0$ für $0<p<1$.

Der erste Summand in der obigen Summe, $\binom{n}{0} \cdot (1-p)^n$, liefert nämlich beim Ableiten nur einen Beitrag zur zweiten Summe.

47 Das Stichprobenmittel als Prüfvariable

1 a) $E(Y) = 2 \cdot \mu$; $V(Y) = 2 \cdot \sigma^2$ b) $E(Y) = \mu$; $V(Y) = \frac{1}{2} \cdot \sigma^2$

  c) $E(Y) = 3 \cdot \mu$; $V(Y) = 3 \cdot \sigma^2$ d) $E(Y) = \mu$; $V(Y) = \frac{1}{3} \cdot \sigma^2$

2 a) $E(\overline{X}) = 1,5$; $V(\overline{X}) = 0,2$ b) $E(\overline{X}) = 3$; $V(\overline{X}) = 0,03$

3 Generell gilt $E(\overline{X}) = E(X)$; daher wird im folgenden nur die Varianz angegeben.

  a) $V(\overline{X}) = \frac{1}{16}$ b) $V(\overline{X}) = \frac{1}{9}$ c) $V(\overline{X}) = \frac{4,8 \cdot 4,8}{20} = 1,152$

  d) $V(\overline{X}) = 0,4$ e) $V(\overline{X}) = 0,09$ f) $V(\overline{X}) = 0,005$

4 a)

x	φ_X	$\varphi_{\overline{X}}$
-1,0	0,0044	0
0	0,0540	0
0,5	0,1295	0,0089
1,0	0,2420	0,1080
1,5	0,3521	0,4839
2,0	0,3989	0,7979
2,5	0,3521	0,4839
3,0	0,2420	0,1080
3,5	0,1295	0,0089

b)

x	φ_X	$\varphi_{\overline{X}}$
-2,0	0,0648	0
-1,5	0,0913	0,0005
-1,0	0,1210	0,0066
-0,5	0,1506	0,0476
0	0,1760	0,1943
0,5	0,1933	0,4517
1,0	0,1995	0,5984
1,5	0,1933	0,4517
2,0	0,1760	0,1943

c)

x	φ_X	$\varphi_{\overline{X}}$
-1,0	0,0547	0
0	0,0807	0
1,0	0,1065	0,0152
2,0	0,1258	0,2187
2,5	0,1311	0,4259
3,0	0,1330	0,5319
3,5	0,1311	0,4259
4,0	0,1258	0,2187
5,0	0,1065	0,0152

Die Schaubilder sind jeweils symmetrisch zur Geraden $x=\mu$.

5 a) $\overline{X}$ berechnet die mittlere Trefferzahl bein n Versuchen. $\overline{X}$ nimmt Werte aus $[0;1]$ an.

b) E(X)=p: Der Erwartungswert des Bernoulli-Experiments (die Wahrtscheinlichkeit für Treffer, ist p.

E($\bar{X}$)=p: Der Erwartungswert der durchschnittlichen Trefferzahl bei n Versuchen ist ebenfalls p.

6 a) E(X) = 0,7 ; V(X) = 0,7·0,3 = 0,21.

   b) E($\bar{X}$) = 0,7 (auch für die anderen Stichprobenumfänge);
V($\bar{X}$) = 0,035 ( ): 0,021; 0,0105; 0,0021.

7 V(X) = $1,6^2$ = 2,56 ; V($\bar{X}$) = $\frac{2,56}{n}$ < 0,2 ist erfüllt für n≥13.

8 E(X) = E($\bar{X}$) = 6 ; V($\bar{X}$) = 0,04 ; $\sigma_{\bar{X}}$ = 0,2.

3-σ-Bereich von $\bar{X}$: I = [5,4;6,6].

P($\bar{X}$ ∈ I) = 2·ϕ(3) − 1 = 0,9974. Dies gilt angenähert auch, wenn die Verteilung von X nicht bekannt ist, da für große n das Stichprobenmittel $\bar{X}$ näherungsweise normalverteilt ist.

48 SIGNIFIKANZTEST FÜR DEN ERWARTUNGSWERT BEI BEKANNTER STANDARDABWEICHUNG

48.1 Zweiseitiger Signifikanztest

S.223 1 a) Gesucht a mit P(X≤-a) = 0,05 = ϕ(-a).
Die Tabelle liefert a = 1,645.

      b) $\bar{X}$ ist angenähert normalverteilt. Gesucht a mit:
P($\bar{X}$≤-a) = 0,025 = ϕ(-10·a). Man erhält a = 0,196.

S.226 2 α = 0,01 ergibt c = 2,5758 und durch Einsetzen in die Formel für die Signifikanzgrenzen entsteht:

$g_l = \mu_0 - c \cdot \frac{\sigma_X}{\sqrt{n}}$ = 9 − 1,2879 = 7,7121 ; g_r = 10,2879.

   3 c = 1,6449 ; g_l = 2,1776 ; g_r = 3,8225.

$g(\mu_X) = 1 - \phi((g_r - \mu_X)/\sigma_{\bar{X}}) + \phi((g_l - \mu_X)/\sigma_{\bar{X}})$.

μ_X	1,0	1,4	1,8	2,2	2,6	3,0	3,2
$g(\mu_X)$	0,9908	0,9400	0,7749	0,5180	0,2063	0,1	0,2063

Das Schaubild ist symmetrisch zur Geraden μ_X=3.

   4 a) c=2,5758 ; g_l=7,7121 ; g_r=10,2879
      b) c=1,9600 ; g_l=13,706 ; g_r=14,294
      c) c=1,645 ; g_l=−0,1935 ; g_r=0,7935
      d) c=1,9600 ; g_l=−2,277 ; g_r=−1,723

   5 1. H_0: μ_X = μ_0 = 1,0 ; H_1: μ_X ≠ 1,0.
2. n=80 ; α=0,01.

3. $\bar{X}$: Stichprobenmittel. $\bar{X}$ ist bei H_0 $N(1,0;\frac{0,9}{\sqrt{80}})$-verteilt.

4. $c=2,5758$; $g_l=0,7408$; $g_r=1,2592$.
   $K = \{\bar{x} \mid \bar{x} < 0,7408$ oder $\bar{x} > 1,2592 \}$.

5. $0,6 \in K$; die Nullhypothese wird also abgelehnt.

6    $\bar{X}$: Mittlere Füllmenge bei 100 Proben. $\bar{X}$ ist bei wahrer Nullhypothese $N(0,7;\frac{0,006}{10})$-verteilt. $c=1,96$; $\bar{K} = [\,0,6988;0,7012\,]$.
$0,697 \in K$; also ist die Nullhypothese $H_0 : \mu_X = 0,7$ abzulehnen.

7    $\bar{X}$: Mittlere Reißfestigkeit bei 45 Proben. $\bar{X}$ ist bei wahrer Nullhypothese $N(200;\frac{3}{\sqrt{48}})$-verteilt.

$\alpha=0,05$; $c=1,96$; $g_l=199,12$; $g_r=200,88$. $\bar{K} = [\,199,12;200,88\,]$.

Aus den Angaben erhält man als Stichprobenmittel 201,64; da dieser Wert in K liegt, sprechen die Meßergebnisse gegen die Nullhypothese.

8   a) Die Dichtefunktion φ_0 für H_0 lautet: $x \mapsto \frac{1}{0,45} \cdot \varphi(\frac{\bar{x}-2}{0,45})$.

Die Dichtefunktion φ_1 für H_1 lautet: $x \mapsto \frac{1}{0,45} \cdot \varphi(\frac{\bar{x}-3}{0,45})$;
das Schaubild entsteht durch Verschieben um 1 in Richtung der x-Achse. Wir geben eine Wertetabelle für φ_0 an:

$\bar{x}$	0,5	1,0	1,2	1,4	1,6	1,8	2,0
φ_0	0,0036	0,0753	0,1818	0,3660	0,5967	0,8829	0,8864

Das Schaubild ist symmetrisch zur Geraden $\bar{x} = \mu_{\bar{X}} = 2$.

b) $g_l = 1,26$; $g_r = 2,74$. $\bar{K} = [\,1,26;2,74\,]$.

Risiko 2.Art für $\mu_X = 3$:
$P(\bar{X} \in \bar{K}) = \phi(\frac{2,74-3}{0,45}) - \phi(\frac{1,26-3}{0,45}) = \phi(-0,58) - \phi(-3,87) = 0,2810$

9    $H_0 : \mu_X = \mu_0 = 14,5$; $H_1 : \mu_X \neq 14,5$. $\bar{X}$: Mittlerer Bolzendurchmesser bei 60 Proben. $\bar{X}$ ist bei H_0 $N(14,5;\frac{0,2}{\sqrt{60}})$-verteilt.

$c=1,96$; $g_l = 14,45$; $g_r = 14,55$. Da $14,56 \in K$ wird die Nullhypothese abgelehnt. (Da der Wert nur ganz knapp im Ablehnungsbereich liegt, wird man in der Praxis allerdings nochmals Testen.). Risiko 2.Art für $\mu = 14,6$: $\beta = 0,0262$.

10   a) $\bar{X}$ ist $N(1;\frac{2}{\sqrt{15}})$-verteilt. Man erhält: $\bar{K} = [\,-0,012;2,012\,]$.
Da $1,5 \notin K$, wird die Nullhypothese nicht abgelehnt.
Das Stichprobenmittel erhärtet H_0.

b) $\bar{X}$ ist nun $N(2;\frac{2}{\sqrt{15}})$-verteilt.

Risiko 2.Art: $\beta = P(-0,012 \leq \bar{X} \leq 2,012) = 0,5092 \approx 51\%$.

c) $g(\mu) = 1 - \phi(\frac{2,012-\mu}{2} \cdot \sqrt{15}) + \phi(\frac{-0,012-\mu}{2} \cdot \sqrt{15})$
$= 1 - \phi(3,89 - 1,94 \cdot \mu) + \phi(-0,02 - 1,94 \cdot \mu)$.

$O(p) = 1 - g(p) = \phi(3,89 - 1,94 \cdot \mu) - \phi(-0,02 - 1,94 \cdot \mu)$.
Zum Schaubild: vgl. Fig.48.10.

d) Aus dem Schaubild entnimmt man, daß der Test etwa für $|\mu-1| \geq 1,5$ mit einer Wahrscheinlichkeit von mindestens 80% auf Ablehnung von H_0 entscheidet ($g(\mu) \geq 0,8$).

11 Druckfehler in der Auflage 1^1 des Schülerbuchs: $\sigma_{\bar{X}} = 1$!

a) Vgl. Fig.48.11.
b) Gefragt ist nach der Wahrscheinlichkeit, daß H_0 abgelehnt wird. Dem Schaubild entnimmt man:
Für n = 25: $g(0,3) \approx 32\%$; für n = 100: $g(0,3) \approx 85\%$.

48.2 Einseitiger Signifikanztest

12 Kritisch und für den Käufer interessant ist hier eine Unterschreitung des Sollgewichts, d.h. $\mu_X < 500g$. Man wird bei Zweifel am Sollgewicht die Hypothese $\mu_X \geq 500g$ linksseitig testen und versuchen diese Nullhypothese abzulehnen. Statt eines zweiseitigen ist hier ein einseitiger Signifikanztest angebracht (vgl. Abschnitt 43).

13 1. $H_0: \mu_X \leq 4$; $H_1: \mu_X > 4$.
2. $n = 100$; $\alpha = 0,05$.
3. Prüfvariable: $Z = \frac{\bar{X}-\mu_X}{\sigma_X} \cdot \sqrt{n}$. Z ist bei wahrer Nullhypothese $N(0;1)$-verteilt.
4. $\phi(c_r) = 1 - \alpha = 0,95$ ergibt $c_r = 1,6449$ und damit den Ablehnungsbereich $K = \{z | z > 1,6449\}$.
5. $\frac{\bar{x}-\mu_X}{\sigma_X} \cdot \sqrt{n} = \frac{4,03 - 4}{0,05} \cdot 10 = 6,0$ liegt im Ablehnungsbereich. H_0 wird daher abgelehnt.

14 $g(\mu_X) = 1 - \phi((4,008 - \mu_X) \cdot \sqrt{100}/0,05) = \phi((\mu_X - 4,008) \cdot 200)$.

μ_X	3,96	3,98	3,99	4,00	4,01	4,02	4,03
$g(\mu_X)$	0	0	0	0,0548	0,6554	0,9918	1

15 c_r erhält man mit der Tabelle aus $\phi(c_r) = 1 - \alpha$.

α	0,1	0,02	0,03	0,04	0,002	0,003	0,005	0,008
c_r	1,282	2,054	1,881	1,751	2,880	2,75	2,575	2,41

16 a) $c_r = 2,3263$; g = 9,5347; (): g = 10,465

b) $c_r = 1,6449$; g = 119,178; (): g = 120;822

c) $c_r = 1,751$; g = 5,1376; (): g = 5,16238

d) $c_r = 2,75$; g = 20,2083; (): g = 20,3917

17 Zweiseitig: $g_l = 2,4848$; $g_r = 3,5152$.

Rechtsseitig: g = 3,4653. Linksseitig: g = 25347.

18 $\bar{X}$ ist bei wahrer Nullhypothese allenfalls N(2,8;0,004)-verteilt.
Ein rechtsseitiger Test ergibt: $c_r = 1,6449$ und damit:
g = 2,8 + 1,6449·0,004 = 2,80658. Da 2,81 ∈ K, wird man H_0
theoretisch ablehnen; aufgrund der sehr "knappen" Entscheidung
wird man in Praxis allerdings den Test wiederholen.

S.229 19 $H_0: \mu_X \geq 2$; $H_1: \mu_X < 2$. n=100; $\alpha = 1-0,95 = 0,05$.

$\bar{X}$ ist bei wahrer Nullhypothese allenfalls N(2;0,002)-verteilt.
Ein linksseitiger Test ergibt: K = { z| z < 1,997 }.
Da 1,98 ∈ K, wird man Nullhypothese ablehnen. Auch hier ist die
Entscheidung sehr "knapp". In der Praxis wird man nochmals
testen.

20 $H_0: \mu_X \leq 1500$; $H_1: \mu_X > 1500$. n=50 ; $\alpha = 0,05$; (): $\alpha = 0,01$.

$\bar{X}$ ist bei wahrer Nullhypothese allenfalls $N(1500;\frac{25}{\sqrt{50}})$-verteilt.
Ein rechtsseitiger Test ergibt: K = { z| z > 1505,82 } ;
(): K { z| z > 1508,22 }. 1507 ∈ K ; (): 1507 ∉ K (!).
Bei einer Irrtumswahrscheinlichkeit von 5% wird man H_0 verwerfen, bei einer Irrtumswahrscheinlichkeit von 1% aber nicht.
D.H., bei α = 5% wird man den Produktionsprozeß nicht, bei
α = 1% wird man dagegen unterbrechen.

21 a) Es ergibt sich K = { z| z > 9,0698 }. Da 9,05 ∉ K, wird man
die Vermutung beibehalten, daß die Maschine auf 9,0mm
eingestellt ist.

b) $\bar{X}$ ist nun $N(9,1;\frac{0,3}{\sqrt{50}})$-verteilt. $\beta = P(\bar{X} \leq 9,07) = 0,24$.
Das Risiko 2.Art beträgt also ca. 24%.

22 a) K = { z| z ≥ 73,5 }. $\bar{X}$ ist $N(71;\frac{9}{\sqrt{50}})$-verteilt.
$\alpha = P(\bar{X} \geq 73,5) = 0,0027 \approx 3\%$.

b) Risiko 2.Art für $\mu_X = 73,5$: $\bar{X}$ ist nun $N(73,5;\frac{9}{\sqrt{50}})$-verteilt.
$\beta = P(\bar{X} < 73,5) = \phi(0) = 0,5$.

23 a) Dichtefunktion $\varphi_{\mu_{\overline{X}}} : x \longmapsto \frac{1}{0,375} \cdot \varphi(\frac{x-2}{0,375})$ für $H_o : \mu_X = 2$;

Dichtefunktion $\varphi_{\mu_{\overline{X}}} : x \longmapsto \frac{1}{0,375} \cdot \varphi(\frac{x-3}{0,375})$ für $H_o : \mu_X = 3$.

Das Schaubild der 2.Dichtefunktion entsteht durch Verschieben des Schaubilds der 1.Dichtefunktion um 1 in Richtung der x-Achse. Im folgenden eine Wertetabelle der 1.Funktion:

x	1,00	1,25	1,50	1,75	2,00	2,25	2,50
$\varphi_{\mu_{\overline{X}}}$	0,0304	0,1440	0,4374	0,8519	1,0638	0,8519	0,4374

x	2,75	3,00
$\varphi_{\mu_{\overline{X}}}$	0,1440	0,0304

b) $g = 2 + 1,6449 \cdot \frac{1,4}{4} = 2,62$.

c) Risiko 1.Art: Fläche unter dem Schaubild der 1.Funktion *ab* der Stelle $x = g = 2,62$.

Risiko 2.Art: Fläche unter dem Schaubild der 2.Funktion *bis* zur Stelle $x' = g = 2,62$.

d) Risiko 2.Art für $\mu_X = 3$: $\overline{X}$ ist nun $N(3; \frac{1,5}{4})$-verteilt.

$\beta = P(\overline{X} \leq 2,6) = \phi(-1,01) = 0,1562$.

24 a) Linksseitiger Test: $g = 3 - 1,6449 \cdot \frac{1,2}{5} = 2,61$.

$K = \{ z | z < 2,61 \}$. Da $2,4 \in K$, wird H_o abgelehnt und auf $\mu_X < 3$ entschieden.

b) Risiko 2.Art für $\mu_X = 2,5$: $\overline{X}$ ist nun $N(2,5; \frac{1,2}{5})$-verteilt.

$\beta = P(\overline{X} \geq 2,61) = 1 - \phi(0,46) = 0,3228 \approx 32\%$.

c) $g(\mu_X) \approx \phi(10,88 - 4,17 \cdot \mu_X)$; zum Schaubild: vgl. Fig.48.24.

25 Signifikanzgrenze: $g = 3 + 1,6449 \cdot \frac{2}{\sqrt{50}} = 3,465$.

$g(\mu) = 1 - \phi(\frac{3,47 - \mu}{2} \cdot \sqrt{50}) \approx \phi(12,27 - 3,54 \cdot \mu)$. Zu den Schaubildern: vgl. Fig.48.25.

26 Zu den Schaubildern: vgl. Fig.48.26.

49 Signifikanztest für den Erwartungswert bei unbekannter Standardabweichung

S.230   1   Siehe S.111 des Lehrbuchs: X nehme die Werte $a_1, \ldots, a_k$ an

$$\overline{s}^2 = \sum_{i=1}^{k} (a_i - \overline{x})^2 \cdot h(X=a_i).$$

S.232   2 $H_0: \mu_X = \mu_0 = 0{,}05$; $H_1: \mu_X \neq 0{,}05$. Zweiseitiger Test.
Testet man mit der standardisierten (N(0;1)-verteilten) Zufallsvariable Z, erhält man:
$K = \{ z \mid z < -1{,}96 \text{ oder } z > 1{,}96 \}$.

Da $\dfrac{\overline{x} - \mu_X}{s} = \dfrac{0{,}045 - 0{,}05}{0{,}06} \cdot \sqrt{49} = -0{,}583 \notin K$, wird dem Hersteller weiterhin Glauben geschenkt.

   3   a) $\overline{x} = 5{,}71$; $s = 1{,}604$ b) $\overline{x} = 0{,}714$; $s = 1{,}604$
c) $\overline{x} = 184$; $s = 14{,}92$ d) $\overline{x} = 52{,}875$; $s = 1{,}50$
d) $\overline{x} = 15{,}577$; $s = 0{,}315$

   4    $\overline{x} = 0{,}329$; $s = 0{,}0112$

   5    $H_0: \mu_X = \mu_0 = 8{,}5$; $H_1: \mu_X \neq 8{,}5$. $n = 50$; $\alpha = 0{,}1$, damit $c = 1{,}645$. $\overline{x} = 8{,}6$; $s = 0{,}2$. Prüfvariable $Z = \dfrac{\overline{X} - 8{,}5}{0{,}2} \cdot \sqrt{50}$.
Z ist bei wahrer Nullhypothese N(0;1)-verteilt.
Da $\dfrac{8{,}6 - 8{,}5}{0{,}2} \cdot \sqrt{50} = 3{,}54 > 1{,}645$, wird die Nullhypothese abgelehnt. Man wird annehmen, daß die Fabrik gegen die Vorschrift verstoßen hat.

   6    $H_0: \mu_X \geq \mu_0 = 1{,}4$; $H_1: \mu_X < 1{,}4$. $n = 100$; $\alpha = 0{,}02$.
Linksseitiger Test: $c = 2{,}054$ ($\phi(c) = 1 - \alpha$).
$g = \mu_0 - c \cdot \dfrac{s}{\sqrt{n}} = 1{,}4 - 2{,}054 \cdot \dfrac{0{,}2}{10} = 1{,}359$.

$K = \{ \overline{x} \mid \overline{x} < 1{,}359 \}$. Da $1{,}38 \notin K$, kann die Lieferung nicht zurückgewiesen werden.

S.233   7 $H_0: \mu_X \geq \mu_0 = 9{,}0$; $H_1: \mu_X < 9{,}0$. $n = 36$; $\alpha = 0{,}05$ ($\alpha = 0{,}1$).
Aufgrund der Werte ergibt sich: $\overline{x} = 8{,}9$; $s = 0{,}235$.
Linksseitiger Test: $c = 1{,}6449$ ($c = 1{,}2816$).
$g = 9{,}0 - 1{,}6449 \cdot \dfrac{0{,}235}{6} = 8{,}94$; $K = \{ \overline{x} \mid \overline{x} < 8{,}94 \}$.
(): $g = 9{,}0 - 1{,}2816 \cdot \dfrac{0{,}235}{6} = 8{,}95$; $K = \{ \overline{x} \mid \overline{x} < 8{,}95 \}$.
In beiden Fällen ist $8{,}9 \in K$. Die Nullhypothese wird also auf beiden Signifikanzniveaus zurückgewiesen; der Hersteller darf seine Behauptung aufrechterhalten.

   8    $H_0: \mu_X \leq \mu_0 = 0$ (Medikament hat keinen oder einen negativen Einfluß auf die Schlafdauer); $H_1: \mu_X > 0$. $n = 100$; $\alpha = 0{,}01$.

Aus der Stichprobe erhält man $\bar{x} \approx 0,30$; $s \approx 0,78$.
Man testet rechtsseitig: $c = 2,3263$. $g = 2,3263 \cdot \frac{0,78}{10} = 0,181$;
$K = \{ \bar{x} | \bar{x} > 0,181 \}$. Da $0,30 \in K$, wird die Nullhypothese abgelehnt. Der Hersteller darf also eine signifikante Beeinflussung der Schlafdauer behaupten.

9 Die Stichprobe ergibt: $\bar{x} = 694,33$; $s = 25,80$.
$H_0: \mu_X \geq \mu_0 = 700$; $H_1: \mu_X < 700$. $n = 60$; $\alpha = 0,05$.
Linksseitiger Test ergibt $K = \{ \bar{x} | \bar{x} < 694,52 \}$. Da $694.33 \in K$, wird die Herstellerangabe (theoretisch!) abgelehnt.

10 $H_0: \mu_X = \mu_0 = 3,5$; $H_1: \mu_X \neq 3,5$. $n = 6000$; $\alpha = 0,01$.
Die Stichprobe ergibt $\bar{x} \approx 3,43$; $s \approx 1,71$.
Zweiseitiger Test: $c = 2,5758$.
Die Prüfvariable $Z = \frac{\bar{X} - 3,5}{1,71} \cdot \sqrt{6000}$ ist näherungsweise $N(0;1)$-verteilt, da $\bar{X}$ aufgrund des großen n normalverteilt ist, obwohl X selbst (X: Augenzahl beim einmaligen Würfeln) nicht normalverteilt ist.
$K \{ z | z < -2,5758 \text{ oder } z > 2,5758 \}$. Da $\frac{3,43 - 3,5}{1,71} \cdot \sqrt{6000} =$
$-3,17 \in K$, wird die Nullhypothese abgelehnt. Der Würfel scheint also signifikant von einem idealen Würfel abzuweichen.

11 a) Zu zeigen ist: Für $Z = p \cdot X_1 + (1-p) \cdot X_2$ gilt $E(Z) = \mu_X$.
Mit Hilfe der Sätze 1 auf den Seiten 119 und 122 des Schülerbuchs gilt: $E(Z) = p \cdot E(X_1) + (1-p) \cdot E(X_2) =$
$$= p \cdot \mu_X + (1-p) \cdot \mu_X = \mu_X.$$
b) Zu prüfen ist: $E(Z) = \sigma_X^2$.
Es gilt $E[(X_i - \mu_X)^2] = \sigma_X^2$ für $1 \leq i \leq n$. Aufgrund der Sätze 1 auf den Seiten 119 und 122 des Schülerbuchs gilt:
$E(Z) = \frac{1}{n-1} \cdot E[\sum_{i=1}^{n} (X_i - \mu_X)^2] = \frac{1}{n-1} \cdot \sum_{i=1}^{n} E[(X_i - \mu_X)^2] =$
$= \frac{1}{n-1} \cdot n \cdot \sigma_X^2$. D.h. $Z = \frac{1}{n-1} \cdot \sum_{i=1}^{n} (X_i - \mu_X)^2$ ist nicht erwartungstreu bezüglich σ_X^2.

12 a) $E(Z) = E(X_1) - E(X_2) = 0$.
b) $V(Z) = V(X_1) + V(X_2) = 2 \cdot \sigma_X^2$, wegen der Unabhängigkeit.
c) $E(Z^2) - E[(X_1 - X_2)^2] =$
$E(X_1^2 - 2 \cdot X_1 \cdot X_2 + X_2^2) = 2 \cdot E(X^2) - 2 \cdot \mu_X^2 = 2 \cdot \sigma_X^2$.
Aus a) und c) folgt: Hat Z den Erwartungswert μ_Z, so hat Z^2 i.a. nicht den Erwartungswert μ_Z^2.

50 Einbeziehung der Konsequenzen bei einer Fehlentscheidung

S.234 1 Signifikanztest für die Wahrscheinlichkeit p von schädlichen Nebenwirkungen eines neuen Medikaments. Falls p_0 die Wahrscheinlichkeit von schädlichen Nebenwirkungen des bisherigen Medikaments ist, so wird man $H_0: p \geq p_0$ gegen $H_1: p < p_0$ testen und versuchen die Nullhypothese mit kleiner Irrtumswahrscheinlichkeit abzulehnen.
Fehler 1.Art: H_0 wird fälschlich abgelehnt. Dies kann schwerwiegende Folgen für die Patienten haben.
Fehler 2.Art: H_0 wird fälschlich angenommen. Das Medikament kommt voraussichtlich in der getesten Form nicht auf den Markt. Dem Hersteller entstehen evtl. Mehrkosten, die Patienten werden aber nicht zusätzlich gefährdet.

2 $E(V) = 50 \cdot \sum_{i=g}^{50} B_{50;0,05}(i) + 80 \cdot \sum_{i=0}^{g-1} B_{50;0,1}(i)$ wird minimal für $g = 3$. Entscheidungsregel: Die Werkstücke werden als von Maschine B stammend angesehen, wenn man in einer Stichprobe mindestens 3 Ausschußstücke findet.

S.235 3 a) Zu minimieren ist für n = 10 (20; 50; 100):
$E(V) = 2 \cdot \sum_{i=g}^{n} B_{n;0,3}(i) + \sum_{i=0}^{g-1} B_{n;0,5}(i)$.
Die Entscheidungsregel lautet: Findet man bei 10 (20; 50; 100) Ziehungen in einer Urne mindestens 5 (9; 21; 41) weiße Kugeln, so entscheidet man auf eine Urne mit 50% weißen Kugeln.
b) Eine untersuchte Urne ist nun mit der Wahrscheinlichkeit $\frac{1}{4}$ eine Urne mit 30% weißen Kugeln und mit einer Wahrscheinlichkeit von $\frac{3}{4}$ eine Urne mit 50% weißen Kugeln. Die Verluste sind daher zu gewichten (dies läßt sich auch anhand eines Baumdiagramms einsehen):
$E(V) = \frac{1}{4} \cdot 2 \cdot \sum_{i=g}^{n} B_{n;0,3}(i) + \frac{3}{4} \cdot \sum_{i=0}^{g-1} B_{n;0,5}(i)$.
Es ergibt sich nun die Entscheidungsregel:
Findet man bei 10 (20; 50; 100) Ziehungen in einer Urne mindestens 4 (8; 20; 40) weiße Kugeln, so entscheidet man auf eine Urne mit 50% weißen Kugeln.

4 Zu minimieren ist für n = 10 (50; 100):
$E(V) = 30 \cdot \sum_{i=g}^{n} B_{n;0,1}(i) + 50 \cdot \sum_{i=0}^{g-1} B_{n;0,2}(i)$.
Es ergibt sich die Entscheidungsregel: Findet man 10 (50; 100) Proben in einer Lieferung mindestens 1 (6; 14) Ausschußstücke, so entscheidet man auf eine Lieferung mit 20% Ausschuß.

5 a) Die Zufallsvariable X: "Anzahl der Ausschußstücke in der Sendung" ist $B_{500;p/100}$-verteilt.
$V(p) = 500 \cdot 0,5 \cdot \frac{p}{100} = 2,5 \cdot p$
b) $E(V(p)) = 20 \cdot [1 - B_{10;p/100}(0) - B_{10;p/100}(1)] + 2,5 \cdot p \cdot [B_{10;p/100}(0) + B_{10;p/100}(1)]$

c)

p	2%	5%	10%	20%	50%	100%
V(p)	5	12,5	25	50	125	250
E(V(p))	5,243	13,146	23,68	31,27	21,12	20

d) Die Kontrolle lohnt sich für die Firma ab 8% Ausschuß, denn für p > 8% gilt: E(V(p)) < V(p) [E(V(8%)) = V(8%) = 20].

6 Druckfehler im Schülerbuch Auflage 1[1]: Die Nullhypothese muß $H_0: p \leq 0,2$ lauten. Den Figuren 235.1 und 235.2 entnimmt man:

Für einen Fehler 1.Art gilt: $V_1(p) = \begin{cases} 20-100 \cdot p, & \text{für } p \leq 0,2 \\ 0, & \text{sonst} \end{cases}$

Für einen Fehler 2.Art gilt: $V_2(p) = \begin{cases} 50 \cdot p - 10, & \text{für } p \geq 0,2 \\ 0, & \text{sonst} \end{cases}$

$$E(V(p)) = V_1(p) \cdot \sum_{i=g}^{20} B_{20;p}(i) + V_2(p) \cdot \sum_{i=0}^{g-1} B_{20;p}(i) .$$

g = 4:

p	0	0,050	0,100	0,120	0,140	0,160	0,180	0,2
E(V(p))	0	0,2385	1,3295	1,7013	1,8247	1,6040	0,9948	0
p	0,225	0,250	0,275	0,300	0,400	0,500		
E(V(p))	0,3873	0,5629	0,5924	0,5354	0,1596	0,0193		

Max. ≈ 1,82

g = 5:

p	0	0,050	0,100	0,120	0,140	0,150	0,170	0,2
E(V(p))	0	0,0386	0,4317	0,6618	0,8249	0,8508	0,7330	0
p	0,225	0,250	0,275	0,300	0,400	0,500		
E(V(p))	0,6502	1,0371	1,1978	1,1875	0,5095	0,0886		

Max. ≈ 1,20

g = 6:

p	0	0,050	0,100	0,120	0,140	0,160	0,180	0,2
E(V(p))	0	0,0049	0,1125	0,2081	0,3040	0,3480	0,2712	0
p	0,225	0,250	0,275	0,300	0,325	0,500		
E(V(p))	0,8945	1,5429	1,9327	2,0819	2,0325	0,3104		

Max. ≈ 2,08

g = 7:

p	0	0,050	0,100	0,120	0,150	0,170	0,180	0,2
E(V(p))	0	0,0005	0,0239	0,0535	0,1097	0,1226	0,1073	0
p	0,225	0,300	0,325	0,350	0,400	0,500		
E(V(p))	1,0717	3,0400	3,1962	3,1247	2,5001	0,8649		

Max. ≈ 3,20

Die Wertetabellen zeigen, daß das Maximum des Verlustes für g=5 am kleinsten bleibt.

51 Vermischte Aufgaben

Testen von p

S.236 **1** $H_0: p \leq 0,8$; $H_1: p > 0,8$. Rechtsseitiger Test.
a) $K = \{ 87; \ldots ;100 \}$. Da $89 \in K$ ist H_0 abzulehnen. Das Ergebnis bestätigt die Behauptung des Getränkeherstellers.
b) Wegen $n \cdot p \cdot (1-p) = 128 > 9$, kann die Normalverteilung als Näherung verwendet werden. $\mu_X = 640$; $\sigma_X \approx 11,31$.
$P(X \geq g) \leq 0,05$ ergibt $g \geq 660$. Wenn mindestens 660 der 800 befragten Personen das Getränk kennen, ist die Nullhypothese $H_0: p \leq 0,8$ abzulehnen, und damit der Behauptung des Herstellers Vertrauen zu schenken.

2 $H_0: p \geq 0,9$; $H_1: p < 0,9$. X: Anzahl der weißen Kugeln. Linksseitiger Test.
a) $K = \{ 0; \ldots ;40 \}$. $40 \in K$, das Ergebnis spricht daher (theoretisch) gegen die Behauptung (Nullhypothese).
b) $\alpha = F_{100;0,9}(82) = 0,01$.
Fehler 2.Art für $p = 0,7$: $\beta = 1 - F_{100;0,7}(82) = 0,0022$.

c) X ist nun näherungsweise normalverteilt.
$P(X \leq g) \leq 0,01$ ergibt $g \leq 434$. Es dürfen höchstens 434 weiße Kugeln gezogen werden, um die Behauptung mit $\alpha = 1\%$ ablehnen zu können.

3 $H_0: p = 0,5$; $H_1: p \neq 0,5$. X: Anzahl von Zahl. Zweiseitiger Test.
a) Mit $\alpha = 0,1$: $K = \{ 0; \ldots ;18 \} \cup \{ 32; \ldots ;50 \}$.
$20 \notin K$, also wird H_0 beibehalten.
Fehler 2.Art: $\beta = F_{50;0,4}(31) - F_{50;0,4}(18) = 0,6639$.
b) $\alpha = F_{100;0,5}(45) - (1 - F_{100;0,5}(54)) = 0,3682$.
c) Mit der Normalverteilung als Näherung ergibt sich:
$K = \{ 0; \ldots ;223 \} \cup \{ 278; \ldots ;500 \}$.
d) Vgl. Aufgabe 30, S.190 des Lehrbuchs:

$P(|h - 0,5| \leq 0,05) = 2 \cdot \phi(\frac{\sqrt{n}}{10}) - 1 \geq 0,9$ ergibt $n \geq 271$.

4 (Druckfehler im Schülerbuch Auflage 1^1: Es muß heißen "Ein Würfel zeigt bei 150 Würfen 64mal eine gerade Augenzahl.)
$H_0: p = 0,5$; $H_1: p \neq 0,5$. X: Anzahl der geraden Augenzahlen bei 150 Würfen. Zweiseitiger Test.

Mit Hilfe der Näherung ergibt sich:
$K = \{ 0; \ldots ;62 \} \cup \{ 89; \ldots ;150 \}$. Da $64 \notin K$, nimmt man weiterhin an, der Würfel sei ideal.
Bei dieser Entscheidung kann man einen Fehler 2.Art begehen, d.h. in Wirklichkeit ist $p \neq 0,5$, dennoch wird $p = 0,5$ angenommen. Die Wahrscheinlichkeit, diesen Fehler zu begehen, falls $p = 0,6$ ($1-p = 0,4$ lt. Angabe) gilt, ist:
$\beta = P(63 \leq X \leq 88) \approx \phi(-0,33) - \phi(-4,5) = 0,3707 \approx 37\%$.

5   H_0: p = 0,25 ; H_1: p ≠ 0,25. X: Anzahl der grünen Erbsen bei 8023 Samen. Zweiseitiger Test. Mit Hilfe der Näherung ergibt sich: K = { 0; ... ;1905 } ∪ { 2107; ...;8023 }. Da 2001 ∉ K, muß man H_0 auf dem 1%-Niveau beibehalten.

6   a) H_0: p = 0,1 ; H_1: p ≠ 0,1. X: Anzahl der Fünfen bei 250 Ziffern. Zweiseitiger Test. Mit Hilfe der Näherung ergibt sich: K = { 0; ... ;15 } ∪ { 36; ...;250 }. Da 14 ∈ K, wird man H_0 ablehnen.

b) X: Anzahl der Nullen. Mit Hilfe der Näherung ergibt sich:
α = P(X ≤ 11) + P(X ≥ 28) ≈ φ(-2,12) + 1 - φ(1,65) = 0,0665.
Die Irrtumswahrscheinlichkeit beträgt ca. 7%.

S.237 7   a) H_0: p = $\frac{18}{37}$; H_1: p ≠ $\frac{18}{37}$.

b) X: Anzahl der Kugeln auf "roten Zahlen" bei 2000 Spielen. X ist bei wahrer Nullhypothese $B_{2000;18/37}$- verteilt. Da n·p·(1-p) = 449,6 > 9, kann die Näherung angewendet werden.
μ_X = 972,97 ; σ_X = 22,35.

c) K = { 0; ... ;929 } ∪ { 1018; ...;2000 }.

d) Da 959 ∉ K, muß man H_0 auf dem 5%-Niveau beibehalten, d.h. der Verdacht wird zurückgewiesen.

e) Man kann einen Fehler 2.Art begehen. Die Wahrscheinlichkeit für einen Fehler 2.Art berechnet die Operationscharakteristik.
O(0,5) = P(X ∈ $\overline{K}$) = P(X ≤ 1017) - P(X ≤ 929) = 0,9512.

8   H_0: p ≤ 0,2 ; H_1: p > 0,2. Rechtsseitiger Test.
X: Anzahl der roten Kugeln bei n Ziehungen. X ist bei wahrer Nullhypothese allenfalls $B_{n;0,2}$-verteilt. Wir verwenden die Näherung:

Risiko 1.Art: P(X ≥ g) ≤ 0,05 ; d.h. $\phi(\frac{g-1-n·0,2}{\sqrt{n·0,2·0,8}})$ ≥ 0,95.

Risiko 2.Art: P(X ≤ g-1) ≤ 0,05 ; d.h. $\phi(\frac{n·0,3-g+1}{\sqrt{n·0,3·0,7}})$ ≥ 0,95.

Man erhält die Ungleichungen:
(1) g - 1 + n·0,2 ≥ 0,4·1,65·$\sqrt{n}$
(2) n·0,3 - g +1 ≥ 0,458·1,65·$\sqrt{n}$.

Daraus n ≥ 201. Für n = 201 erhält man mit (1) als Grenze für den Ablehnungsbereich g = 51. Die Entscheidungsregel lautet:
Bei 201 Ziehungen entscheidet man sich ab 51 roten Kugeln gegen die Nullhypothese.
Bemerkung: Da die Grenze des Ablehnungsbereichs ganzzahlig sein muß, ergeben sich nachträglich kleine Korrekturen. Um die Bedingungen (α ≤ 0,5 und β ≤ 0,5) exakt zu erfüllen, ist n ≥ 203 zu wählen.

Testen von μ

9 a) 3σ-Intervall für $\bar{X}$: $[2,15; 3,85]$. $3,7$ liegt in diesem Intervall.

b) Für a gilt: $P(\bar{X} \leq 3-a) = 0,025$. Man erhält $a \approx 0,55$.

c) $\bar{X}$ ist nun $N(3; 0,2)$-verteilt. Gesucht ist $2 \cdot P(\bar{X} \leq 2,5)$. Es ergibt sich: $0,0124$.

10 $H_0: \mu_X = \mu_0 = 500$; $H_1: \mu_X \neq 500$.

$\bar{X}$: Mittleres Füllgewicht bei 25 Proben. $\bar{X}$ ist bei wahrer Nullhypothese $N(500; 4)$-verteilt. Mit $\alpha = 0,05$ erhält man:
$K = \{ \bar{x} | \bar{x} < 492,16 \text{ oder } \bar{x} > 507,84 \}$. $500,015 \notin K$. Der Test bestätigt nicht, daß die Abfüllanlage falsch eingestellt ist.

11 Die Stichprobe ergibt $\bar{x} = 20,8$; $s = 2,4$ (Stichprobenvarianz). Standardisierte Prüfvariable: $Z = \dfrac{\bar{X} - 20}{2,4} \cdot \sqrt{50}$ ist näherungsweise $N(0;1)$-verteilt. Mit $\alpha = 0,05$ ergibt sich:
$K = \{ z | z < -1,96 \text{ oder } z > 1,96 \}$.

Da $\dfrac{20,8 - 20}{2,4} \cdot \sqrt{50} = 2,36$ in den Ablehnungsbereich fällt, ist die Behauptung nicht haltbar.

12 Die Stichprobe ergibt $\bar{x} = 4,57$.

$H_0: \mu_X \geq \mu_0 = 4$. Linksseitiger Test. Da $\bar{x} > \mu_0$ spricht nichts gegen die Annahme. Bemerkung: Eine genaue Durchführung des Tests erübrigt sich.

13 a) Ein Fehler 2. Art wird begangen, wenn ein $\bar{x}$-Wert im Intervall
$\left[5 - 1,96 \cdot \dfrac{2}{\sqrt{n}}; 5 + 1,96 \cdot \dfrac{2}{\sqrt{n}} \right]$ liegt. Bei einer $N(5,4; \dfrac{2}{\sqrt{n}})$-verteilten Zufallsvariable beträgt die Wahrscheinlichkeit dafür:
$\Phi(1,96 - 0,2 \cdot \sqrt{n}) - \Phi(-1,96 - 0,2 \cdot \sqrt{n})$.

b) Statt $1,96$ ist in a) für $\alpha = 0,01$ ($\alpha = 0,001$) der Wert $2,58$ ($3,29$) einzusetzen.

Schätzfunktionen

14 Bei der Berechnung der Verteilung von S^2 ist zu beachten, daß $\bar{X}$ und die X_i nicht unabhängig voneinander sind.

$\bar{x}_i$	0	$\frac{1}{3}$	$\frac{2}{3}$	1	$\frac{4}{3}$	$\frac{5}{3}$	2
$P(\bar{X}=\bar{x}_i)$	$\frac{1}{64}$	$\frac{6}{64}$	$\frac{15}{64}$	$\frac{20}{64}$	$\frac{15}{64}$	$\frac{6}{64}$	$\frac{1}{64}$

$E(\bar{X}) = 1 = E(X)$.

$\overline{s}_i$	0	$\frac{1}{3}$	1	$\frac{4}{3}$
$P(S^2=s_i)$	$\frac{10}{64}$	$\frac{36}{64}$	$\frac{12}{64}$	$\frac{6}{64}$

$E(S^2) = \frac{1}{2} = V(X)$.

15 a) $E(X) = 2$; $V(X) = \frac{2}{3}$.

b) Das Zufallsexperiment hat die Ergebnismenge:
$\{11;12;13;21;22;23;31;32;33\}$.
$\overline{X}$ kann die Werte $1; \frac{3}{2}; 2; \frac{5}{2}; 3$ annehmen.

$\overline{x}_i$	1	$\frac{3}{2}$	2	$\frac{5}{2}$	3
$P(\overline{X}=\overline{x}_i)$	$\frac{1}{9}$	$\frac{2}{9}$	$\frac{3}{9}$	$\frac{2}{9}$	$\frac{1}{9}$

c) $E(\overline{X}) = 2$; $V(\overline{X}) = \frac{1}{3}$.

d) Es muß im Aufgabentext "Satz von S.231" lauten (Druckfehler in Auflage 1^1 des Schülerbuchs).

$\overline{X} = \frac{1}{2} \cdot (X_1 + X_2)$; X_i sind unabhängige Kopien von X.

$S^2 = (X_1 - \overline{X})^2 + (X_2 - \overline{X})^2 = \frac{1}{4} \cdot (X_1 - X_2)^2 + \frac{1}{4} \cdot (X_2 - X_1)^2 =$

$= \frac{1}{2} \cdot (X_1^2 - 2 \cdot X_1 \cdot X_2 + X_2^2)$.

$E(S^2) = \frac{1}{2} \cdot [E(X_1^2) - 2 \cdot \mu_X \cdot \mu_X + E(X_2^2)] =$

$= \frac{1}{2} \cdot (\sigma_X^2 + \mu_X^2 - 2\mu_X^2 + \sigma_X^2 + \mu_X^2) = \sigma_X^2$ \quad (vgl. S.124 des Lehrbuchs)

16 $E(Z) = \frac{1}{n} \cdot E(X_1^2 + \ldots + X_n^2) = \frac{1}{n} \cdot [E(X_1^2) + \ldots + E(X_n^2)] =$

$= \frac{1}{n} \cdot [(E(X_1^2) - \mu_X^2) + \ldots + (E(X_n^2) - \mu_X^2)] + \mu_X^2 =$

$= \frac{1}{n} \cdot [\sigma_X^2 + \ldots + \sigma_X^2] + \mu_X^2 = \sigma_X^2 + \mu_X^2 \neq \mu_X^2$.

D.h. Z ist nicht erwartungstreu bzgl. μ_X^2.

17 $E(Z) = \frac{n}{n+n^*} \cdot E(\overline{X}) + \frac{n^*}{n+n^*} \cdot E(\overline{X}^*) = \mu_X$, da $E(\overline{X}) = E(\overline{X}^*)$.

Z ist erwartungstreu bzgl. μ_X.

18 a) Wahrscheinlichkeitsverteilung von X:

x_i	1	2	3
$P(X=x_i)$	$\frac{1}{3}$	$\frac{1}{3}$	$\frac{1}{3}$

$E(X) = 2$; $V(X) = \frac{2}{3}$

b)

y_i	3	4	5	6	7	8	9
$P(Y=y_i)$	$\frac{1}{27}$	$\frac{3}{27}$	$\frac{6}{27}$	$\frac{7}{27}$	$\frac{6}{27}$	$\frac{3}{27}$	$\frac{1}{27}$

$E(Y) = 6$; $V(Y) = 2$.

$\bar{x}_i$	1	$\frac{4}{3}$	$\frac{5}{3}$	2	$\frac{7}{3}$	$\frac{8}{3}$	3
$P(\bar{X}=\bar{x}_i)$	$\frac{1}{27}$	$\frac{3}{27}$	$\frac{6}{27}$	$\frac{7}{27}$	$\frac{6}{27}$	$\frac{3}{27}$	$\frac{1}{27}$

$E(\bar{X}) = 2$; $V(\bar{X}) = \frac{2}{9}$.

z_i	0	$\frac{1}{3}$	$\frac{2}{3}$	1
$P(Z=z_i)$	$\frac{1}{27}$	$\frac{6}{27}$	$\frac{12}{27}$	$\frac{8}{27}$

$E(Z) = \frac{2}{3}$; $V(Z) = \frac{2}{27}$

s_i	0	$\frac{1}{3}$	1	$\frac{4}{3}$
$P(S^2=z_i)$	$\frac{3}{27}$	$\frac{12}{27}$	$\frac{6}{27}$	$\frac{6}{27}$

$E(S^2) = \frac{2}{3}$; $V(S^2) = \frac{2}{9}$

m_i	1	2	3
$P(M=m_i)$	$\frac{1}{27}$	$\frac{7}{27}$	$\frac{19}{27}$

$E(M) = \frac{8}{3}$; $V(M) = \frac{8}{27}$

$\bar{X}$ ist eine erwartungstreue Schätzfunktion für μ_X.

Z und S^2 sind erwartungstreue Schätzfunktionen für σ_X^2 .

VII SCHÄTZEN VON PARAMETRN

52 Vertrauensintervall für eine unbekannte Wahrscheinlichkeit

S.239 1 Man berechnet die relative Häufigkeit $h = \frac{H}{n}$ und nimmt diese als Schätzwert für p.

S.241 2 1.Schritt: $n=5000$; $h = 0,1338$; $\gamma = 0,999$.
2.Schritt: $\phi(c) = 0,9995$ ergibt $c=3,29$.
3.Schritt: $(0,1338 - p)^2 \leq 0,00216 \cdot (p - p^2)$ ergibt das Vertrauensintervall $[\,0,1183;0,1506\,]$.
Näherungslösung: $[\,0,1180;0,1496\,]$.

S.242 3 $[\,0,332;0,410\,]$; Näherungslösung: $[\,0,331;0,409\,]$

4 $[\,0,791;0,852\,]$; Näherungslösung: $[\,0,791;0,852\,]$

5 $[\,0,035;0,102\,]$; Näherungslösung: $[\,0,027;0,093\,]$

6 $h = 0,12$; $\gamma = 0,95$; damit $c = 1,96$. Dies gilt für alle Teilaufgaben.

a) [0,070;0,198] ; Näherungslösung: [0,056;0,184]
b) [0,094;0,151] ; Näherungslösung: [0,092;0,148]
c) [0,101;0,142] ; Näherungslösung: [0,100;0,140]
d) [0,106;0,135] ; Näherungslösung: [0,106;0,134]
e) [0,111;0,129] ; Näherungslösung: [0,111;0,129]

7 [0,083;0,174] ; Näherungslösung: [0,076;0,167]

8 Aus $\gamma = \phi(c) - 1$ bzw. $\phi(c) = 0,995$ erhält man: $c = 2,575$.
   $d = 0.05$. Damit $n \geq 2652,25$. Man muß mindestens 2653 Patienten behandeln.

9 a) [0,149;0,206] ; Näherungslösung: [0,148;204].

   b) $n \geq c^2/d^2 = 1536,6$. Man müßte mindestens 1537 Hausfrauen befragen.

10 Zur Vertrauenszahl $\gamma = 0,99$ gehört $c = 2,575$. Wir benützen die Näherungslösung, da n sehr groß und h nahe bei 0,5 liegt:

Jahr	Jungen	Mädchen
1981	[0,5117;0,5150]	[0,4850;0,4883]
1982	[0,5124;0,5156]	[0,4844;0,4876]
1983	[0,5121;0,5154]	[0,4846;0,4879]
1984	[0,5121;0,5154]	[0,4846;0,4879]

Die Vertrauensintervalle unterscheiden sich kaum bezüglich ihrer Länge. Ihre Lage schwankt ein wenig, aber ohne erkennbaren Trend; die 4 Intervalle haben jeweils einen großen gemeinsamen Bereich.

11 a) [0,551;0,647] ; Näherungslösung: [0,552;0,648].

   b) Das Vertrauensintervall bei a) hat die Länge 0,096; also ist die hier gewünschte Intervalllänge $d = 0,048$. Die Abschätzung liefert: $n \geq c^2/d^2 = 1667,36$. Der Umfang der Stichprobe muß mindestens 1668 betragen.

12 a) $h(AZ \geq 4)$: [0,411;0,498]; Näherungslösung: [0,410;0,498].
   $h(AZ \leq 3)$: [0,502;0,589] ; Näherungslösung: [0,502;0,590].

   b) Beide Vertrauensintervalle haben dieselbe Länge. Der Grund liegt darin, daß die Summe der beiden relativen Häufigkeiten 1 ergibt.

53 Vertrauensintervall für einen unbekannten Erwartungswert

S.243 1 Es gilt $P(2 \leq X \leq 4) = \phi(\frac{4-3}{2}) - \phi(\frac{2-3}{2}) = 2 \cdot \phi(1) - 1 = 0,6826$
       (vgl. Lehrbuch S.183).

2 Der Mittelwert $\bar{x}$ einer Stichprobe liefert einen Schätzwert für den Erwartungswert μ_X.

S.244 3 (1) n = 100; $\bar{x}$ = 724 N; γ = 0,95.

(2) $\phi(c) = \frac{1+0,95}{2} = 0,975$ ergibt c = 1,96.

(3) Es ergibt sich das Vertrauensintervall [722,75; 725,25] (in N) für die mittlere Zerreißfestigkeit.

S.245 4 a) [4,2216; 4,3784]   b) [25,2586; 26,1414]

5 [1135,55; 1168,45];
(): [1132,4; 1171,6]; [1126,25; 1177,75].

6 [6,1016; 6,1384];
(): [6,0981; 6,1491]; [6,0912; 6,1488].

7 Vertrauensintervall für den Erwartungswert des Bolzendurchmessers (in mm): [59,806; 60,394].

8 Vertrauensintervall für den Erwartungswert der Fichtenhöhe (in cm): [171,24; 181,76].

9 Die vorgegebenen Daten ergeben: $\bar{x}$ = 23,825 und s = 3,855. Das Vertrauensintervall für die mittlere Heildauer (in Tagen) ist demnach: [23,246; 24,404].

10 Die vorgegebenen Werte ergeben: $\bar{x}$ = 9,282 ; s = 0,724 und damit als Vertrauensintervall für den mittleren Morphingehalt (in %): [9,018; 9,546].

11 a) $2 \cdot c \cdot (\sigma_X / \sqrt{n})$.

b) $d \geq 2 \cdot c \cdot (\sigma_X / \sqrt{n})$ ergibt $n \geq 4 \cdot c^2 \cdot (\sigma_X^2 / d^2)$.

c) γ = 0,999 ergibt c = 3,29 und damit mit b) n ≥ 235,72.

d) Die erste Ungleichung in b) zeigt: Eine Vergrößerung des Stichprobenumfangs n bewirkt eine Verkleinerung der Länge d des Vertrauensintervalls wie $(1/\sqrt{n})$.
Eine Vergrößerung der Vertauenszahl γ bedeutet aufgrund der Monotonie der ϕ - Funktion eine Vergrößerung von c und damit eine Vergrößerung der Länge des Vertrauensintervalls wie c^2.

12 n ≥ 62 (vgl. Aufgabe 11 b) oben).

13 a) $\bar{x}$ = 51,64 ; s = 2,05.

b) [51,176; 52,104].

c) Hier ist $c \cdot (s/\sqrt{n}) = 0,54$. Das ergibt c = 2,2812 und damit γ = 0,9774, also eine statistische Sicherheit von 97,74%.

54 Vermischte Aufgaben

Vertrauensintervall für p

S.246 1 Beginnend mit der 1.Zeile der Tabelle I erhält man unter 20 (40; 100) fortlaufend gelesenen Dreierblöcken von Zufallsziffern keinen (einen; einen) Block mit lauter gleichen Ziffern. Das ergibt $p_{20} = h_{20} = 0$;
($p_{40} = h_{40} = 0,025$; $p_{100} = h_{100} = 0,01$).
Der theoretische Wert ist $p = 0,01$. Der dritte Schätzwert stimmt also mit der theoretischen Wahrscheinlichkeit überein, während die beiden anderen deutlich abweichen.
Bemerkung: Nach der Abschätzung $1 \leq 2 \cdot c \cdot \sqrt{p(1-p)/n}$ (vgl. S.241 des Lehrbuchs) müßte man mindestens 107159 Dreierblöcke lesen, um mit der Wahrscheinlichkeit 0,9 eine relative Häufigkeit im Intervall $[\,0,0095;\ 0,0105\,]$ zu erhalten.

2 $n = 857$; $h = \frac{72}{857} = 0,084$; $\gamma = 0,95$; $c = 1,96$. Damit ergibt sich das Vertrauensintervall $[\,0,067;\ 0,104\,]$.
Näherungslösung: $[\,0,065;\ 0,103\,]$.

3 $n = 1186$; $h = \frac{80}{1186} = 0,06745$; $c = 3,29$. Damit: $[\,0,047;\ 0,096\,]$
Näherungslösung: $[\,0,043;\ 0,091\,]$.

4 $n = 165$; $h = 0,1697$; $c = 1,96$. Damit: $[\,0,120;\ 0,234\,]$;
Näherungslösung: $[\,0,112;\ 0,227\,]$.

5 a) $n = 929$; $h = \frac{49}{929} = 0,05274$; $c = 1,96$.
Damit ergibt sich das Vertauensintervall: $[\,0,040;\ 0,070\,]$.
Näherungslösung: $[0,038;\ 0,067\,]$.
b) $d = 0,02$; aus $n \geq c^2/d^2$ gewinnt man $n \geq 9604$.

6 $d = 0,04$; $\gamma = 0,9$ ergibt $c = 1,645$; also $n \geq 1692$.

7 Aus $n' \geq c^2/d^2$ folgt für n mit $n \geq 4 \cdot n'$: $n \geq 4 \cdot (\frac{4 \cdot c}{d})^2$.

8 $\gamma = 0,99$ ergibt $c = 2,575$; $d = 0,02$.
a) $n \geq c^2/d^2$ liefert $n \geq 16577$.
b) Die Funktion $p \longmapsto p \cdot (1-p)$ ist streng monoton steigend über dem Intervall $[\,0,3;\ 0,4\,]$.
Also gilt: $2 \cdot c \cdot \sqrt{\frac{p \cdot (1-p)}{n}} \leq 2 \cdot c \cdot \sqrt{\frac{0,2}{n}}$. Mit $2 \cdot c \cdot \sqrt{\frac{0,24}{n}} \leq 0,02$ folgt dann $n \geq 15914$.

9 a) Die p-Werte mit $|\overline{X} - p| \leq c \cdot \sqrt{\frac{p \cdot (1-p)}{n}}$ liegen zwischen den Nullstellen der Gleichung $(\overline{X} - p)^2 = c^2 \cdot \frac{p \cdot (1-p)}{n}$.

Umgeformt: $p^2 - \dfrac{2 \cdot n \cdot \overline{X} + c^2}{n + c^2} \cdot p + \dfrac{n \cdot \overline{X}}{n + c^2} = 0$.

Die Lösungen dieser quadratischen Gleichung sind:

$$p_{1,2} = \dfrac{2 \cdot n \cdot \overline{X} + c^2}{2 \cdot (n + c^2)} \mp \sqrt{\left(\dfrac{2 \cdot n \cdot \overline{X} + c^2}{2 \cdot (n+c^2)}\right)^2 - \dfrac{n \cdot \overline{X}}{n+c^2}} \; .$$

Formt man rechte Seite um, indem man alles auf einen Hauptnenner bringt, ergeben sich die behaupteten Gleichungen für $p_{1,2}$.

b) $\gamma = 0{,}90$ ergibt $c = 1{,}645$; $\overline{X} = \dfrac{85}{140} = 0{,}60771$. Die quadratische Gleichung liefert das Vertrauensintervall [0,538; 0,672].

S.247 10 a) $n = 8023$; $h = 0{,}2494$; $\gamma = 0{,}95$ ergibt $c = 1{,}96$. Die quadratische Gleichung liefert das Vertrauensintervall [0,242; 0,256].

b) $\overline{X} = \dfrac{X}{n}$ kann für große n durch die Normalverteilung angenähert werden. Es gilt (S.187 des Lehrbuchs):
$P(|\overline{X} - \mu_{\overline{X}}| \leq \varepsilon) \approx 2 \cdot \phi(\dfrac{\varepsilon}{\sigma_{\overline{X}}}) - 1$. Einsetzen von $\mu_{\overline{X}} = p$; $\varepsilon = 1/\sqrt{n}$

und $\sigma_{\overline{X}} = \sqrt{\dfrac{p \cdot (1-p)}{n}}$ ergibt:

$P(|\dfrac{X}{n} - p| \leq 1/\sqrt{n}) \approx 2 \cdot \phi\left[\dfrac{1}{\sqrt{p(1-p)}}\right] - 1$.

Wegen $\sqrt{p(1-p)} \leq \dfrac{1}{2}$ erhält man die Behauptung mit

$2 \cdot \phi\left[\dfrac{1}{\sqrt{p(1-p)}}\right] - 1 \geq 2 \cdot \phi(2) - 1 = 2 \cdot 0{,}9772 - 1 > 0{,}95$.

Die Überlegungen von S.240 des Lehrbuchs gelten nun mit $\dfrac{c}{\sqrt{n}}$ statt $c \cdot \sqrt{\dfrac{p \cdot (1-p)}{n}}$.

Damit erhält man näherungsweise für das Vertrauensintervall

[$h - \dfrac{c}{\sqrt{n}}$; $h + \dfrac{c}{\sqrt{n}}$] und hier speziell [0,2275; 0,2713].

11 a) $L'(p) = \begin{bmatrix} n \\ k \end{bmatrix} \cdot p^{k-1} \cdot (1 - p)^{n-k-1} \cdot (k - n \cdot p)$.

Die Funktion L wird maximal für $p = \dfrac{k}{n}$, denn $L'(\dfrac{k}{n}) = 0$:

Damit auch: $L'(p) > 0$ für $p < \dfrac{k}{n}$ und $L'(p) < 0$ für $p > \dfrac{k}{n}$.

Die Funktion L ist also im Bereich $p < \dfrac{k}{n}$ streng monoton steigend und im Bereich $p > \dfrac{k}{n}$ streng monoton fallend.

b) Nach Aufgabe 30 von S.163 des Lehrbuchs wird die Funktion L maximal für die größte ganze Zahl kleiner als $\frac{5 \cdot 25}{2}$, also für $\hat{N} = 62$. Damit ist 62 der gesuchte Schätzwert für die unbekannte Zahl N.

Vertrauensintervall für p

12 $n = 50$; $\bar{x} = 3,6$; $c = 1,96$ liefert $[\,3,0;\ 4,2\,]$.

13 $\gamma = 0,95$ $(0,99;\ 0,999)$ ergibt $c = 1,96$ $(2,575;\ 3,29)$.
Mit $n \geq 4 \cdot c^2 \cdot \dfrac{\sigma_X^2}{d^2}$ (vgl. S.245, Aufgabe 11) erhält man dann
$n \geq 139$ $(239;\ 390)$.

14 $2 \cdot c \cdot \dfrac{\sigma_X^2}{\sqrt{n}} = 1,0$ liefert $c = 2,357$ und $\gamma = 2 \cdot \phi(c) - 1 = 0,9816$.
Die gesuchte Vertrauenswahrscheinlichkeit beträgt also ca. 98%.

15 Die Daten ergeben $\bar{x} = 1293$; $s = 220$ und damit das Vertrauensintervall $[\,1232;\ 1354\,]$.

16 Es gilt: $l_1(n) = \dfrac{3,9}{\sqrt{n}}$ $(\gamma = 0,95)$ und $l_2(n) = \dfrac{5,15}{\sqrt{n}}$ $(\gamma = 0,99)$.

n	10	30	50	100	150
$l_1(n)$	1,24	0,72	0,55	0,39	0,32
$l_2(n)$	1,63	0,94	0,73	0,52	0,42

Zum Schaubild: vgl. Fig.54.16.
Eine Vervierfachung von n bewirkt eine Halbierung der Länge des Vertrauensintervalls.

Schriftliches Abitur

S.248 1 a) Die Wahrscheinlichkeit für schwarz beträgt $p = \frac{5}{8}$.

$P(A) = (\frac{5}{8})^4 \approx 0,1526$; $P(B) = (\frac{5}{8})^3 \cdot \frac{3}{8} \cdot 4 \approx 0,3662$;

$P(C) = (\frac{3}{8})^3 \cdot \frac{5}{8} \approx 0,0330$.

b) $P(X=1) = \frac{3}{8}$; $P(X=2) = \frac{15}{56}$; $P(X=3) = \frac{5}{28}$; $P(X=4) = \frac{3}{28}$;

$P(X=5) = \frac{3}{56}$; $P(X=6) = \frac{1}{56}$. $E(X) = 2,25$.

c) $H_0: p = 0,4$. Rechtsseitiger Test ergibt:
$K = \{ 12; \ldots ; 20 \}$.
Für $p = 0,6$ erhält man: $\beta = P(X \leq 11) = 0,4044$.

d) Es kann die Näherung verwendet werden:
$K = \{ 41; \ldots ; 80 \}$. Da $23 \notin K$, muß die Hypothese beibehalten werden. Für $p = 0,6$ erhält man: $\beta = 0,0336$.

2 a)

x_i	2	4	6	8
$P(X=x_i)$	$\frac{8}{20}$	$\frac{6}{20}$	$\frac{4}{20}$	$\frac{2}{20}$

$E(X) = 4$; $V(X) = 4$.

Beim dreimaligen Drehen: $E(Y) = 3 \cdot E(X) = 12$.
b) $n \geq 21$.
c) $P(A) = 0,0354 \approx 3,5\%$;
$P(B) = 0,0576 \approx 6\%$.
d) $P(C) = 0,0168 \approx 2\%$; $P(D) = 0,4513 \approx 45\%$.
e) Der Erwartungswert für den Gewinn beträgt:
$E(\text{weiß}) = -0,2$; $E(\text{rot}) = -0,8$.
Da $E(\text{weiß}) > E(\text{rot})$, setzt man besser auf weiß.
f) Mit der Näherung erhält man: $k \geq 9,3$, also $k = 10$.

S.249 3 a) $\binom{38}{7} = 12620265$ Möglichkeiten, den Lottoschein auszufüllen.

$\binom{31}{7} = 2629575$ Möglichkeiten, keine Gewinnzahl anzukreuzen.

b) X: Anzahl der Richtigen. Auf 8 Dezimalen ergibt sich:
$P(X=0) \approx 0,20836146$ $P(X=1) = 0,40838847$
$P(X=2) = 0,28273048$ $P(X=3) = 0,08726249$
$P(X=4) = 0,01246607$ $P(X=5) = 0,00077376$
$P(X=6) = 0,00001719$ $P(X=7) = 0,00000008$

c) $P(\text{"6 Richtige mit ZZ"}) = \dfrac{\binom{7}{6} \cdot \binom{30}{0} \cdot \binom{1}{1}}{\binom{38}{7}} = 0,00000055$;

$P(\text{"6 Richtige ohne ZZ"}) = \dfrac{\binom{7}{6} \cdot \binom{30}{1} \cdot \binom{1}{0}}{\binom{38}{7}} = 0,00001664$.

Bemerkung: Addiert man beide Wahrscheinlichkeiten, ergibt sich $P(X=6)$ aus Teilaufgabe b).

d) Man berechnet den Erwartungswert aus Teilaufgabe b):
$E(X) \approx 1,29$; also etwas mehr als eine richtige Zahl pro Spiel.

e) $X = \begin{cases} 1, \text{ falls bei 1 Ziehung eine gerade Zahl gezogen wird} \\ 0, \text{ sonst} \end{cases}$

Y: Anzahl der geraden Zahlen bei 207 Ausspielungen.
X ist näherungsweise $B_{7;0,5}$-verteilt. Y ist näherungsweise
$B_{207 \cdot 7;0,5}$-verteilt. $\mu_Y = 724,5$ und $\sigma_Y \approx 19$.
$[\mu-\sigma; \mu+\sigma] = [705; 744]$; $[\mu-2\cdot\sigma; \mu+2\cdot\sigma] = [686; 763]$.
745 liegt im $2\cdot\sigma$-Intervall.

Bemerkung: X ist hypergeometrischverteilt mit $\mu_X = 3,5$ und $\sigma_X \approx 1,21$. Bei 207 Ausspielungen beträgt $\mu_Y = 724,5$ und $\sigma_Y \approx 17,42$. Auch nun liegt 745 im $2\cdot\sigma$-Intervall.

4 a)

x_i	2	3	4	5	6	7	8
$P(X=x_i)$	$\frac{1}{16}$	$\frac{2}{16}$	$\frac{3}{16}$	$\frac{4}{16}$	$\frac{3}{16}$	$\frac{2}{16}$	$\frac{1}{16}$

$\mu_X = 5$; $\sigma_X = 1,58$.

b) Der Erwartungswert für den Gewinn von A beträgt:
$\mu = \frac{3}{16} > 0$; also ist das Spiel nicht fair.
Geänderter Einsatz: Da A pro Spiel bei einem Einsatz von 1 DM durchschnittlich $\frac{3}{16}$ DM gewinnt, ist das Spiel bei einem Einsatz von $(1+\frac{3}{16})$ DM $\approx 1,19$ DM fair; d.h. E(Gewinn) = 0 DM.

c) $P(A) = (\frac{1}{4})^4 \approx 0,0039$; $P(B) = (\frac{1}{4})^2 \cdot (\frac{3}{4})^2 \cdot \binom{4}{2} \approx 0,2109$;
$P(C) = 4!/4^4 \approx 0,0938$; $P(D) = 4 \cdot [(\frac{1}{4})^4 + 4 \cdot (\frac{1}{4})^3 \cdot \frac{3}{4}] \approx 0,2031$.

d)

y_i	1	2	3	4
$P(Y=y_i)$	$\frac{16}{64}$	$\frac{36}{64}$	$\frac{11}{64}$	$\frac{1}{64}$

$\mu_Y = \frac{127}{64} \approx 2$ (Würfe).

e) X: Anzahl der Einsen. X ist $B_{n;0,25}$-verteilt.
Mit Tschebyscheff:
$P(|\overline{X} - p| < c) \geq 1 - \frac{1}{4 \cdot n \cdot c^2} \geq 0,9$; daraus $n \geq 25000$.

Mit Normalverteilung:
$P(|\frac{X}{n} - \frac{\mu}{n}| \leq 0,01) = P(|X - \mu| \leq 0,01 \cdot n) \Rightarrow 2 \cdot \phi(\frac{0,01 \cdot n}{\sigma}) - 1 \geq 0,9$.
Daraus n ≥ 5071.

f) X_i: Anzahl der Würfe, welche die Augenzahl i ergeben haben;
p_i: Wahrscheinlichkeit für die Augenzahl i ; $1 \leq i \leq 4$.
X_i ist $B_{2000;0,25}$-verteilt, mit $\mu = 500$ und $\sigma \approx 19,4$.

X_i ist $B_{2000;0,25}$-verteilt, mit $\mu = 500$ und $\sigma \approx 19,4$.
Es muß für jedes i H_0: $p_i = 0,25$ getestet werden.
Es kann die Näherung verwendet werden. Ein zweiseitiger Test
ergibt für jedes i: $K = \{ 0; \ldots ;461 \} \cup \{ 540; \ldots ;2000 \}$.
Augenzahl 1: $460 \in K$; Augenzahl 2: $507 \notin K$;
Augenzahl 3: $518 \notin K$; Augenzahl 4: $515 \notin K$.
Wegen des Ergebnisses bei der Augenzahl 1, müßte man das
Tetraeder (theoretisch) als nicht ideal annehmen. Das Ergebnis
liegt jedoch sehr knapp an der Ablehnungsgrenze, daß es
angebracht ist, den Test zu wiederholen.

S.250   5   a) X: Anzahl der Personen mit einer Gewichtsabnahme von
mindestens 5 kg. X ist $B_{18;0,9}$-verteilt.
$P(X = 18) = 0,1501 \approx 15\%$; $P(13 \leq X \leq 16) = 0,5433 \approx 54\%$;
$P(X \leq 6) \approx 0$; $P(X > 12) = 0,9936 \approx 99\%$.
Zum zweiten Teil der Aufgabe:
X ist nun $B_{100;0,9}$-verteilt. $P(84 \leq X \leq 96) = 0,9716 \approx 97\%$.

b) Es kann die Näherung benutzt werden:
$P(|X - \mu| \leq k) \geq 0,8$; d.h. $2 \cdot \phi(\frac{k}{\sigma}) - 1 \geq 0,8$.
Man erhält mit $\sigma \approx 5,2$: $k \geq 6,6$; d.h. $k = 7$.

c) H_0: $p \geq 0,9$. Man testet linksseitig. Mit Hilfe der Näherung
ergibt sich: $K = \{ 0; \ldots ;173 \}$. Da $173 \notin K$, kann man die
Hypothese nicht ablehnen; d.h. man geht weiterhin davon aus,
daß die Erfolgsquote mindestens 90% ist.
Dabei kann man einen Fehler 2.Art begehen. Für $p = 0,85$ ergibt
sich $\beta = 0,2762 \approx 28\%$.

6   a) Man ermittelt die Wahrscheinlichkeitsverteilung von X und
danach $E(X) [= \frac{1}{8} \cdot (12 \cdot z + 24) = 12]$. So ergibt sich: $z = 6$.

b) Man verfährt wie unter a). Es ergibt sich so: $p = \frac{1}{3}$;
d.h. der Winkel für den Sektor "2" müßte 120° betragen.

c) X: Anzahl der Zweien. X ist $B_{n;1/3}$-verteilt.
$P(X \geq 1) = 1 - (\frac{2}{3})^n \geq 0,5$ ergibt $n \geq \log(0,5)/\log(\frac{2}{3}) = 1,7$.
Ab 2 Drehungen lohnt sich die Wette.

d) X: Anzahl der Zweien. X ist $B_{50;0,5}$-verteilt. Man testet
(zweiseitig) die Wahrscheinlichkeit p für das Auftreten von "2":
H_0: $p = 0,5$. Es ergibt sich:
$\alpha = 0,05$: $K = \{ 0; \ldots ; 17 \} \cup \{ 33; \ldots ;50 \}$. $33 \in K$; d.h.
die Nullhypothese wird (theoretisch) abgelehnt.
$\alpha = 0,01$: $K = \{ 0; \ldots ; 15 \} \cup \{ 35; \ldots ;50 \}$. $33 \notin K$; d.h.
die Nullhypothese wird beibehalten.

e) $I = [\mu_Z - c \cdot \frac{\sigma_Z}{\sqrt{n}} ; \mu_Z + c \cdot \frac{\sigma_Z}{\sqrt{n}}]$ mit $\phi(c) = 0,95$.
Damit $I = [100 - 0,78; 100 + 0,78] = [99,22;100,78]$.

7 a) $P(A) = 0{,}9^3 \cdot 0{,}1^2 = 0{,}00729$; $P(B) = 0{,}9^3 \cdot 0{,}1^2 \cdot \binom{5}{3} = 0{,}0729$;
   $P(C) = 0{,}9 + 0{,}9 - 0{,}9^2 = 0{,}99$; $P(D) = 2 \cdot 0{,}9 \cdot 0{,}1 = 0{,}18$.

   b) X: Anzahl der richtig übertragenen Zeichen.
   X ist $B_{100;0,9}$-verteilt, mit $E(X) = 90$.
   $P(X \leq 98) = 0{,}9997$.
   $P(90-k \leq X \leq 90+k) \geq 0{,}75$ ergibt $k = 3$.

   c) Vier hintereinander übertragene Zeichen werden fehlerfrei übermittelt mit der Wahrscheinlichkeit $p = 0{,}9^4 = 0{,}6561$.
   Sei Y: Anzahl der fehlerfreien Vierergruppen.
   Y ist $B_{n;0,6561}$-verteilt.

   $n = 4$: $P(Y \geq 1) = 1 - P(Y = 0) = 1 - 0{,}3439^4 = 0{,}9860$.

   Allgemein: Gesucht n, mit: $P(Y \geq 1) \geq 0{,}99$.
   $P(Y \geq 1) = 1 - P(Y = 0) = 1 - 0{,}3439^n \geq 0{,}99$ ergibt $n \geq 5$.

   d) H_0: $p = 0{,}1$. Man testet linksseitig. Mit Hilfe der Näherung ergibt sich für $\alpha = 0{,}05$: $K = \{0; \ldots ; 8\}$. Da $12 \notin K$, kann die vermutete Änderung von p als widerlegt gelten; d.h. man nimmt weiterhin an, daß die Fehlerquote 10% beträgt.

S.251 8 a) Für $i = 1$ ist die gesuchte Wahrscheinlichkeit $\frac{1}{49}$;
   für $i = 3$ ist sie: $\frac{48}{49} \cdot \frac{47}{48} \cdot \frac{1}{47} = \frac{1}{49}$; die Wahrscheinlichkeit ist für alle i dieselbe.

   b) X ist $B_{1592;6/49}$-verteilt mit $\mu \approx 195$ und $\sigma \approx 13{,}08$.
   Damit liegen im σ-Intervall $[182; 208]$:
   1; 2; 3; 4; 5; 6; 7;   9; 10; 11; 12;   14; 15; 16; 17; 18; 19;
   20;   22; 23;   25; 26; 27;   29; 30; 31;   35; 36; 37;
   39; 40; 41; 42; 43; 44; 45; 46; 47;   .

   $2 \cdot \sigma$-Intervall $[169; 221]$:
   Hinzu kommen 4; 8; 24; 28; 33; 34; 48; 49.

   $3 \cdot \sigma$-Intervall $[156; 234]$: Hinzu kommen 13; 21; 32.

   "13" ist tatsächlich bei diesen Ausspielungen eine seltene Zahl, während 21 und 32 sehr häufig gezogen wurden.

   c) Mit der Näherung ergibt sich:
   $P(169 \leq X \leq 221) = 0{,}9534$; $P(156 \leq X \leq 234) = 0{,}9972$.

   d) Man hat $\binom{49}{6}$ Möglichkeiten. Soll eine bestimmte Zahl k die kleinste unter den 6 gezogenen Zahlen sein, bleiben für die restlichen fünf Zahlen noch $49 - k$ übrig:

$$p := P(\text{"k ist die kleinste gezogene Zahl"}) = \frac{\binom{49-k}{5}}{\binom{49}{6}} \text{ . Damit:}$$

k	1	2	3	4	5	6	7
p	0,1224	0,1097	0,0980	0,0874	0,0777	0,0688	0,0608

9 a) X: Durchmesser in mm.
Gesucht: $p = P(|X - \mu| > 0,05)$.
Mit Hilfe der Näherung ergibt sich:
$p = 2 \cdot [1 - \phi(2,5)] = 0,0124$.

Zum zweiten Teil der Frage:
Gesucht c, mit: $2 \cdot [1 - \phi(\frac{c}{0,02})] \leq 0,05$. Daraus ergibt sich:
$c \geq 0,0392$. Der Durchmesser darf höchstens ca. 0,04 mm vom Erwartungswert 3 mm abweichen, damit der Ausschußanteil höchstens 5% beträgt.

b) $H_0: \mu_X = \mu_0 \geq 3$. $Z = \frac{\bar{x} - \mu_X}{s}$ ist bei zutreffender Nullhypothese näherungsweise N(0;1) verteilt. Wir testen linksseitig: $P(Z \leq c) = \phi(c) \leq 0,05$ ergibt $K = \{z |\ z \leq -1,65\}$.
$\frac{\bar{x} - \mu_X}{s} = \frac{2,98 - 3}{0,018} \approx -1,11 \notin K$; daher kann man nicht annehmen, daß sich der Schraubendurchmesser signifikant verändert hat.

c) Y: Durchmesser der Unterlegscheiben (in mm). Man kann davon ausgehen, daß X und Y voneinander unabhängig sind.
Z = Y - X ist näherungsweise normalverteilt.
$\mu_Z = 0,1$ und $\sigma_Z \approx 0,05385$.
Gesucht $p = P(Y - X \geq 0)$. Es ergibt sich $p = 0,9683 \approx 97\%$.

10 a)

$\bar{x}_i$	1,8	1,85	1,9	1,95	2,0	2,05	2,1	2,15	2,2
$P(\bar{X}=\bar{x}_i)$	0,01	0,02	0,13	0,14	0,40	0,14	0,13	0,02	0,01

$E(X) = 2,0$; $V(X) = 0,01$.
$E(\bar{X}) = 2,0$; $V(\bar{X}) = \frac{1}{4} \cdot (0,01 + 0,01) = 0,005$.

b) Mit Hilfe der Näherung ergibt sich:
$\mu_{\bar{X}} = 2,0$; $\sigma_{\bar{X}} = 0,005$.
$P(|\bar{X} - \mu_{\bar{X}}| \leq 0,01) = 2 \cdot \phi(2) - 1 = 0,9544 \approx 95\%$.
Zum zweiten Teil der Frage: $\mu_{\bar{X}} = 2,0$; $\sigma_{\bar{X}} = 0,1/\sqrt{n}$.

Gesucht n mit: $P(|\bar{X} - \mu_{\bar{X}}| \leq 0,005) \geq 0,95$. Mit der Näherung ist dies gleichbedeutend mit: $2 \cdot \phi(0,05 \cdot \sqrt{n}) - 1 \geq 0,95$.
Daraus erhält man $n \geq 1536,66$; also $n \geq 1537$.

c) $H_0: \mu_{\overline{X}} = \mu_0 \leq 2,0$. $\sigma_{\overline{X}} = \dfrac{\sigma_X}{\sqrt{n}} = 0,01$.

Ein rechtsseitiger Test mit Hilfe der Näherung ergibt:
$g = \mu_0 + c_r \cdot \dfrac{\sigma_X}{\sqrt{n}} = 2 + 1,6449 \cdot 0,01 = 2,016449$.

Da $2,02 \geq g$, wird die Nullhypothese abgelehnt.
Risiko 2.Art bei $\mu_{\overline{X}} = 2,1$: $P(\overline{X} < g) = \phi(\dfrac{g - 2,1}{0,01}) \approx 0$.

11 Wir verwenden folgende Bezeichnungsweisen:
1: Spieler A gewinnt; 0: Spieler A verliert;
G(e): Gewinn beim Eintreten des Ergebnisses e;
$W_p(e)$: Wahrscheinlichkeit für das Eintreten des Ergebnisses e, falls die Wahrscheinlichkeit für "Zahl" p beträgt.

Zur Strategie S_1:

e	1	01	001	0001	0000
G(e)	1	0	-1	-2	-4
$W_{1/2}(e)$	$\dfrac{1}{2}$	$\dfrac{1}{4}$	$\dfrac{1}{8}$	$\dfrac{1}{16}$	$\dfrac{1}{16}$
$W_{1/3}(e)$	$\dfrac{1}{3}$	$\dfrac{2}{9}$	$\dfrac{4}{27}$	$\dfrac{8}{81}$	$\dfrac{16}{81}$

Für $p = \dfrac{1}{2}$: $E(G) = 0$; für $p = \dfrac{1}{3}$: $E(G) = -\dfrac{65}{81}$.

Zur Strategie S_2:

e	11	101	011	1001	0101
G(e)	2	1	1	0	0
$W_{1/2}(e)$	$\dfrac{1}{4}$	$\dfrac{1}{8}$	$\dfrac{1}{8}$	$\dfrac{1}{16}$	$\dfrac{1}{16}$
$W_{1/3}(e)$	$\dfrac{1}{9}$	$\dfrac{2}{27}$	$\dfrac{2}{27}$	$\dfrac{4}{81}$	$\dfrac{4}{81}$
$W_p(e)$	p^2	$(1-p)p^2$	$(1-p)p^2$	$(1-p)^2 p^2$	$(1-p)^2 p^2$

e	0011	1000	0100	0010	0001	0000
G(e)	0	-2	-2	-2	-2	-4
$W_{1/2}(e)$	$\dfrac{1}{16}$	$\dfrac{1}{16}$	$\dfrac{1}{16}$	$\dfrac{1}{16}$	$\dfrac{1}{16}$	$\dfrac{1}{16}$
$W_{1/3}(e)$	$\dfrac{4}{81}$	$\dfrac{8}{81}$	$\dfrac{8}{81}$	$\dfrac{8}{81}$	$\dfrac{8}{81}$	$\dfrac{16}{81}$
$W_p(e)$	$(1-p)^2 p^2$	$(1-p)^3 p$	$(1-p)^3 p$	$(1-p)^3 p$	$(1-p)^3 p$	$(1-p)^4$

Für $p = \frac{1}{2}$: $E(G) = 0$; für $p = \frac{1}{3}$: $E(G) = -\frac{98}{81}$;
für allgemeines p : $E(G) = 2p^2 + 2(1-p)p^2 - 8(1-p)^3 p - 4(1-p)^4$

Zur Strategie S_3:

e	1	011	0101	0011	0010
G(e)	1	1	0	0	-2
$W_{1/2}(e)$	$\frac{1}{2}$	$\frac{1}{8}$	$\frac{1}{16}$	$\frac{1}{16}$	$\frac{1}{16}$
$W_{1/3}(e)$	$\frac{1}{3}$	$\frac{2}{27}$	$\frac{4}{81}$	$\frac{4}{81}$	$\frac{8}{81}$
$W_p(e)$	p	$(1-p)p^2$	$(1-p)^2 p^2$	$(1-p)^2 p^2$	$(1-p)^3 p$

e	0001	0000	0100
G(e)	-2	-4	-2
$W_{1/2}(e)$	$\frac{1}{16}$	$\frac{1}{16}$	$\frac{1}{16}$
$W_{1/3}(e)$	$\frac{8}{81}$	$\frac{8}{81}$	$\frac{8}{81}$
$W_p(e)$	$(1-p)^3 p$	$(1-p)^4$	$(1-p)^3 p$

Für $p = \frac{1}{2}$: $E(G) = 0$; für $p = \frac{1}{3}$: $E(G) = -\frac{47}{81}$;
für allgemeines p : $E(G) = p + (1-p)p^2 - 4(1-p)^3 p - 4(1-p)^4$

Zu a) A sollte die Strategie S_3 verwenden.

Zu b) A sollte ebenfalls wieder die Strategie S_3 verwenden (der Verlust ist hier am kleinsten); Strategie S_1 ist jedoch nur geringfügig schlechter.

Zu c) Bildet man für allgemeines p die Differenz von E(G) bei S_3 und S_2, so erhält man den Term: $-2p^4 + 7p^3 - 9p^2 + 3p = 0$
Der Term nimmt den Wert 0 für $p = 0,5$ an, an dieser Stelle ist auch ein Vorzeichenwechsel von + nach -; es gibt ansonsten (p>0) keine weiteren Nullstellen. D.h. für $p < 0,5$ ist die Strategie S_3 besser als S_2, für $p > 0,5$ ist S_2 besser als S_3.

12 a) Ein Maß für die Sicherheit, ist die Wahrscheinlichkeit, mit der eine Feuergefahr angezeigt wird. Bei einem Feuermelder beträgt die Sicherheit $S_1 = 100 \cdot p\%$.
Bei zwei voneinander unabhängigen Feuermeldern beträgt die Sicherheit $S_2 = 100 \cdot (1-(1-p)^2)\% = (2 \cdot p - p^2)\%$.
$S_2 : S_1 = 2-p$. Für $p \to 0$ strebt $S_2 : S_1$ gegen 2. D.h. die Sicherheit läßt sich nahezu verdoppeln.
Für $p > 0,9$ liegt $S_2 : S_1$ zwischen 1 und 1,1. D.h. die Sicherheit läßt sich um bis zu 10% steigern.

b) Bei drei Feuermeldern, die nach der beschriebenen Art einen Alarm auslösen, beträgt die Sicherheit
$S_3 = 100 \cdot (3 \cdot p^2 \cdot (1-p) + p^3)\%$. $S_3 : S_1 = 3 \cdot p - 2 \cdot p^2$.
Dieser Quotient nimmt sein Maximum für p = 0,75 an ("nach p ableiten!"). In diesem Fall ist $S_3 : S_1 = 1,125$. Die Sicherheit läßt sich maximal um 12,5% steigern.
c) Die Wahrscheinlichkeit für einen Fehlalarm beträgt 10%. Für p = 0,1 ergibt sich $S_3 : S_1 = 0,28$. D.h. die Wahrscheinlichkeit für einen Fehlalarm reduziert sich um 72%.

S.253 13 a) $P(A) = \frac{1}{2}$; $P(B) = \frac{70}{216}$; $P(C) = \frac{35}{108}$.
b) Alle Zahlen sind gleichwahrscheinlich, daher:
$P(\text{"2x dieselbe Zahl"}) = \frac{1}{216}$.
$P(\text{"3 verschiedene Zahlen bei drei Würfen"}) = \frac{215}{216} \cdot \frac{214}{216} \approx 0,9862$.
c) n-stellige Zahl: $P(\text{"Ziffer 9 kommt nicht vor"}) = \frac{8}{9} \cdot (\frac{9}{10})^{n-1}$.
Für n = 6: p ≈ 0,525; n = 12: p ≈ 0,279; n = 24: p ≈ 0,079.
Eine Verdopplung der Stellenzahl bewirkt keine Halbierung der Wahrscheinlichkeit.
d) $p = (\frac{9}{10})^n$. Je größer die Stellenzahl, umso unwahrscheinlicher ist es, daß die Dezimaldarstellung die Ziffer 9 nicht enthält.

14 a) A gewinnt mit der Wahrscheinlichkeit $p = n \cdot \frac{1}{6} \cdot (\frac{5}{6})^{n-1}$.
Diese Wahrscheinlichkeit ist für n = 5 und n = 6 maximal. Bei dieser Anzahl von Würfen ist die Chance, daß A gewinnt maximal. D.h. nicht, daß in diesen Fällen der Gewinn maximal ist!
b) n = 1 ; Verlust für n > 1.
c) Gesucht ist der Erwartungswert von a) für 1 ≤ n ≤ 6:
Er beträgt ca. 0,33.
Auch bei dieser Spielweise muß A auf lange Sicht mit Verlust rechnen.

15 a) $P(\text{"Gewinn"}) = \dfrac{\binom{n-1}{2}}{\binom{n}{3}} = \dfrac{3}{n}$; $P(\text{"Hauptgewinn"}) = \dfrac{1}{n}$.

b) $P(\text{"Gewinn"}) = P(\text{"1.Preis"}) + P(\text{"2.Preis"}) + P(\text{"3.Preis"}) = \frac{1}{n} + (\frac{n-1}{n}) \cdot \frac{1}{n-1} + (\frac{n-2}{n}) \cdot \frac{1}{n-2} = \frac{3}{n}$; $P(\text{"Hauptgewinn"}) = \frac{1}{n}$.
Es ergeben sich dieselben Wahrscheinlichkeiten wie unter a).

c) Sowohl Bert als auch Chris begehen den Fehler, daß die Wahrscheinlichkeit für den 2. oder 3. Preis mittels der bedingten Wahrscheinlichkeit berechnet werden muß.
Bei Bert muß der 2.Summand daher mit $\frac{n-1}{n}$ multipliziert werden,
bei Chris muß der 2.Summand ebenfalls mit $\frac{n-1}{n}$, der 3.Summand mit $\frac{n-2}{n}$ multipliziert werden.

MÜNDLICHES ABITUR

S.254 1 a) A: Mindestens eine Sechs in einem Dreierwurf.
Mit Hilfe des Gegenereignisses und der Pfadregel:
$P(A) = 1 - P(\overline{A}) = 1 - \frac{5}{6} \cdot \frac{5}{6} \cdot \frac{5}{6} = \frac{91}{216}$.
Mit Hilfe der Binomialverteilung: X: Anzahl der Sechsen in einem Dreierwurf. $P(A) = P(X \geq 1) = \frac{91}{216}$.
b) Der Fehler bei dieser Überlegung steckt darin, daß die Tripel nicht alle gleichwahrscheinlich sind.
c) A_i: Sechs im i.Wurf.
$P(A) = P(A_1 \cup A_2 \cup A_3) = P(A_1) + P(A_2) + P(A_2) - P(A_1 \cap A_2) - P(A_1 \cap A_3) - P(A_2 \cap A_3) + P(A_1 \cap A_2 \cap A_3) = \frac{108-18+1}{216}$.

2 a) Es muß gelten: $b^2 \geq 4 \cdot c$. Für $1 \leq b,c \leq 6$ gibt es 19 günstige Paare (b,c). Da $\frac{19}{36} > \frac{1}{2}$, erhält man mehr lösbare als unlösbare quadratische Gleichungen.
b) X: Anzahl der Fälle mit $b^2 \geq 4 \cdot c$ bei n Doppelwürfen.
Nach a) gilt: $P(X \geq 1) = 1 - P(X=0) = 1 - (\frac{17}{36})^n$.
D.h es ist n gesucht mit $(\frac{17}{36})^n \leq 0,01$.
Dies ist der Fall für $n \geq 7$. Man muß also mindestens 7 Gleichungen auf die beschriebene Weise ermitteln.

3 a) P(Sechs im n.Wurf) = $\frac{1}{6}$; P(Erste Sechs im n.Wurf) = $(\frac{5}{6})^{n-1} \cdot \frac{1}{6}$.
b) Sind die Würfe voneinander unabhängig, so ist nach jedem Wurf die Wahrscheinlichkeit eine bestimmte Zahl zu werfen gleich (siehe a)).

4 a) $A \cap B = \{(6,4);(4;6)\}$, daher $P(A \cap B) = \frac{2}{36} = \frac{1}{18}$.
$P(A \cap B) = P(A) \cdot P_A(B) = \frac{3}{36} \cdot \frac{2}{3} = \frac{1}{18}$.
b) In der Fragestellung stecken mehrere Fehler:
- Es sind elf (!) verschiedene Augensummen möglich
- Die verschiedenen Augensummen sind nicht gleichwahrscheinlich
- $P(B) = \frac{9}{36} = \frac{1}{4}$

- Da A und B nicht voneinander unabhängig sind, darf der spezielle Multiplikationssatz nicht benutzt werden.

5 a) P(rot) = 0,2 ; P(weiß) = 0,3 ; P(schwarz) = 0,5.
Es gibt 2^3 = 8 Ereignisse.
b) P_A(rot) = 0 ; P_A(weiß) = 0,3:0,8 = 0,375 ;
P_A(schwarz) = 0,625. P_A(nicht schwarz) = 0,375 ;
P_A(nicht schwarz) = "Wahrscheinlichkeit für das Eintreten von 'nicht schwarz', falls das Ergebnis 'nicht rot' ist" = "Wahrscheinlichkeit für 'weiß'" = 0,375.
c) In der Urne seien n Kugeln.
Die gesuchte Wahrscheinlichkeit beträgt: $0,8 \cdot 0,2 \cdot \frac{n}{n-1}$.
Für n $\rightarrow \infty$ strebt $\frac{n}{n-1}$ gegen 1 ; d.h. die Wahrscheinlichkeiten für das Ziehen ohne und mit Zurücklegen sind für große n ungefähr gleich.

6 a) Zur Unterscheidung von anderen Unabhängigkeitsbegriffen der Mathematik präzisiert man, und sagt statt unabhängig auch stochastisch unabhängig. Beispiele zu unabhängigen und abhängigen Ereignissen findet man in den Abschnitten 18 ff.
b) Falls P(A) > 0 und P(B) > 0, so sind die Ereignisse voneinander abhängig (siehe Aufgabe 11, Abschnitt 19).
Wenn P(A) = 0 oder P(B) = 0, so sind A und B voneinander unabhängig.
Sind A und B unvereinbar, so beeinflußt das Eintreten von A, das Eintreten von B: I.a. kann B in diesem Fall nämlich nicht mehr eintreten; d.h. P_A(B) = 0 ≠ P(B).
Gilt B ⊆ A und P(B) ≠ 0 , dann sind A und B voneinander abhängig, denn P(A ∩ B) = P(A) ≠ P(A)·P(B).
c) Meist weiß man bereits aufgrund der Beschreibung des Zufallsexperiments, daß A und B voneinander unabhängig sind. In diesem Fall kann man mit den sich i.a. einfach zu ermittelnden Wahrscheinlichkeiten P(A) und P(B) die meist schwieriger zu ermittelnde Wahrscheinlichkeit von P(A∩B) berechnen.
d) Siehe hierzu Abschnitt 26 des Lehrbuchs.

7 a) X ist $B_{100;1/6}$-verteilt. μ_X = E(X) = $\frac{50}{3}$; σ_X^2 = V(X) = $\frac{125}{9}$.
b) Die relative Häufigkeit für Sechs bei Serien von 100 Würfen (das Stichprobenmittel) ist annähernd normalverteilt. Dies folgt aus dem Zentralen Grenzwertsatz.
c) Ebenfalls aufgrund des Zentralen Grenzwertsatzes ist Y normalverteilt, mit
μ_Y = 100·3,5 = 35, $\sigma_Y^2 \approx$ 100·4,36 = 43,6 und $\sigma_Y \approx$ 6,6.

Mit mehr als 99% liegen die Werte von Y im $3 \cdot \sigma$-Intervall
[35-6,6;35+6,6] = [28,4;41,6].

d) Wie unter b) folgt, daß die relative Häufigkeit der Augensumme bei Serien von 100 Würfen (Stichprobenmittel) annähernd normalverteilt ist.

8 a) Siehe Aufgabe 12 zum Abschnitt 3 des Lehrbuchs.

b) Vgl. Abschnitt 52 des Lehrbuchs:
Vertrauenszahl $\gamma = 0,95$, $d = 0,1$. Aus $\gamma = 2 \cdot \phi(c) - 1$ folgt $c = 1,96$.
$n \geq c^2/d^2 = 384,16$. Man müßte also mindestens 385mal den Reißnagel werfen.

c) Vgl. Lehrbuch S.239: Zu einer vorgegebenen Vertrauenszahls γ und einer Schranke d ermittelt man die Mindestgröße des Stichprobenumfangs n.

Hierbei gilt $2 \cdot c \cdot \sqrt{p(1-p)/n} \leq d$, mit $\gamma = 2 \cdot \phi(c)-1$. Liegt die relative Häufigkeit bei n Würfen außerhalb des Intervalls der Länge d um $p = \frac{1}{3}$, so lehnt man die Hypothese $H_0: p = \frac{1}{3}$ ab. Man kann dabei höchstens einen Fehler $\alpha = 1 - \gamma$ begehen.

9 Vgl. Lehrbuch S.241: Zu einer vorgegebenen Vertrauenszahls γ und einer Schranke d ermittelt man die Mindestgröße des Stichprobenumfangs n. Man nimmt an, daß die Zufallsvariable normalverteilt ist.
Da p nicht bekannt ist, gilt $n \geq c^2/d^2$, wobei $\gamma = 2 \cdot \phi(c)-1$.
Im vorliegenden Fall ist $\gamma = 0,95$ ($c = 1,96$) und $d = 0,1$.
Damit $n \geq 384,16$, also $n \geq 385$. Hat man jedoch eine Vermutung für p, z.B. $p = 0,397$ (vgl. Aufgabe 10, Abschnitt 3 des Lehrbuchs), so ergibt sich für n (vgl. Aufgabe 8 c) oben):
$n \geq 368$.

10 a) Vgl. S.183 des Lehrbuchs.
b) Vgl. S.184 des Lehrbuchs.
c) Vgl. S.184 des Lehrbuchs. Für das Schaubild von φ gilt: μ bewirkt eine Verschiebung in Richtung der x-Achse, σ eine Verzerrung um $1/\sigma$ in Richtung der y-Achse.

Für das Schaubild von ϕ gilt: μ bewirkt eine Verschiebung in Richtung der x-Achse, σ beeinflußt den Steilheitsgrad des Schaubilds um $x = \mu$.

d) Zur Bedeutung der Normalverteilung: Siehe Zentraler Grenzwertsatz (Abschnitt 38).

Zur Bedeutung der Standardnormalverteilung: Mit Hilfe der Standardnormalverteilung lassen sich sämtliche Wahrscheinlichkeiten einer beliebigen Normalverteilung, deren Erwartungswert und Varianz bekannt sind, berechnen (vgl. Abschnitt 39.2).

Zur Approximation einer Binomialverteilung durch eine Normalverteilung: Siehe Näherungsformel von De Moivre-Laplace (Abschnitt 37). Die Binomialverteilung ist für $n \cdot p \cdot (1-p) > 9$ annähernd $N(\mu;\sigma)$ verteilt, mit $\mu = n \cdot p$ und $\sigma = \sqrt{n \cdot p \cdot (1-p)}$.

11 a) Sei p die Wahrscheinlichkeit für das Auftreten eines Gerstensamens in der Getreidemischung.

Man testet die Hypothese H_0: p = 0,5 durch einen zweiseitigen Test. Dabei gibt man sich einen Stichprobenumfang n und eine Irrtumswahrscheinlichkeit α vor. Die Zufallsvariable ist praktisch $B_{n;0,5}$-verteilt (sehr große Anzahl von Samen!).

Man ermittelt den Ablehnungsbereich und entscheidet dann aufgrund des konkreten Stichprobenergebnisses (vgl. Abschnitt 33.1).

b) Man kann bei der Entscheidung einen Fehler 1. oder 2.Art begehen (vgl. Abschnitt 42, Fehler beim Signifikanztest).

12 Sei A: Der zuerst ziehende Spieler gewinnt.

a) $P(A) = \frac{1}{4} + \frac{3}{4} \cdot \frac{2}{3} \cdot \frac{1}{2} = \frac{1}{2}$. Es ist unbedeutend, wer als erster zieht.

b) Auch hier gilt $P(A) = \frac{1}{2}$.

c) $P(A) = \frac{2}{8} + \frac{6}{8} \cdot \frac{5}{7} \cdot \frac{2}{6} + \frac{6}{8} \cdot \frac{5}{7} \cdot \frac{4}{6} \cdot \frac{3}{5} \cdot \frac{2}{4} + \frac{6}{8} \cdot \frac{5}{7} \cdot \frac{4}{6} \cdot \frac{3}{5} \cdot \frac{2}{4} \cdot \frac{1}{3} \cdot \frac{2}{2} = \frac{36}{56} > \frac{1}{2}$.

D.h., wer zuerst zieht hat eine höhere Gewinnchance.

Abbildungen zu den Lösungen

Die Figurennummern sind wie folgt gekennzeichnet:

Fig.   xy.   ab
       ↑   ↑
   Abschnitt Aufgabe

Z.B. bedeutet Fig. 3.12, daß dies die Abbildung zur Lösung der Aufgabe 12 im Abschnitt 3 ist.

Fig. 1.2

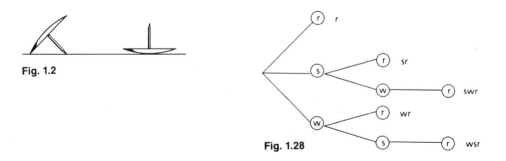

Fig. 1.28

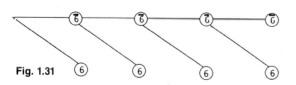

Fig. 1.31

ABBILDUNGEN ZU DEN LÖSUNGEN

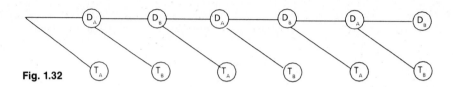

Fig. 1.32

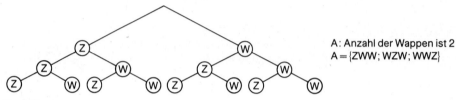

Fig. 2.14

A: Anzahl der Wappen ist 2
A = {ZWW; WZW; WWZ}

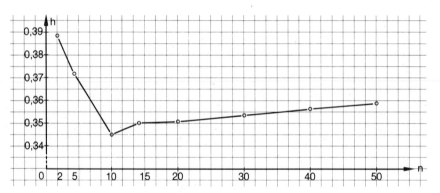

Fig. 3.13

Fig. 4.38

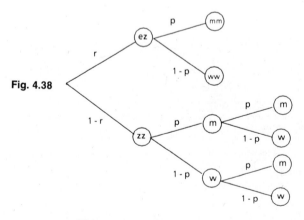

ABBILDUNGEN ZU DEN LÖSUNGEN

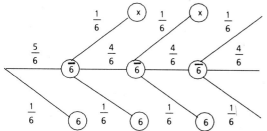

x: Es fiel zweimal dieselbe Zahl hintereinander.

Fig. 4.39

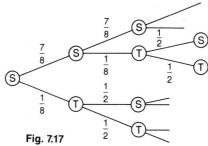

Fig. 7.17

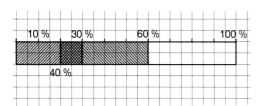

Fig. 15.1

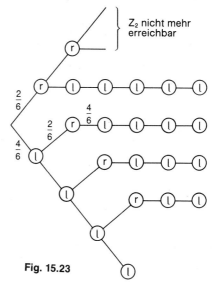

Z_2 nicht mehr erreichbar

Fig. 15.23

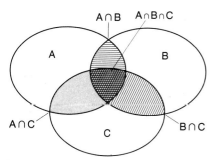

Fig. 15.16

Abbildungen zu den Lösungen

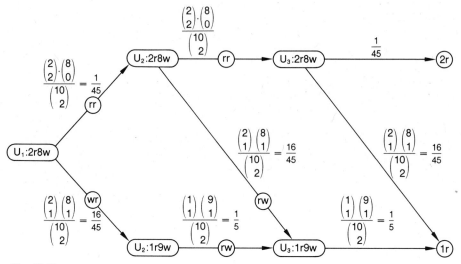

Fig. 19.23

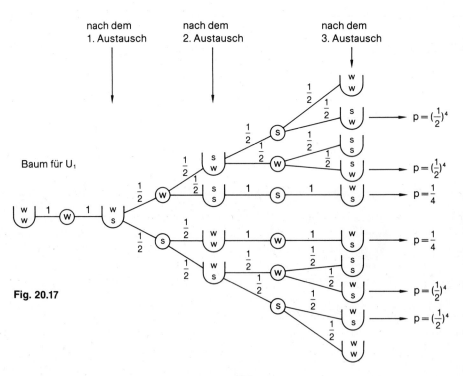

Fig. 20.17

Abbildungen zu den Lösungen

Anzahl der Kugeln in U_2

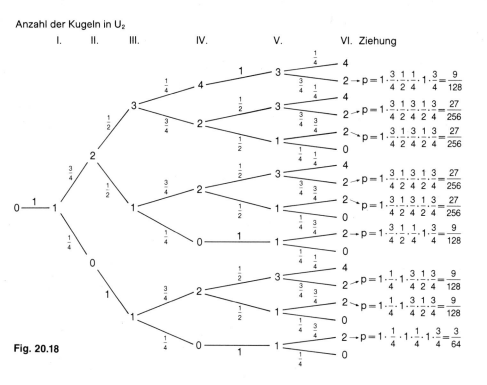

Fig. 20.18

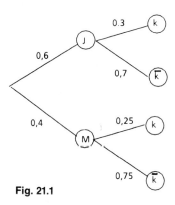

Fig. 21.1

J: Junge; M: Mädchen
k: katholisch

Abbildungen zu den Lösungen

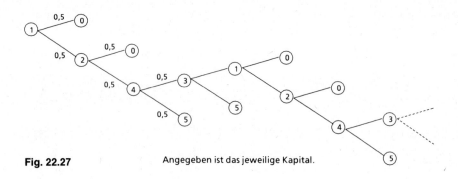

Fig. 22.27 Angegeben ist das jeweilige Kapital.

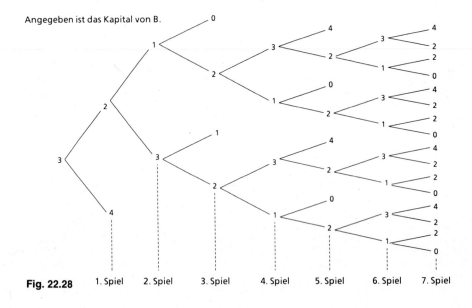

Fig. 22.28 1. Spiel 2. Spiel 3. Spiel 4. Spiel 5. Spiel 6. Spiel 7. Spiel

ABBILDUNGEN ZU DEN LÖSUNGEN

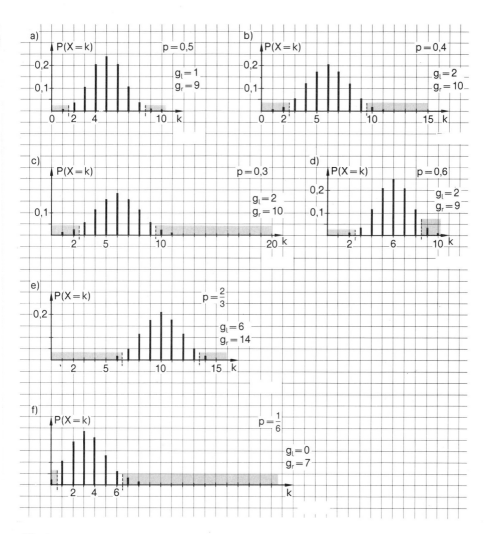

Fig. 33.3 a–f

Abbildungen zu den Lösungen

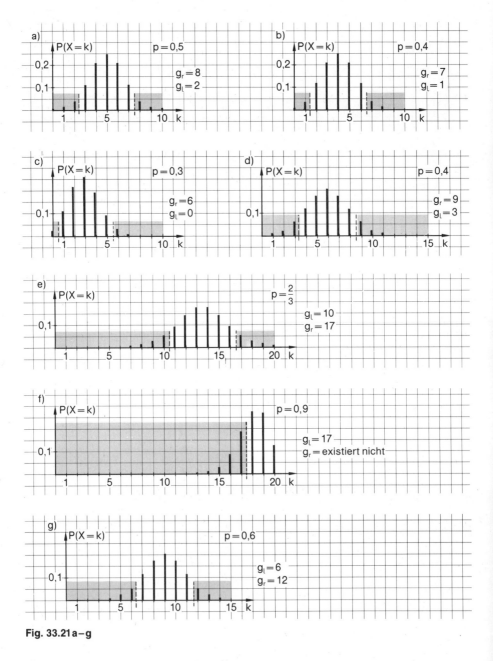

Fig. 33.21 a–g

ABBILDUNGEN ZU DEN LÖSUNGEN

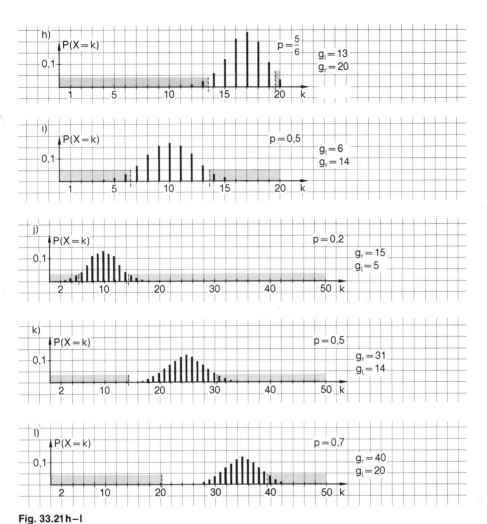

Fig. 33.21 h–l

Abbildungen zu den Lösungen

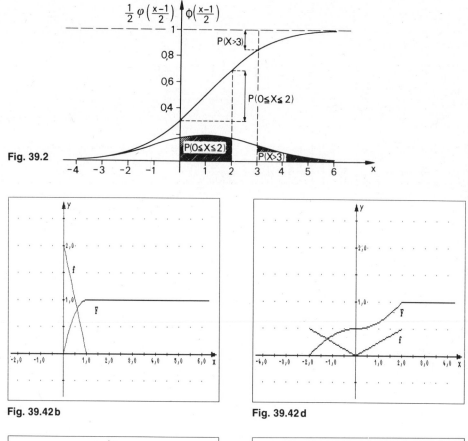

Fig. 39.2

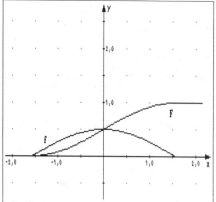

Fig. 39.42 b

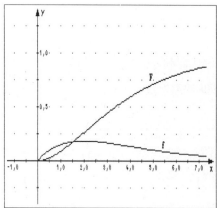

Fig. 39.42 d

Fig. 39.42 f

Fig. 39.42 g

ABBILDUNGEN ZU DEN LÖSUNGEN

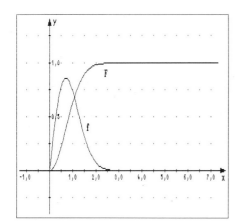

Fig. 39.42 h

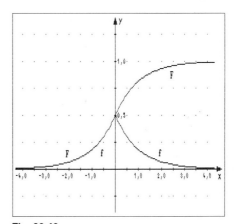

Fig. 39.43 c

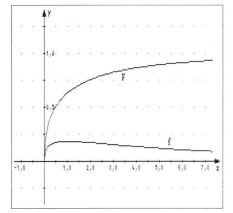

Fig. 39.43 f

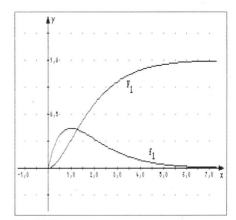

Fig. 39.52

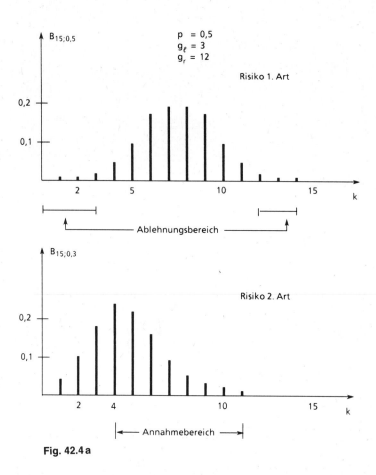

Fig. 42.4 a

Abbildungen zu den Lösungen

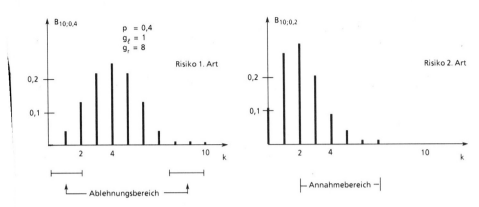

Fig. 42.4 b

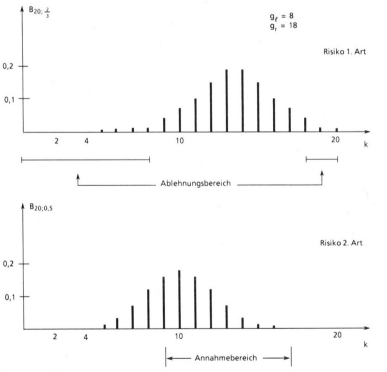

Fig. 42.4 c

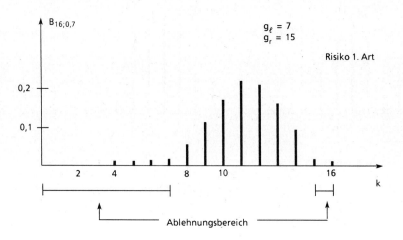
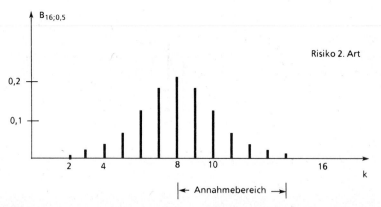

Fig. 42.4 d